生理科学实验教程

主　编　朱大诚（江西中医药大学）
副主编　高治平（山西中医药大学）
　　　　杨　英（内蒙古医科大学）
　　　　王伯平（汉中职业技术学院）
　　　　何彦芳（遵义医药高等专科学校）
　　　　尚曙玉（黄河科技学院）
　　　　钱令波（杭州医学院）
　　　　张雨薇（黑龙江中医药大学）
　　　　李　育（南京中医药大学）

中国协和医科大学出版社
北　京

图书在版编目（CIP）数据

生理科学实验教程 / 朱大诚主编. —北京：中国协和医科大学出版社，2020.1
ISBN 978-7-5679-1478-0

Ⅰ. ①生…　Ⅱ. ①朱…　Ⅲ. ①生理实验-教材　Ⅳ. ①R33-33

中国版本图书馆 CIP 数据核字（2019）第 283969 号

生理科学实验教程

主　　编：朱大诚
责任编辑：田　奇

出版发行：**中国协和医科大学出版社**
　　　　　（北京市东城区东单三条 9 号　邮编 100730　电话 010－65260431）
网　　址：www.pumcp.com
经　　销：新华书店总店北京发行所
印　　刷：三河市龙大印装有限公司

开　　本：787×1092　　1/16
印　　张：17.25
字　　数：370 千字
版　　次：2020 年 1 月第 1 版
印　　次：2023 年 1 月第 3 次印刷
定　　价：45.00 元

ISBN 978-7-5679-1478-0

编　委

内 容 提 要

  本教材系统介绍了生理科学实验的基本知识、基本原理和需要掌握的基本技能。全书根据生理科学实验教学改革的要求，以综合性、系统性、科学性和先进性、研究性为原则，从五部分进行编写，第一部分总论介绍生理科学实验的有关要求、常用器械的使用方法、生物信号采集系统的应用；第二部分介绍了生理学科学的基础性实验；第三部分介绍了循环、呼吸、消化、内分泌和神经等综合性实验；第四部分介绍了虚拟仿真实验；第五部分介绍了创新设计性实验。本书内容丰富，突出了知识的应用和研究创新，可作为基础医学、临床医学、康复医学、麻醉学、护理学、药学、动物学等专业的生理科学实验教材，还可作为生物学类相关专业师生的参考用书。

前　言

当前，因为电子科技的迅猛发展，使医学教学改革取得了令人瞩目的成果。与此同时，生理科学的实验教学也取得了长足发展。随着实验仪器的更新和生物信号采集系统的不断发展，生理科学实验的检测方法和记录手段取得了划时代的进步，陈旧的记纹鼓、杠杆及二道生理仪等已经退出历史舞台，而生物信号采集处理系统，成为一机多能、同步监视信号、快速统计处理等诸多优点融为一体的优化综合系统。该系统已广泛应用于生理科学实验教学中，结合国家对医学生的培养目标，旨在加强能力的培养。为了进一步适应当前深化教育改革和发展高等医药教育的实际需求，编写出一本符合新时代要求的生理科学实验教程非常必要。

本书在内容编排上进行了大胆尝试。全书分为五部分。第一部分为总论，由于生理科学实验课程是医学功能的首门课程，所以总论中除生理科学实验概述、常用手术器械及其使用方法外，还介绍了计算机技术在生理学实验中的应用（BL-420 生物信号采集处理系统、PcLab-530 生物信号采集与处理系统、Medlab 生物信号采集处理系统），重点讲述了 BL-420 生物医学实验处理系统的使用方法（数据采集、处理、共享和统计分析等）。第二部分为基础性实验，是以理论教材独立的章节顺序编写的实验，学生通过亲自动手做实验，从实验中得出与理论相近的结果，从而验证理论知识的正确性，巩固对理论知识的理解。第三部分为综合性实验，综合性实验的实验内容涉及本课程的综合知识或相关课程知识的实验。例如经典实验中某种药物对动物循环系统的作用，但是该药物不仅对循环系统有作用，而且对泌尿、消化、呼吸、运动等多个系统也有效应，所以我们可以引导学生全面观察各系统的指标变化。由此取代传统的彼此孤立而数目繁多的多个实验，形成一个综合性实验。这部分实验主要培养学生综合分析问题和解决问题的能力。第四部分为虚拟仿真实验，虚拟仿真实验依托虚拟现实、多媒体、人机交互、数据库和网络通信等技术构建高度仿真的虚拟实验环境和实验对象。学生在虚拟环境中开展实验，可达到理想的实验教学效果。第五部分为创新设计性实验，首先从理论上阐述了创新设计性实验定义、特征与类型，以及创新设计性实验的实施要求与程序，随后列举了创新设计性实验的范例和选题指导。创新设计性实验不但要求学生综合多门学科的知识和各种实验原理来设计实验方案，而且要求学生能充分运用已学知识，去发现问题、解决问题，因而属于探索性实验。

本教材内容丰富，图文并茂，实用性强。在内容编排上做了重大突破，注重了知识拓展性和学科交叉性，借古鉴今，使同学们对实验科学有一个较为完整的印象。在格式编排上，每个实验做到统一，每项内容用"【】"列出，目的是使学生在实验操作过程中能够一目了然，便于把握实验的要点，节省实验时间。本书适用于高等医药院校本、专科生各专业的生理科学（生理学、病理生理学、药理学）实验教学用书，也可供长学制医学生、研究生以及青年老师参考用，还可供农业院校、师范院校和综合大学生物系学生及相关人员参考使用。各校在使用过程中，可依据本校的实际情况，进行取舍。

　　本教材在编写和出版过程中，得到了中国协和医科大学出版社的大力支持和帮助，同时也得到编者所在单位领导的积极支持和配合，在此一并致以衷心的感谢。

　　在本教材编写期间，每位编者都尽心尽责，但由于编者水平有限，对书中的错误或不足之处，恳请各位同行和读者，给予批评指正，以求今后修正。

朱大诚

2019 年 10 月于南昌

目　录

第一部分　总　论

第1章　生理科学实验概述 ………………………………………………（ 3 ）
　一、生理科学实验的目的和要求 ………………………………………（ 3 ）
　二、实验结果的处理 ……………………………………………………（ 4 ）
　三、撰写实验报告的要求和格式 ………………………………………（ 5 ）
　四、实验室规则 …………………………………………………………（ 6 ）
第2章　常用手术器械及其使用方法 ……………………………………（ 8 ）
　一、常用手术器械 ………………………………………………………（ 8 ）
　二、蛙类动物手术器械及其使用 ………………………………………（ 8 ）
　三、哺乳类动物手术器械及其使用 ……………………………………（ 9 ）
第3章　计算机技术在生理科学实验中的应用 …………………………（ 13 ）
　第一节　生物信号采集和处理 …………………………………………（ 13 ）
　　一、换能器 ……………………………………………………………（ 13 ）
　　二、生物信号的采集 …………………………………………………（ 16 ）
　　三、生物信号的处理 …………………………………………………（ 16 ）
　第二节　BL-420生物信号采集与分析系统 ……………………………（ 17 ）
　　一、BL-420生物信号采集与分析系统硬件面板介绍 ………………（ 17 ）
　　二、BL-420生物信号采集与分析系统功能特点 ……………………（ 18 ）
　　三、BL-420生物信号采集与分析系统软件操作 ……………………（ 18 ）
　第三节　PcLab-530生物信号采集与处理系统 ………………………（ 27 ）
　　一、系统组成与基本工作原理 ………………………………………（ 27 ）
　　二、系统硬件面板介绍 ………………………………………………（ 28 ）
　　三、系统软件的使用方法 ……………………………………………（ 29 ）
　第四节　Medlab生物信号采集处理系统 ………………………………（ 39 ）
　　一、Medlab生物信号采集处理系统的组成 …………………………（ 39 ）
　　二、Medlab生物信号采集处理系统功能及使用 ……………………（ 42 ）

第二部分 基础性实验

实验 1　坐骨神经-腓肠肌标本的制备 ……………………………………………………（49）

实验 2　不同刺激强度和频率对骨骼肌收缩的影响 ………………………………………（52）

实验 3　脊髓反射 ………………………………………………………………………………（55）

实验 4　反射弧的分析 …………………………………………………………………………（57）

实验 5　骨骼肌的单收缩与强直收缩 ………………………………………………………（59）

实验 6　血细胞比容的测定 ……………………………………………………………………（61）

实验 7　血红蛋白含量的测定 …………………………………………………………………（63）

实验 8　红细胞沉降率的测定 …………………………………………………………………（65）

实验 9　红细胞渗透脆性的测定 ………………………………………………………………（67）

实验 10　血细胞计数 …………………………………………………………………………（69）

实验 11　影响血液凝固的因素 ………………………………………………………………（73）

实验 12　出血时间及凝血时间的测定 ………………………………………………………（75）

实验 13　ABO 血型、Rh 血型的鉴定 ………………………………………………………（77）

实验 14　蟾蜍心室肌的期前收缩与代偿间歇 ………………………………………………（79）

实验 15　蟾蜍肠系膜微循环的观察 …………………………………………………………（82）

实验 16　人体心音听诊 ………………………………………………………………………（84）

实验 17　人体动脉血压的测定 ………………………………………………………………（86）

实验 18　不同运动强度对人体血压的影响 …………………………………………………（89）

实验 19　人体心电图的描记 …………………………………………………………………（90）

实验 20　胸膜腔内压的观察 …………………………………………………………………（94）

实验 21　大鼠胃运动的记录方法 ……………………………………………………………（96）

实验 22　人体体温测量 ………………………………………………………………………（98）

实验 23　视敏度的测定 ………………………………………………………………………（100）

实验 24　视野测定 ……………………………………………………………………………（102）

实验 25　视觉调节反射与瞳孔对光反射 ……………………………………………………（105）

实验 26　盲点的测定 …………………………………………………………………………（108）

实验 27　视网膜电图的描记 …………………………………………………………………（110）

实验 28　声波的传导途径 ……………………………………………………………………（111）

实验 29　破坏动物一侧迷路的效应 …………………………………………………………（114）

实验 30　人体脑电图的描记 …………………………………………………………………（116）

实验 31　去小脑小白鼠的观察 ………………………………………………………………（118）

第三部分 综合性实验

实验 1　神经干动作电位的测定 ………………………………………………………………（123）

实验 2 神经兴奋传导速度的测定 ……………………………………………（126）

实验 3 神经纤维兴奋性不应期的测定 ………………………………………（128）

实验 4 蛙心搏动起源分析 ……………………………………………………（130）

实验 5 离子及药物对离体蛙心活动的影响 …………………………………（133）

实验 6 影响心输出量的因素 …………………………………………………（136）

实验 7 蛙在体心肌动作电位描记 ……………………………………………（139）

实验 8 家兔减压神经放电 ……………………………………………………（141）

实验 9 家兔动脉血压的神经体液调节 ………………………………………（145）

实验 10 人体肺容量和肺通气量的测定 ……………………………………（149）

实验 11 家兔肺顺应性的测定 ………………………………………………（151）

实验 12 家兔膈神经放电 ……………………………………………………（154）

实验 13 家兔呼吸运动的调节 ………………………………………………（157）

实验 14 油酸型呼吸窘迫综合征的发生与治疗 ……………………………（160）

实验 15 消化道平滑肌的生理特性 …………………………………………（163）

实验 16 胰液和胆汁分泌的调节 ……………………………………………（166）

实验 17 小白鼠能量代谢的测定 ……………………………………………（168）

实验 18 家兔尿生成的影响因素 ……………………………………………（170）

实验 19 胰岛素的降血糖作用、过量反应及其解救 ………………………（173）

实验 20 自主神经递质的释放 ………………………………………………（175）

实验 21 大脑皮层诱发电位 …………………………………………………（177）

实验 22 兔大脑皮层运动区的刺激效应及去大脑僵直 ……………………（180）

实验 23 小鼠学习与记忆及其影响因素的观察 ……………………………（183）

实验 24 耳蜗微音器电位和听神经动作电位 ………………………………（186）

实验 25 急性右心衰竭 ………………………………………………………（188）

实验 26 高钾血症及其抢救 …………………………………………………（191）

实验 27 急性失血性休克及其抢救 …………………………………………（194）

实验 28 缺氧模型的复制及其影响因素的探讨 ……………………………（198）

实验 29 家兔实验性酸碱平衡紊乱 …………………………………………（201）

实验 30 家兔实验性弥散性血管内凝血 ……………………………………（203）

实验 31 呼吸运动调节及急性实验性肺水肿的表现及治疗 ………………（205）

实验 32 药物剂量对药物效应的影响 ………………………………………（208）

实验 33 给药途径对药物作用的影响 ………………………………………（210）

实验 34 药物对小鼠在体小肠运动的影响 …………………………………（212）

实验 35 氯丙嗪和阿司匹林对小鼠体温的调节 ……………………………（214）

实验 36 热板法观察药物的镇痛作用 ………………………………………（216）

实验 37 化学刺激法观察药物的镇痛作用 ······················ (218)

实验 38 药物半数致死量（LD_{50}）的测定 ······················ (220)

实验 39 硫酸镁的中毒及解救 ······························· (222)

实验 40 地西泮的抗惊厥作用 ······························· (223)

第四部分　虚拟仿真实验

实验 1 影响家兔尿生成的因素 ····························· (227)

实验 2 离子和药物对蛙心脏活动的影响 ······················ (229)

实验 3 神经干动作电位、传导速度和不应期测定及药物的影响 ········ (231)

实验 4 强心苷对离体蛙心的影响 ··························· (234)

实验 5 消化道平滑肌的生理学特性 ························· (236)

第五部分　创新设计性实验

第1章 概　述 ··· (241)

　　一、创新设计性实验的定义与特征 ······················ (241)

　　二、创新设计性实验的类型 ··························· (242)

　　三、创新设计性实验应遵循的原则 ······················ (242)

第2章 创新设计性实验的实施要求与程序 ······················ (243)

　　一、基本原则 ····································· (243)

　　二、一般程序 ····································· (243)

　　三、注意事项 ····································· (244)

第3章 创新设计性实验的评价与考核 ························· (246)

　　一、实验评价 ····································· (246)

　　二、考核方法 ····································· (247)

第4章 创新设计性实验范例 ······························· (248)

　　例 1 证明肾上腺皮质能提高机体对有害刺激的抵抗力 ·········· (248)

　　例 2 头期对胃液分泌的影响 ··························· (250)

　　例 3 条件反射的建立、分化与消退 ······················ (252)

第5章 创新设计性实验选题指导 ··························· (255)

　　实验 1 观察葡萄糖、ATP 对骨骼肌收缩性的影响 ·············· (255)

　　实验 2 葡萄糖溶液对蛙坐骨神经干动作电位的影响 ············ (255)

　　实验 3 探讨不同类型、不同浓度、不同剂型的糖皮质激素的抗炎作用 ········ (255)

　　实验 4 溶血反应观察 ······························· (256)

　　实验 5 食物对胆汁分泌的影响 ························· (256)

　　实验 6 基于心血管活动的神经、体液调节探讨某药物对动脉血压的影响 ········ (256)

实验 7　长期注射地塞米松骤然停药后小白鼠应激能力的改变 ……………（256）

实验 8　应激性胃溃疡的形成 ………………………………………………（257）

实验 9　丙酸睾酮对红细胞数量的影响 ……………………………………（257）

实验 10　吸入蚊香烟雾对大鼠学习记忆的影响 …………………………（257）

实验 11　探讨磺胺类药物在肾衰竭家兔体内半衰期的变化 ……………（257）

实验 12　低血容量性休克的发生和观察 …………………………………（257）

实验 13　上呼吸道黏膜水肿对呼吸的影响 ………………………………（258）

实验 14　心房利尿钠肽降压和利尿作用观察 ……………………………（258）

实验 15　不同浓度的强心苷类药物对离体心脏功能的影响 ……………（258）

实验 16　交感缩血管神经对动脉血管的收缩作用观察 …………………（258）

实验 17　通过甲亢动物模型观察甲状腺激素对机体的作用 ……………（259）

实验 18　未知药物的鉴定 …………………………………………………（259）

实验 19　设计并完成下列列出题目的实验 ………………………………（259）

实验 20　自选题目并自行设计、完成实验 ………………………………（260）

　附录 1　常用实验动物的生殖和生理常数 ……………………………（260）

　附录 2　常用实验动物的生化指标血清值 ……………………………（261）

第一部分 总 论

　　生理科学是实验性科学，它的理论和概念与自然科学的其他学科一样，都是根据实验或观察而获得的。生理科学实验在教学中占有重要的地位。在科学技术飞速发展的今天，许多现代科技成果引入教学过程，这对生理科学实验教学提出了更新、更高层次的要求。因此，生理科学实验教学应在强化学生素质和能力培养的思想指导下，教学上注重学科之间的交叉融合，注重培养和提高学生的动手能力、创新能力、分析和解决问题的能力。

第1章　生理科学实验概述

一、生理科学实验的目的和要求

（一）目的

生理科学属于自然科学的范畴，是一门重要的实验科学，任何关于机体功能活动的理论，都是从实际观察中得到的，并且经过设计合理的实验得到不断的检验、修正和发展。因而生理科学实验课是整个基础医学教学过程的重要环节。其主要目的在于通过有代表性的实验，使医学生初步掌握生理科学实验的基本操作技术；熟悉基本方法；初步掌握分析、整理实验结果的能力；验证和巩固医学生理科学基本理论，充分说明人体是一个完整的统一的整体；通过创新设计性实验，培养学生严肃的科学态度，严谨的工作方法，实事求是、一丝不苟的工作作风，提高学生分析问题、解决问题和理论联系实际的能力，开发和培养医学生的创造性思维，为后续医学课程的学习打下坚实基础。

（二）要求

1. 实验前

（1）应仔细预习实验指导，了解实验内容，包括目的和原理、步骤、观察项目以及注意事项。

（2）结合实验内容，复习有关理论，事先有所理解，力求提高实验课的学习效果，对实验可能出现的结果进行预测。并应用已知的有关理论知识予以解释。

（3）注意并预估在实验过程中可能发生的误差。

2. 实验中

（1）认真听实验指导教师的讲解和示教操作的演示。要特别注意教师所指出的实验过程中的注意事项。

（2）实验所用的器材务必摆放整齐、布置稳当、合理使用。

（3）按照实验指导中所列出的实验步骤，严肃认真地循序操作，不可随意更动。不得擅自进行与实验内容无关的活动。对实验动物要十分爱护，并严禁虐待动物。以保证动物能为实验工作做出应有的贡献。在以人体为对象的实验项目，应格外注意人身安全。

（4）实验小组成员在不同实验项目中，应轮流担任各项实验操作，力求每人的学习机会均等。在做哺乳类动物大实验时，组内成员要明确分工，相互配合，各尽其职，统一指挥。

（5）实验过程中，应自始至终地认真操作，仔细观察，如实记录，分析思考。经常给自己提出种种问题，如发生了什么实验现象？为什么会出现这些现象？这些现象有何生理意义？等等。对没有达到预期结果的项目，要及时分析原因。有可能的话，可重复该部分的实验。

（6）在实验过程中若是遇到疑难之处，先要自己想方设法予以排除。如果一时解决不了，应立即向指导教师汇报情况，要求给予协助解决。对贵重仪器，在尚未熟悉其性能之前。不可轻易动用。

（7）在实验过程中，要注意节省动物和实验消耗品，爱护实验器材，充分发挥各种器材的作用，保证实验过程顺利进行，并取得预期效果。

3. 实验后

（1）实验结束后，按指导老师指定的地点集中存放动物尸体。

（2）将实验用具整理清洁后，回归原位。如果发现器材和设备损坏或缺少，应立即向指导教师报告真实情况，并予以登记备案。临时向实验室借用的器材和物品，实验完毕后应立即归还，并予以注销。

（3）值日生应做好实验室的清洁卫生工作，关好水、电、门和窗。

（4）仔细认真整理收集实验所得的记录和资料，对实验结果进行讨论，并得出结论。认真填写实验报告，按时送交指导教师评阅。

二、实验结果的处理

实验过程中所出现的结果须进行认真整理和科学的分析，由于试剂、动物种类及仪器规格的不同，或操作中的误差，出现与预期不同的结果也属难免。应仔细寻找原因，防止做出错误结论。

在实验结果中，凡属测量结果，例如轻重、长短、快慢、多少、高低、幅度、频率等，均应定量写明具体的单位数值。能用曲线记录的结果，应尽量用曲线纪录实验结果。并在曲线上注明时间、刺激、施加因素等记号，以便于分析。

有些实验结果可用表格或绘图表示。制表时应将观察项目列于表格左侧，由上而下逐项填写。将实验中出现的变化或结果，按照时间顺序由左至右逐一填写。各项结果变化数值，可附简要说明。绘图时，应在纵坐标和横坐标上标注数字，表明单位。通常横轴表示各刺激条件或时间，纵轴表示出现的反应与结果；应对坐标轴做剂量单位等相应说明，选择适当大小的标度以便于做图，并根据图的大小确定坐标轴长短，经过各点的曲线或折线力求光滑，若非连续性变化，亦可用柱形表示，并在图的下方注明实验条件。需要进行统计分析的实验资料，应按卫生统计学规定的方法进行处理。

三、撰写实验报告的要求和格式

（一）要求

1. 每人均需要独立完成实验报告。用统一格式的医学功能科学实验报告纸书写，要求装订成册，学期终了将全部实验报告交由指导老师考核。

2. 实验报告应在规定的时间内由班长或学习委员收齐后，统一交给指导教师批阅。无特殊原因，不得拖延。

3. 实验报告的内容可按每个实验的具体要求来写，文字力求简洁、通顺，字迹要清楚、整洁，要正确使用标点符号。每次实验报告的要求如下：

（1）在报告本上应注明班级、组别、姓名、日期。

（2）写出实验题目、目的、原理和实验对象。

（3）实验用品和实验步骤。

（4）实验结果：结果部分是实验中最重要的部分，应将实验过程中所观察到的现象，忠实、正确地记述，根据实验记录写出实验报告，不可单凭记忆，否则容易发生错误或遗漏。整理实验结果，应注意以下几点：

1）凡属于测量性质的结果，例如：高低、长短、快慢、轻重、多少等，均应以正确的单位及数值定量地写出。不能简单笼统地加以描述，如心跳的变化不能只写心跳频率加快或减慢，而要写出心跳加快或减慢的具体数值。

2）有曲线记录的实验，应尽量用原始曲线记录实验结果。在曲线上应有刺激记号、时间记号并加以必要的标注或文字说明。

3）有些实验的结果，为了便于比较分析，可用表格或绘图来表示。

（5）分析讨论：实验结果的讨论是根据理论知识对结果进行客观、深入地解释和分析，可以提出并论证自己的观点。实验时要判断实验结果是否是预期的。如果出现非预期的结果，应考虑和分析其可能的原因。讨论是实验报告的重要部分，体现了学生运用所学知识分析问题的能力、想象能力、文字表达能力，必须独立完成。对有些实验结果进行分析讨论，往往需要查阅一些教科书之外的参考资料。报告不应盲目抄袭书本，要用自己的语言进行表述。鼓励学生根据实验结果提出自己的见解，以及需深入探索的问题，也可提出一些改进实验的合理建议。

（6）结论：实验结论是从实验结果中归纳出的一般性的、概念性的判断，也就是这一实验所能验证的概念、原则或理论的简明总结。结论中不应罗列具体的结果，在实验中没有得到充分证明的理论分析不应写入结论当中。

实验讨论和结论的书写是富有创造性的工作，应开动脑筋，积极思考，严肃认真地对待。可适当开展同学间的讨论，加深对实验的理解。

（二）基本格式

生理科学实验报告

姓名	班级	学号	实验室（小组）	日期	室温	指导教师

实验名称（题目）

实验目的

实验原理

实验对象

实验用品

实验步骤

观察项目

实验结果

分析讨论

结　　论

四、实验室规则

1. 遵守纪律，提前 10 分钟到达实验室，因故外出或早退应向老师请假。进实验室必须穿工作衣，着装要整齐，不得穿拖鞋。实验时应严肃认真，不高声谈笑，不进行与实验无关的活动。养成良好的学习和工作作风。

2. 实验者必须先熟悉仪器使用要点，而后运用。仪器损坏或失灵，应请老师修理或调换。严禁利用计算机玩游戏、建立个人文件、随意启动其他程序及损坏实验程序等与实验无关的活动。违章操作致使仪器损坏者，按学校有关规定赔偿。

3. 各小组之间实验器材不得挪用或调换。公用物品用毕即刻放回原处。

4. 实验前由小组长负责，按仪器清单认真清点实验桌上的实验器材，如有实验器械缺少或损坏应及时向教师报告，以便及时补充或更换。用后洗净擦干，如数归还。若有损坏或遗失，应及时报告，酌情赔偿。

5. 爱护公物，节约器材、药品。爱护实验动物。能重复利用的器材如纱布、方巾、缝合针、试管、插管、针头等，应清洗干净以备再次使用。实验物品（包括实验动物）未经批准不得擅自带离实验室。

6. 实验所得数据及实验记录，需经教师审核，否则不得结束实验。

7. 实验时必须严肃认真听取老师讲解，经老师同意后才做实验。实验结束，应将实验器材、用品和实验台、仪器台收拾干净，清点好数量，摆放整齐，动物尸体及药品应放到指定地点，及时关闭计算机（注意关机顺序）。将动物尸体及污物投放到指定处。听取指导教师对本次实验进行归纳小结。

8. 实验室由各组轮流打扫，保持整洁，离开时关闭水、电、气，关好门窗。经教师检查后才能离开实验室。

第 2 章　常用手术器械及其使用方法

一、常用手术器械

生理科学实验常用手术器械见图 1-1。

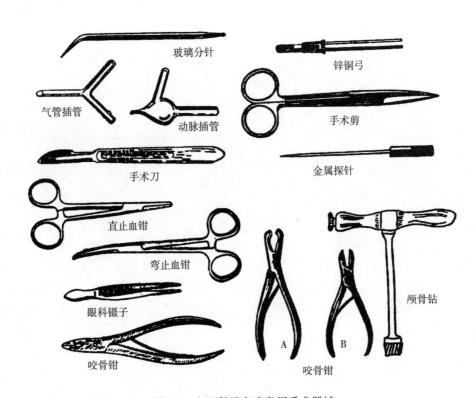

玻璃分针

锌铜弓

气管插管

动脉插管

手术剪

手术刀

金属探针

直止血钳

弯止血钳

眼科镊子

颅骨钻

咬骨钳

A　　　B

咬骨钳

图 1-1　生理科学实验常用手术器械

二、蛙类动物手术器械及其使用

1. **手术剪刀**　粗剪刀用于剪蛙类骨骼、肌肉和皮肤等粗硬组织；眼科剪刀用于剪神经和血管等细软组织；组织剪刀用于剪肌肉等软组织。

2. 镊子 圆头镊用于夹捏组织和牵拉切口处的皮肤（因圆头镊对组织的损伤性小）；眼科镊用于夹捏细软组织。

3. 金属探针 用于破坏脑和脊髓（图1-2）。

4. 玻璃分针 用于分离神经和血管等组织。

5. 蛙心夹 使用时将一端夹住心尖（图1-3），另一端由缚线连于张力换能器，以描记心脏活动。

6. 蛙板 为20cm×15cm并有许多小孔的木板，用于固定蛙类以便进行实验。可用蛙钉或大头针将蛙腿钉在木板上。如制备神经肌肉标本，应在清洁的玻璃板上操作。为此可在木板上放一块适当大小的玻璃板。使用时，在玻璃板上先放少量任氏液，然后把去除皮肤的蛙后肢放在玻璃板上分离、制作标本。有些蛙板可在中央留一直径2cm×2cm的通光孔，进行微循环的观察。

7. 厚玻璃板 在剥去皮肤后的蛙类神经和肌肉标本制作时使用。

8. 培养皿 盛放任氏液，可将已做好的神经-肌肉标本置于此液中。

9. 蛙心插管 蛙心插管有斯氏和八木氏插管两种。斯氏蛙心插管用玻璃制成，尖端插入蟾蜍或青蛙的心室，突出的小钩用于固定离体心脏，插管内充灌生理溶液。

10. 麦氏浴槽 用玻璃制成的双层套管，内管放置标本和灌流液，内壁和外壁间通恒温水以保持内管中标本的恒温。

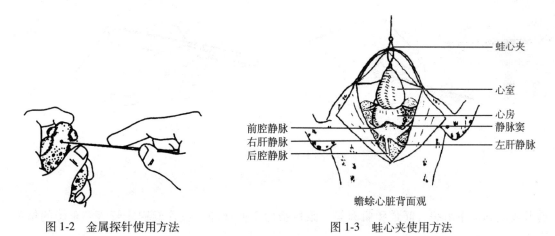

蟾蜍心脏背面观

图1-2 金属探针使用方法　　　　图1-3 蛙心夹使用方法

三、哺乳类动物手术器械及其使用

1. 手术刀 包括刀柄和刀片，装卸方法（图1-4）。用于切开和解剖组织。持刀方法有四种：执弓式、执笔式、握持式和上挑式（图1-5）。前两种用于切开较长或用力较大的伤口；后两种用于较小切口，如解剖血管、神经等组织。

2. 手术剪 有直、弯两型，又分圆头和尖头两种。弯手术剪用于剪毛；直手术剪用于

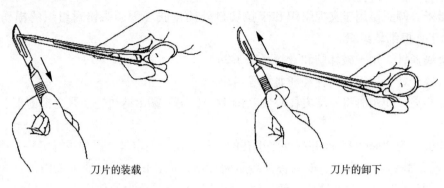

刀片的装载　　　　　　　　　　　刀片的卸下

图 1-4　手术刀片的装卸

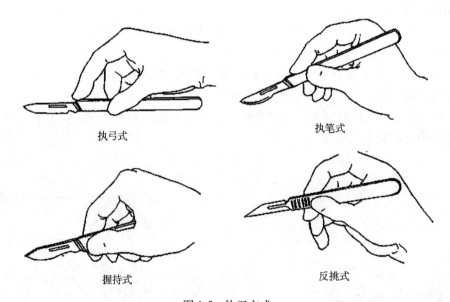

执弓式　　　　　　　　　　　执笔式

握持式　　　　　　　　　　　反挑式

图 1-5　执刀方式

剪开皮肤和皮下组织、筋膜和肌肉等；眼科剪用于剪神经、血管或输尿管等。正确的执剪姿势（图 1-6）。

　　3. 镊子　夹捏较大或较厚的组织和牵拉皮肤切口时使用圆头镊子；夹捏细软组织用眼科镊子。正确的持镊姿势是拇指对示指与中指，把持两镊脚的中部，稳而适度地夹住组织（图 1-7）。

　　4. 止血钳　除用于夹持血管或出血点起止血作用外，有齿的用于提起皮肤，无齿的分离皮下组织。蚊式止血钳较小，适于分离小血管和神经周围的结缔组织。也可用于分离组织，牵引缝线，协助拔针等。止血钳分为直、弯、全齿和平齿等不同类

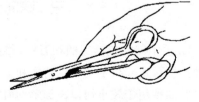

图 1-6　执剪姿势

型。止血钳的使用方法基本同手术剪，但止血钳柄环间有齿，可咬合锁住，放开时，插入钳柄环口的拇指和无名指相对挤压后，无名指、中指向内，拇指向外旋开两柄（图 1-8）。

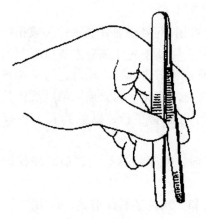 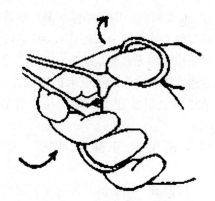

图 1-7 执镊方法　　　　　　　　　　　图 1-8 止血钳的开放

5. 持针器　主要用于夹持缝合针来缝合组织，有时也用于器械打结，其基本结构与止血钳类似。持针器的前端齿槽床部短，柄长，前端里侧有交叉齿纹，使夹持缝针稳定，不易滑脱。使用时将持针器的尖端夹住缝针的中、后 1/3 交界处，并将缝线重叠部分也放于内侧针嘴内（图 1-9）。若夹在齿槽床的中部，则容易将针折断。

图 1-9 持针器夹针

6. 骨钳　用于打开颅腔和骨髓腔。可按动物大小选择相应型号。使用时，使钳头稍仰起咬切骨质。切勿撕拉、拧扭，以防残骨及损伤骨内组织（图 1-1）。

7. 颅骨钻　用于开颅钻孔。钻孔后用骨钳扩大手术范围。用法为右手握钻，左手固定骨头，钻头与骨面垂直，顺时针方向旋转，到内骨板时要小心慢转，防止穿透骨板而损伤脑组织（图 1-1）。

8. 咬骨剪与咬骨钳　咬骨剪与咬骨钳用于打开颅腔、骨髓腔和暴露脊髓时咬剪骨质，以及开胸时修剪肋骨的断端（图 1-1）。

9. 动脉夹　用于阻断动脉血流。

10. 气管插管　用于实验中保持动物呼吸通畅。使用时先在气管上剪一倒 T 字形剪口，然后将其有斜面的一侧朝肺的方向插入气管中，用手术线将其结扎固定于气管上防止滑出，并保持其在实验中始终与气管平行，以免阻塞呼吸（图 1-1）。

11. 血管插管　用于动脉、静脉插管。血管插管可用 16 号输血针磨平针头或相应口径的输液器剪去针头留一斜切面代替。描记动脉血压时，将其中先注满肝素等抗凝剂，以保持实验中插管内无血凝块堵塞，以其有斜面的乳头经血管剪口处插入动脉，另一端开口借橡皮管连接于压力换能器或水银检压计以测量和记录血压变化。插管插入动脉后将其用手术线结扎固定于血管上，并保持插管在实验中始终与血管平行，以免其乳头刺破血管（图 1-1）。

12. 三通开关　可按实验需要改变液体流动方向，便于静脉给药、输液和描记动脉血压。

13. 注射器　注射器有可重复使用的玻璃注射器和一次性塑料注射器，常用的 1～20ml 的注射器，根据注射溶液量的多少选用合适容量的注射器。注射器抽取药液时应将活塞推到底，排尽针筒内的空气，安装针头，注射器针头的斜面与注射器容量刻度标尺在同一方向上，旋压紧针头。

第3章　计算机技术在生理科学实验中的应用

随着科学技术的进步，计算机技术和信号理论的开发与应用，促进了生理科学实验技术的发展。生理科学实验曾经经历了感应机、记纹鼓、放大器、示波器、记录仪以及今天使用的计算机生物信号记录、分析系统等不同的时代，生理科实验设备已从传统的记录仪时代过渡到今天的计算机时代。计算机生物信号记录、分析系统不仅取代了传统的记录系统，减小了外界噪声对生物信号的干扰，而且由于计算机强大的计算功能，实现了对生物信息的记录分析处理，使实验数据得到了无纸化的长期保存和方便调用。计算机在生理科学实验中的应用，提高了实验的精度，方便了实验结果的处理，保证了生理科学实验教学的质量，增强了对学生综合素质的培养。实践证明，计算机技术在生理科学实验中发挥着越来越重要的作用。

第一节　生物信号采集和处理

由生物体所产生的生物信号形式多样，除生物电信号可直接经引导电极输入放大器外，其他的非电信号必须经过换能器的换能，将这些非电信息转换成电信号后，才能输入生物信号采集系统对信号进行放大，然后将处理的信号通过模数转换（A/D 转换），并将数字化的生物信号传输到计算机内部，计算机通过实验处理软件对这些生物信号进行实时处理，对生物信号进行波形显示，并可储存生物信号，也可打印、绘图以及分析处理相应数据（图 1-10）。

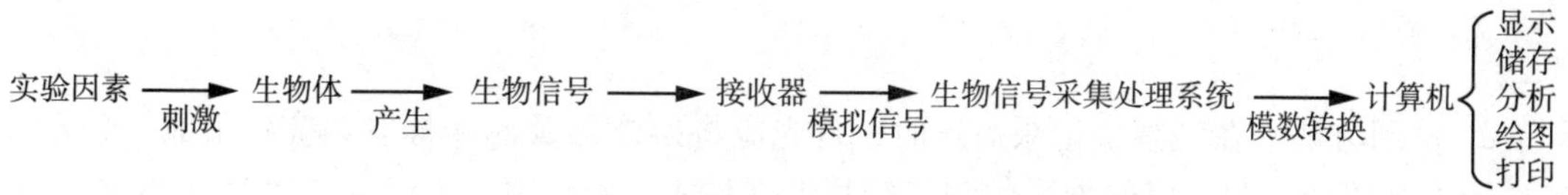

实验因素 $\xrightarrow[\text{刺激}]{}$ 生物体 $\xrightarrow[\text{产生}]{}$ 生物信号 $\longrightarrow$ 接收器 $\xrightarrow[\text{模拟信号}]{}$ 生物信号采集处理系统 $\xrightarrow[\text{模数转换}]{}$ 计算机 $\left\{\begin{array}{l}\text{显示}\\\text{储存}\\\text{分析}\\\text{绘图}\\\text{打印}\end{array}\right.$

图 1-10　生物信号采集处理流程图

生物信号的非电信号如压力、张力、流量、温度等必须先转为电信号，才能进一步处理。换能器的作用就是完成这种信号的检取和转换工作。从换能器来的生物电信号通常很弱（mV 或 μV），必须经生物放大器放大后（V）转输给计算机进行分析处理。

一、换能器

换能器又称传感器，是将非电信号转换成电信号的装置。在生理学实验中，有许多生理现象都是非电信号，如血压、心搏、肌肉收缩、温度变化等。为便于观察和记录这些生理现象，必须用换能器将它们转变成电信号。换能器的种类繁多，有压力换能器、心音换能器、张力换能器、呼吸换能器等。其中以压力换能器、张力换能器和呼吸换能器在生理科学实验中应用最广泛。现将这三种常用换能器分别介绍如下。

（一）压力换能器

压力换能器（图1-11）主要用于测量血压和其他可以通过液体或气体传导的压力。

1. 工作原理　压力换能器的工作原理是利用惠斯登电桥的基本结构来实现能量的转换。在换能器内部有一平衡电桥（图1-11），该电桥的一部分由应变电阻元件构成，它将压力的变化转换成电阻值的变化。当换能器感受到的压力为零时，电桥平衡，输出为零；当压力作用于换能器时，应变电阻元件的电阻值发生变化，引起电桥失平衡，产生电流，从而换能器产生电信号输出。在换能器的测定范围内该电信号大小与压力呈相关的线性关系。

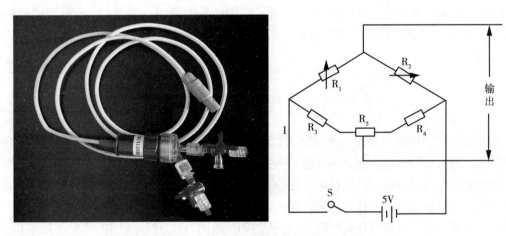

图 1-11　压力换能器和换能器原理示意图

2. 使用方法　在观察、记录血压时，首先应将换能器及测压插管内充满肝素，以防止插管内血液凝固，并排尽气泡，将测压管与大气相通，确定零压力时基线位置（调零），即可进行血压观察、记录。采用描记肺内压改变的方式记录呼吸运动时，亦可使用压力换能器，直接将换能器的压力传送管口与L形气管插管相连接，另一排气管口与大气相通，动物通过该管口进行肺通气，即可进行呼吸运动记录。

3. 注意事项

（1）测量血压时，换能器应放置在与心脏同一高度的水平位置，以保证测量结果的准确。

（2）不要用换能器测量超过其量程范围的压力。严禁在换能器管道处于闭合状态下，用注射器向换能器内加压。

（3）每次使用后，应即时清除换能器内液体，并用蒸馏水冲洗、晾干。

（4）压力换能器初次与记录仪或生物信号采集处理系统配合使用时，需要定标。

（二）张力换能器

图 1-12　张力换能器

张力换能器（图 1-12）主要用于肌肉收缩、呼吸运动和其他位移信号的换能。

1. 工作原理　张力换能器的工作原理与压力换能器相似。张力换能器的应变电阻粘贴在应变梁上，力作用于应变梁，使应变梁变形，应变电阻阻值改变，电桥失平衡；换能器将张力信号转换成电信号输出。量程可有 0～5g、0～10g、0～30g、0～50g、0～100g 不等。

2. 使用方法　用丝线将张力换能器的应变梁与实验对象相连，连接的松紧以丝线拉直且具一定的紧张度为宜，并使丝线与应变梁平面垂直（线与面垂直），选择适当的放大倍数，即可观察、记录。

3. 注意事项

（1）严禁测量超量程的负荷，以免损坏换能器。

（2）张力换能器应变梁的口是开放式的，在实验过程中应防止液体滴入换能器内部。

（3）在使用张力换能器的过程中，应避免换能器的碰撞、摔打。

（4）需要进行定量观察时，要对张力换能器进行定标。

（三）呼吸换能器

呼吸换能器有绑带式呼吸换能器（图 1-13）和呼吸流量换能器（图 1-14）。

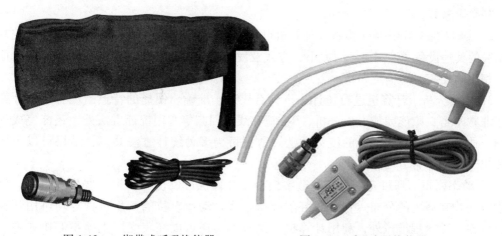

图 1-13　绑带式呼吸换能器　　　　图 1-14　呼吸流量换能器

绑带式呼吸换能器的原理是采用一个压电晶体，当外力作用时，压电晶体就会有电流输出，再经放大器放大后，便能记录呼吸的变化。该换能器属发电式换能器，无需外加电源即可工作。使用时，用微力拉紧，缚于被测人体或动物的胸部。

呼吸流量换能器是由一个差压换能器和一个差压阀组成，可以测呼吸波（潮气量），也可以测量呼吸流量。使用时要注意曲线代表的意义，需要时要先定标。

二、生物信号的采集

采集生物信号时，计算机通常按照一定的时间间隔取样，并将其转换为数字信号后放入内存，称为采样。

（一）模数转换器

生物信号通常为模拟信号（analog signal），需转换成数字信号（digital signal），才能为计算机接受。模数（A/D）转换设备一般能够提供多路 A/D 转换和 D/A 转换功能。A/D 转换需要一定时间，这个时间的长短通常就决定系统的最高采样速率。A/D 转换的结果以一定精度的数字量表示，精度越高，幅度的连续性越好，对一般生物信号的采样精度不应低于 12 位。转换速度和转换精度是衡量 A/D 转换器性能的重要指标。

（二）采样

与采样有关的参数包括通道选择、采样间隔、触发方式和采样长度等方面。

三、生物信号的处理

计算机对生物信号的处理一般包括以下几个方面。

1. 直接测量　在选定的区间内，计算机可直接测量出波形的宽度、幅度、斜率、积分、频率等参数。

2. 实时控制　利用输出设备，计算机可发出一些模拟或数字的控制信号，用来控制与之相联的其他设备。控制信号的大小、方式及发出的时刻可随所采集的生物信号的特征而做出相应的改变。

3. 统计分析　计算机进行统计分析具有快速、准确、便捷的特点。现有的统计处理程序非常丰富，除能完成方差分析、t 检验和线形回归等常用统计方法外，还能完成逐步回归、曲线拟合等较为复杂的统计方法。数据可为多种统计方法共享，结果可以图形方式输出，使用非常方便。

4. 动态模拟　通过建立一定的数字模型，计算机可以仿真模拟一些生理过程。例如激素或药物在体内的分布过程、心脏的起搏过程、动作电位的产生过程等均可用计算机进行模拟。除过程模拟外，利用计算机动画技术，还可以在荧光屏上模拟心脏泵血、胃肠蠕动、尿液生成、兴奋的传导过程。基于计算机多媒体技术的多媒体教学，可将复杂的生理过程通过二维或三维动画的方式演示出来。再配上同步的声音，可以达到非常独特的教学效果。

第二节 BL-420 生物信号采集与分析系统

BL-420 生物信号采集与分析系统是目前国内使用较广泛的生物信号采集与分析系统，它是在早期 BL-410 生物信号采集与分析系统基础上的升级换代产品，其硬件性能指标得到了全面的提升、软件分析处理功能项目得到了增加和加强，但其软件操作风格与 BL-410 生物信号采集与分析系统相似。下面以 BL-420 生物信号采集与分析系统为例，对其软件操作系统进行介绍。

BL-420 生物信号采集与分析系统是一种智能化的四通道生物信号采集、显示及数据处理系统。它具有记录仪+示波器+放大器+刺激器+心电图仪等传统的功能实验常用仪器的全部功能，并且具有传统仪器所无法实现的数据分析功能。该系统以中文 WinXP、Win7、Win8、Win10 等操作系统为平台，实现全图形化界面操作。此外它还具有自动分析、参数预置、操作提示等许多功能。

一、BL-420 生物信号采集与分析系统硬件面板介绍

BL-420 生物信号采集与分析系统是集电刺激、四通道生物信号换能、放大、采集、处理于一体的功能实验系统。硬件主要完成对各种电信号（如心电、肌电、脑电）与非电信号（如血压、张力、呼吸）的调理、放大，并进而对信号进行模/数（A/D）转换，由 USB 接口输入计算机。BL-420 硬件面板（图 1-15、图 1-16），前面有四个物理通道，其排列从

图 1-15 BL-420 硬件面板（前面）

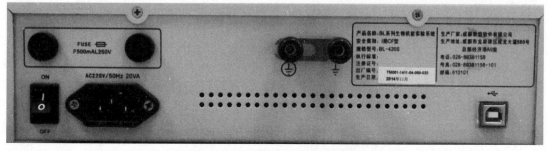

图 1-16 BL-420 硬件面板（后面）

左至右分别是 CH1、CH2、CH3、CH4 四个通道，四个通道输入端口采用 5 芯航空插座。还有 ECG 输入接口，记滴/触发输入接口，刺激输出接口。后面有 USB 输出接口、DC12V 插座以及电源开关等。

通道 CH1、CH2、CH3、CH4 输入接口可以直接连接引导电极，用于输入电信号，也可以连接张力或压力传感器，用来输入张力或压力信号。这四个通道的性能指标完全一样，因此它们之间完全可以互换使用。

二、BL-420 生物信号采集与分析系统功能特点

1. 通道高增益（2~50 000 倍），低噪声，程控的生物电放大器。各通道扫描速度分别可调。

2. 用 USB 接口进行连接。

3. 采用 16 位 A/D 转换器，最高采样速率可达 100kHz。

4. 程控电刺激器　电压输出（0~100V 步长最小达 5mV），电流输出（0~100mA 步长最小达 1μA）两种模式可选。

5. 程控全导联心电选择。

6. 软件以中文 WinXP、Win7、Win8、Win10 为软件平台，全中文图形化操作界面。

7. 具有网络控制功能，可实现教师与学生在计算机上直接对话。

8. 以生理科学实验为基础，预置九大类共 52 个实验模块。

9. 独特的双视显示功能，可实现实时实验生物波形与实验记录波形同时对比观察的功能。

10. 数据分析功能，可实时地对原始生物信号以及储存在磁盘上的反演信号进行积分、微分、频谱、频率直方等运算、分析；并同步显示该处理后的图形。

11. 测量功能　对信号进行实时测量、光标测量、两点测量以及区间测量，可测量出多项生物指标，如最大、最小以及平均值，信号的频率、面积、变化率以及持续时间等，且可将测量结果数据或原始数据导出到 Excel 或 txt 文件中。

12. 数据反演功能　在反演数据过程中，可用鼠标拖动数据查找滚动条进行快速查找；并可对反演信号进行数据、图形剪辑。

13. 有打印单、多通道的实验数据功能；在打印时，还可进行图形比例压缩，确定打印位置等。

三、BL-420 生物信号采集与分析系统软件操作

为尽快掌握 BL-420 生物信号采集与分析系统，首先需要熟悉该系统软件的操作主界面，熟悉主界面上各个部分的用途、功能，为实验操作做好准备。下面介绍软件主界面上

各个部分的功能。

（一）主界面

主界面从上到下依次分为：标题条、菜单条、工具条、波形显示窗口、数据滚动条（含反演按钮区）、状态条六个部分；从左到右主要分为：标尺调节区、波形显示窗口和分时复用区三个部分（图 1-17）。

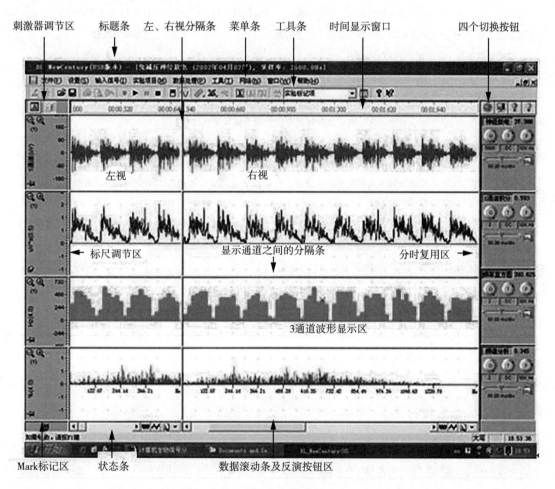

图 1-17 BL-420 操作主界面

可以通过拖动左、右视分隔条，将波形显示窗口分为两部分，以便同时显示以前记录的波形和实时观察到的生物波形。在标尺调节区的上方是刺激器调节区，其下方则是 Mark 标记区。分时复用区包括控制参数调节、显示参数调节、通用信息显示区和专用信息显示区四个分区，它们分时占用屏幕右边相同的一块显示区域，您可以通过分时复用区顶端的 4 个切换按钮在这 4 个不同用途的区域之间进行切换（图 1-17）。

BL-420 软件主界面上各部分主要功能清单参见表 1-1。

表 1-1　BL-420 软件主界面上各部分主要功能

名　称	功　能	备　注
标题条	显示软件名称及相关实验信息	
菜单条	显示所有的顶层菜单项	共有 9 个顶层菜单项
工具条	一些最常用命令的图形表示集合，可直接点击执行	共有 24 个工具条命令
刺激器调节区	调节刺激器参数及启动、停止刺激	包括两个按钮
左、右视分隔条	用于分隔左、右视，也是调节左、右视大小的调节器	左、右视面积之和相等
时间显示窗口	显示记录数据的时间	在数据记录和反演时显示
四个切换按钮	用于在四个分时显示复用区中进行切换	
标尺调节区	调节软件放大倍数，选择标尺单位及调节标尺基线位置	
波形显示窗口	显示生物信号的原始波形或数据处理后的波形，每一通道显示窗口对应一个实验采样通道	
显示通道之间的分隔条	用于分隔不同的波形显示通道，也是调节波形显示通道高度的调节器	4 个显示通道的面积之和相等
分时复用区	包含硬件参数调节区、显示参数调节区、通用信息区和专用信息区四个分时复用区域	这些区域占据屏幕右边相同的区域
Mark 标记区	用于存放 Mark 标记	Mark 标记在光标测量时使用
状态条	显示当前系统命令的执行状态或一些提示信息	
数据滚动条及反演按钮区	用于实时实验和反演时快速数据查找和定位，同时调节四个通道的扫描速度	

（二）工具条

工具条如图 1-18 所示。

图 1-18　工具条

　　工具条和命令菜单的含义相似，它是一些常用命令的集合。工具条上的每一个按钮对应一条命令，当工具条按钮以灰色效果出现时，表明该工具条按钮当前不可使用；下面将对部分工具条命令作详细说明（表 1-2）。

表 1-2 工具条图标名称及功能说明

图标	命令名称	功能说明
	系统复位	该命令可以使系统硬件和软件恢复到初始状态
	零速采样	该命令可实现零扫描速度下的数据采样功能。所谓零速采样是指：在扫描速度为零的情况下，仍然进行数据采样，并且将最新采样的数据显示在波形显示窗口的最右边，而整个波形并不向前移动。在零速采样的情况下，数据并不记录、存盘
	打开反演数据	该命令用于打开存储在计算机内的原始实验数据文件进行反演
	另存为	该命令用于将正在反演的数据文件另存为其他名字的文件
	打印	该命令用于通道显示波形的打印，选择该命令会弹出"定制打印"对话框，您可以根据实验和打印效果的需要，选择对话框内的功能
	打印预览	预览所打印的图形。执行"打印"和"打印预览"命令时需注意，当在进行数据反演或实验观察时，需要通过通道窗口激活这些命令才变为有效。激活方法为：在任何一个数据显示窗口中单击鼠标左键即可
	打开上一次实验设置	在需要重复上一次的相同实验而不想进行烦琐的设置时，选择该命令，计算机将自动把实验参数设置成与上一次实验时完全相同，并且自动启动数据采集与波形显示
	数据记录	当该按钮凹下时，表示系统当前正在进行数据记录；否则表示系统处于观察状态而不进行数据的记录存盘
	启动实验	该命令将启动数据采集，并将采集到的实验数据显示在计算机屏幕上；如果数据采集处于暂停状态，选择该命令，将继续波形显示
	暂停实验	该命令将暂停数据和波形扫描显示
	停止实验	该命令将结束本次实验
	背景颜色切换	通过该命令，显示通道的背景颜色将在黑色和白色这两种常见的颜色中进行切换
	隐、显标尺格线	通过该命令，可以显示或隐藏背景上的标尺格线
	添加通用标记	在实验过程中，单击该命令，将在波形显示窗口的顶部添加一个实验标记，标记编号从1开始顺序进行
	上下文相关帮助	当选择该按钮后，鼠标指针变成一个带问号的箭头，此时用鼠标指向屏幕上你需要帮助说明的部分，按下鼠标左键，将弹出关于指定部分的帮助信息。
	特殊实验标记选择组合框	工具条上的特殊实验标记组合框用于选择或自定义特殊实验标记，然后加注到正在记录的波形上

（三）分时复用区说明

分时复用区如图 1-19 所示。

图 1-19 分时复用区

在 BL-420 信号采集系统软件主界面的最右边是一个分时复用区。在该区域内包含有四个不同的分时显示复用区域：控制参数调节区 ▣ (调节增益、滤波、扫描速度等)、显示参数调节区 ▣ (调节显示区内信号、背景等的颜色)、通用信息显示区 ▣ 和专用信息显示区 ▣，它们通过分时显示复用区顶部的切换按钮进行切换。

通用信息显示区显示各个实验的通用测量结果，通用测量参数包括当前值、时间、心率、最大值、最小值、平均值、峰值、面积、最大上升速率 (d_{Max}/t) 和最大下降速率 (d_{Min}/t) 等。

专用信息显示区用于显示某些实验模块专用的数据测量结果，比如血流动力学实验、心肌细胞动作电位等。

(四) BL-420 生物信号采集与分析系统操作步骤

1. 开机　当计算机各接口连线连接好后，打开计算机电源。

2. 启动软件　待计算机进入"windows"界面后，用鼠标双击桌面上的"BL-420 生物信号采集与分析系统"快捷图标 (或将 BL-420 生物信号采集与分析系统软件的快捷方式添加到"启动"菜单中，则当 Windows 系统启动时会自动启动该软件)，进入 BL-420 生物信号采集与分析系统的主界面。

3. 设置实验的方法

(1) 根据实验题目在"实验项目"菜单项内直接选择该实验模块，系统将自动设置该实验的基本参数 (包括通道、采样率、系统放大倍数等) 并启动实验 (图 1-20)。

图 1-20　实验项目菜单

如果在进入某实验模块时出现有参数调节的对话框，则输入相关参数，然后按"确定"按钮即可。

　　在 BL-420 系统中共设置了九大类共计 52 个实验模块，涵盖了生理、药理和病理生理学的绝大部分实验内容，该实验的操作方法简单，特别适合于学生实验。

　　（2）如所要选择的实验在"实验项目"菜单项内没有，则用鼠标单击菜单条上的"输入信号"菜单项，弹出下拉式菜单，移动鼠标，在相应的实验通道中选择输入信号类型，如需选择多通道输入，则重复以上步骤（图 1-21）。各通道参数则根据您选择的实验内容自动设置完成。选择好各个通道的信号后，使用鼠标单击工具条上的"启动实验"命令开始实验。该方法适用于科研实验。

图 1-21　输入信号设置

　　实验过程中，如需对该实验设置的各项参数进行保留，只需选择"文件"→"保存配置"命令项，在弹出的"另存为"对话框中输入配置文件名，下一次您可以使用"文件"→"打开配置"命令打开原来保存的配置文件，则系统自动按配置文件的内容设置参数并启动实验。

　　在实验过程中，如要以全屏方式显示某通道信号，只需用鼠标双击该通道任意部位，即完成单通道的全屏显示。同时也可以通过拖动各通道之间的分隔条任意调节各通道显示区的大小。如要恢复原通道显示大小，用鼠标双击显示区的任意部位即可。

　　4. 参数调节　在实验过程中，可根据被观察信号的大小及波形特点，调节各通道增益、时间常数、滤波以及扫描速度（图 1-22）。

　　（1）增益调节：在主界面右边的控制参数调节区中包含有增益调节旋钮。每一个通道均有一个增益调节旋钮，用于实现调节系统增益大小（增益即是指放大器的放大倍数）。

　　（2）时间常数、滤波：滤波和时间常数实质上都是滤波，其中滤波是指高频滤波（低通滤波），它的作用是衰减生物信号中夹杂的高频噪声；时间常数是指低频滤波（高通滤

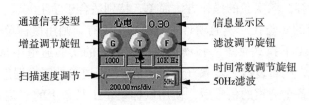

通道信号类型 ——→ 心电　0.30 ←—— 信息显示区
增益调节旋钮 ——→ G　T　F ←—— 滤波调节旋钮
　　　　　　　　1000　　10K Hz
扫描速度调节 ——→ ←—— 时间常数调节旋钮
　　　　　　　200.00 ms/div　50Hz ←—— 50Hz滤波

图 1-22　参数调节

波），它的作用是衰减生物信号中混入的低频噪声。50Hz 滤波是专指对电网所带来 50Hz 的干扰进行的滤波（当记录的信号中含有大量的 50Hz 成分时，50Hz 滤波会造成图形的严重失真！如心电信号禁用 50Hz 滤波）。通过上述参数的调节，选择一个较好的通频带，是我们实验成功的基本条件。一般而言，生物信号的类型不同，实验条件不同，所选择的通频带也不相同。

（3）扫描速度调节：扫描速度调节的功能是改变通道显示波形的扫描速度。如果要改变哪个通道的扫描速度，需将鼠标指示器指在该通道的扫描速度调节器的绿色三角形上，按下鼠标左键，然后用鼠标左右拖动这个绿色的三角形即可。当向右移动绿色三角形时，扫描速度将增大；反之则减小。

5. 定标　定标是为了确定引入传感器的生物非电信号和该信号通过传感器后转换得到的电压信号之间的一个比值，通过该比值，计算机就可以方便计算出传感器引入的生物非电信号的真实大小。比如，为了测定血压，我们用标准水银血压计作为压力标准对血压传感器进行定标，假设我们从标准水银血压计读出的值为 100mmHg，通过血压传感器的转换从生物信号采集与分析系统读出的值为 10mV，那么这个比值就是 100mmHg /10mV ＝ 10mmHg /mV。有了这个比值，以后我们就可以方便地根据从传感器得到的电压值计算实际血压值了。

所以，为了对生物非电信号进行定量分析，必须在分析前对所使用的传感器进行定标。

6. 记录存盘　用鼠标单击工具条上的记录按钮"■"，此时，记录按钮将呈现为按下的状态，计算机开始记录存盘。启动实验时系统的默认状态为记录状态。

7. 数据结果显示　在实验过程中，要不断观察信号测量的数据。这时只需用鼠标单击分时复用区中的通用数据显示区"■"或专用数据显示区"■"按钮即可。通用信息显示区显示各个通道信号的通用测量值，如频率、最大值、最小值、平均值等，专用信号测量则针对一些特殊的实验模块。

8. 暂停观察　如要仔细观察正在显示的某段图形，单击工具条上的"■"暂停按钮，此时该段图形将被冻结在屏幕上。如需继续观察扫描图形，单击"▶"启动键即可。

9. 刺激器的使用　BL-420 软件刺激器的参数调节按钮在主界面左边标尺调节区的上方。需要调节刺激器时，用鼠标单击"▥"按钮，此时将弹出设置刺激器参数对话框。可根据实验需要调节刺激器的各项参数，包括刺激方式、波宽、幅度等。某参数项右边的两个上、下箭头表示对参数粗调，下边两个箭头表示对参数细调。当需要给标本刺激时，使用鼠标单击刺激参数调节区中的启动刺激按钮"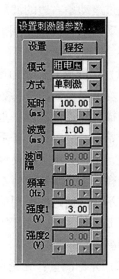"。如选择的刺激方式为连续刺激，那启动刺激后该按钮变为凹下状态""，如要停止连续刺激，则使用鼠标再次单击该按钮即可（图1-23）。

10. 实验标记　在我们实验过程中对发生的事件要作标记（如用药、刺激等），它是我们实验后分析数据时对应该事件的标志。该系统中有两种方式的标记，一种是特殊实验标记，标记内容在工具条上进行编辑，标记内容是实验模块本身预先设置的或自编辑的文字。当我们用鼠标在特殊实验标记列表框中选定标记内容后，移动鼠标到显示区任意位置，单击鼠标左键即可在通道显示窗口中添加特殊实验标记。另一种标记是通用实验标记，其标注按钮在工具条上，当我们需要标记时，点击工具条上的""按钮，此时在每个显示通道的顶部将自动生成一个数字标记，该数字标记与波形一起移动，通用标记从1开始顺序进行编号，并且不可人为改变，通用标记只有在实时实验过程中才能起作用。

图1-23　刺激器的参数调节

11. 心电纪录　BL-420采用了两种心电记录方式，分别为单导联和全导联心电记录。单导联心电记录：在实验中如果只需记录一个导联的心电，可选用该方式。使用普通信号输入线即可引导动物的标准Ⅰ、Ⅱ和Ⅲ导联，比如，引导动物标准Ⅱ导联心电的连接方法：使用银针分别插入动物的右前肢、左后肢和右后肢，引导电极上的白色鳄鱼夹与右前肢上银针相连，红色鳄鱼夹与左后肢银针相连，而黑色鳄鱼夹与右后肢银针相连即可。单导联心电记录方式灵活，只占用一个通道，可以和其他通道内显示的血压、呼吸等信号一同观察，而且抗干扰能力较强。

全导联心电记录：如果需要同时记录四个导联的心电，选用该方式。全导联心电的连接方法，一通道（右前肢）、二通道（左前肢）、三通道（左后肢）、四通道（胸导联）、接地线（右后肢）。计算机内部对这些独立通道的心电信号将自动合成，四个通道显示不同导联的心电，各通道所显示的心电导联可以通过对话框自行调节。如果不需要记录胸导联心电，则不必连接四通道输入信号。

BL-420S中有专门的全导联心电输入口，用于输入全导联心电。

12. 结束实验　当实验结束时，用鼠标单击工具条上的停止实验按钮"■"。此时会弹出一个"另存为"对话框，提示你给刚才记录的实验数据输入文件名（文件名自定义），否则，计算机将以"temp. dat"作为该实验数据的文件名，并覆盖前一次相同文件名的数据。当单击"确定"按钮后，另存为对话框消失。以后您可以调出本次实验数据进行反演。

13. 实验组号及实验人员名输入　如果您需要在实验结果上打印实验组号及实验人员名字，则选择"设置"→"实验人员"菜单命令，将弹出"实验组及组员名单输入"对话框，用键盘输入实验组号和实验人员名单，按"确定"按钮完成编辑。

14. 实验数据反演 使用鼠标左键单击工具条上的打开命令按钮"📁"，将弹出"打开"对话框，在对话框中的文件名列表框中选择所要反演的文件，然后按"确定"按钮，即打开该数据文件。

对于反演的实验波形，您可以通过标尺调节区中的放大、缩小按钮调整波形的大小；也可通过滚动条右边的波形压缩和波形扩展两个功能按钮调整波形的扫描速度，然后通过拖动滚动条来查找所需观察的那一段实验波形。

15. 数据测量

（1）区间测量：该命令用于测量当前通道图形的任意一段波形的频率、最大值、最小值、平均值以及面积等参数。方法：鼠标单击工具条上的区间测量按钮"▨"，此时，图形暂停扫描，通道内出现一垂直线条，线条随鼠标移动而移动；单击鼠标左键以确定要测量图形的始端，同时第 2 条垂直线出现，相同方法确定终端，在被测量图形段内出现一条水平直线，用鼠标上下移动该直线，选定频率计数的基线（如果测量的信号为心电信号，那么您选择的水平计数线将不起作用），单击鼠标左键确定此次测量。这时所有被测量的参数自动显示在该通道的通用信息显示区内，如果您使用工具条上的打开 Excel 命令按钮"🗶"打开了 Excel，那么本次区间测量的数据将自动进入到 Excel 表格中；单击鼠标右键结束本次区间测量。

（2）光标测量：无论在实时显示还是在数据反演状态下，当用暂停按钮使波形扫描处于暂停时，在每个通道的波形上均附有一个光标，该光标随着鼠标的移动而左右移动，但始终附着在波形曲线上，光标位置的波形幅度显示在控制参数调节区的右上角或通用信息显示区中的"当前值"栏目中。

（3）带 Mark 标记的光标测量：Mark 标记"　M　"是用于加强光标测量的一个标记，该标记单独存在没有意义，它只有与测量光标配合使用才能完成简单的两点测量功能。测量光标是用来测量波形曲线上任意一点的当前值。如果测量光标与 Mark 标记配合，那么当测量光标移动时，它将测量 Mark 标记和测量光标之间的波形幅度差值和时间差值（测量结果前面加有一个 Δ 标记，表示显示的数值是一个差值）。测量方法：将鼠标移动到 Mark 标记区，按下鼠标左键，鼠标光标由箭头变为箭头上方加有一个"M"的图标，然后拖动鼠标进行 Mark 标记，将 Mark 标记拖放到任何一个有波形显示的通道显示窗口的波形测量点上方，松开鼠标左键，这时，M 字母将自动落到对应这点 x 坐标的波形曲线上。

（4）微分：如果要了解波形的变化率，则要进行波形的微分处理，选择"数据处理"→"微分"命令选项，将弹出"微分参数设置"对话框。它将要求你选定所要微分波形的通道以及微分图形所要显示的通道，并且要求选择微分时间（一般来讲，微分时间越短越好）和微分波形的放大倍数。你可以用鼠标单击对话框中的调节按钮来调节微分参数。参数调节完毕后，鼠标左键单击"确定"按钮，此时微分波形将被显示。对于血流动力学实验中的左室内压波形，通常我们需要观察它的微分图形。

其他数据处理方法，包括积分、频率直方图、频谱分析等与微分的操作方法相似。

16. 打印 当我们在实时实验或数据反演过程中，如果认为有需要打印的图形，可以用鼠标单击工具条上的"打印"命令，此时，将弹出"定制打印"对话框，选择打印比例、打印通道，然后按"确定"，即可打印出一幅带有实验数据的图形（图1-24）。

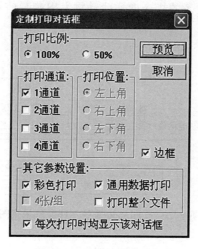

图1-24　定制打印对话框

17. 注意事项

（1）在开机状态下，切忌插入或拔出计算机各插口连线。

（2）对于经过换能器的生物非电信号，如血压、张力等，为了获得准确的定量分析数值，首先需要对使用的换能器进行定标操作。

（3）切忌液体滴入计算机及附属设备内。

（4）未经允许，不得随意改动计算机系统设置。

第三节　PcLab-530生物信号采集与处理系统

一、系统组成与基本工作原理

Pclab-530生物信号采集处理系统由硬件与软件两大部分组成，具体包括前置放大器、程控刺激器、数据采集卡、计算机、系统软件包等。硬件主要完成对各种生物电信号（心电、肌电、神经电等）及非电生物信号（血压、张力、呼吸、温度、流量等）的采集，并对采集到的信号进行处理、放大，进而对信号进行模/数（A/D）转换，使之进入计算机。软件主要用来对已经数字化了的生物信号进行显示、记录、存储、数据处理及打印输出，同时对系统各部分进行控制，与操作者进行人机对话。

Pclab-530生物信号采集处理系统的工作原理是：首先将原始的生物功能信号，包括生物电信号和通过传感器引入的生物非电信号进行放大、滤波等处理，然后对处理的信号通过模数转换进行数字化并将数字化后的生物功能信号传输到计算机内部，计算机中的系统软件接收从生物信号放大、采集硬件传入的数字信号，然后对这些收到的信号进行实时处理，系统软件也可以接受使用者的指令向实验动物发出刺激信号（图1-25）。

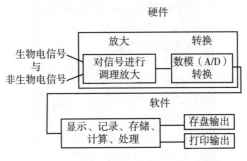

图 1-25　Pclab-530 系统工作原理示意图

二、系统硬件面板介绍

系统硬件放大器分前后两个面板，前面板接口用来连接外部设备，后面板接口主要用来连接线路（图1-26）。

前面板包括电源开关、信号输入通道、信号输出通道和指示信号输入通道共5个，相互独立，分别是4个通道性能参数一样的放大器通道和1个专用的心电通道，其中第3通

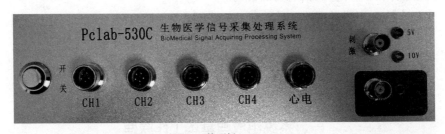

前面板

后面板

图 1-26　Pclab-530 系统硬件面板示意图

道可以自由切换成一个多导联的心电图机，具有心电网格功能，方便用户观察、分析，心电通道不能进行其他的信号采集。刺激输出有 2 个通道，刺激强度分全程控调节的三组输出，选择不同档刺激输出指示灯会随之变化。

后面板的 USB 接口用来插接 USB 线，USB 线的另一端接入计算机的 USB 接口。监听输出口是与音箱的音频线相连，是用来监听神经放电的声音。地线接口用来接地线以减少外界环境对有效信号的干扰。

三、系统软件的使用方法

（一）系统软件界面

软件运行后整个界面如图 1-27 所示，自上而下分别为标题栏、菜单栏、工具栏、状态提示栏及采样窗、处理窗、数据窗等多个相应的子窗口组成。

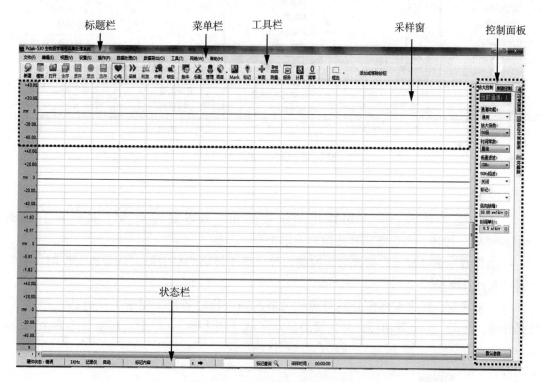

图 1-27 Pclab-530 系统软件界面

1. 标题栏 用于提示实验名称及显示"最小化""还原""关闭"按钮。
2. 菜单栏 用于按功能不同而分类选择的各种操作（图 1-28），如文件、编辑、视图、设置、操作、数据处理、数据导出、工具、网络、帮助。

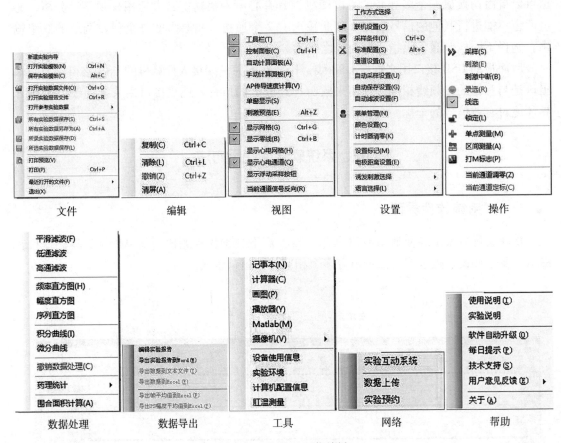

文件	编辑	视图	设置	操作

数据处理	数据导出	工具	网络	帮助

图 1-28　软件界面菜单栏

3. 工具栏　显示一些常用操作的快捷按钮，可以通过点击工具栏最右边的 " 添加或移除按钮 " 按钮，来选择哪些按钮显示出来。

4. 数据显示窗　显示数据波形、控制面板（整个界面的最右侧，分为放大控制和刺激控制）和计算面板。

（1）采样窗：四个采样窗分别对应放大器的四个物理通道，用于采样时的波形显示、数据处理、标记、测量等功能，是主要的显示区域（图 1-29）。每个采样窗分为四个部分：

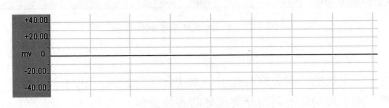

图 1-29　采样窗界面

①坐标区：显示了纵坐标轴，其刻度单位由控制面板中的通道功能决定，如果想要改变刻度线的距离，可以右击此区域在弹出的菜单中选择"增大刻度间距"或"减小刻度间距"。②观察区：用来显示波形曲线、标记、刺激标记、选择区域、测量线等信息。③滚动条：其作用是对波形的位置进行上下的调整以便于观察。④时间轴：用于显示时间信息，用户可以通过它来同时选择几个通道的同一段数据。将鼠标移动到时间轴上，在被选段落的开始处按下鼠标左键不放，拖动鼠标会有一个半透明的选择区出现，在终止位置松开鼠标左键即可完成选择，只要在时间轴上再次单击鼠标则可取消选择区域。

（2）控制面板：位于整个界面的最右侧，分为放大控制和刺激控制（图 1-30）。放大控制可以针对当前通道进行不同的控制调节，点击此面板底部的"默认参数"按钮，可以将控制参数调节成该通道功能下的推荐参数。刺激控制为全程控式，点击此面板底部的"显示刺激通道"按钮，可以选择哪几个通道显示刺激标记。

图 1-30 控制面板的放大控制和刺激控制框

（3）自动计算面板：位于整个界面的最右侧，分为选择计算和实时计算。

（4）对比框：单击鼠标左键拖拽坐标区和观察区之间的分割线，就能打开对比框，方便进行波形的比较。

5. 状态栏 显示仪器状态、软件模式、采样时间以及进行波形数据搜索。从左到右依次为硬件状态提示区、采样条件提示区、标记或帧数提示区、波形查询、标记查询区、采样时间。

（二）常用软件设置及操作

利用该系统做好生理科学实验的第一步就是在开始实验之前要做好信号采样的软件设置工作。具体操作如下：

1. 设置采样条件　执行"设置"菜单中的"采样条件"菜单项，弹出采样条件设置窗口（图1-31），该窗口中有5个下拉列表框，分别用来设置采样仪器编号、显示方式、触发方式、采样频率、通道个数。

图 1-31　采样条件设置窗口

（1）仪器编号：通常不需要改变，因为绝大多数实验只需要一台仪器做实验。只有极少数需要两台或以上仪器的实验才需要根据不同仪器设置不同采样条件。

（2）显示方式：有记录仪方式和示波器方式两种，可根据实验的需求来选择显示方式。①记录仪方式：用来记录变化较慢，频率较低的生物信号，如电生理实验中的血压、呼吸、张力、心电等。其扫描线的方向是从右向左，连续滚动，与传统仪器的二导联记录仪相一致，采样频率从20Hz到50kHz，共11档可选，此时无触发方式选择。②示波器方式：用来记录变化快，频率高的生物信号，如电生理实验中的神经干动作电位、动作电位传导速度、心室肌动作电位等。其扫描方向是从左向右，一屏一屏的记录，与传统的示波器相一致，采样频率从1kHz到200kHz。

（3）触发方式：有自动触发和刺激器触发，当使用记录仪方式显示时，此功能自动关闭（变成灰色）；若使用示波器方式，还可以进一步选择是自动触发还是刺激器触发，如果是刺激器触发，则启停由 按钮来控制，采样键 变为灰色 。

（4）采样频率：可以根据实验做出选择，通常是变化快的选择采样频率高一些（如减压神经放电实验可以选择10kHz），变化慢的选择采样频率低一些（如血压、呼吸、张力等实验可以选择1kHz）。

（5）通道个数：用来确定实验中使用通道的个数，选择1个通道，则是第一通道；选择2个通道，则是第一和第二通道；选择3个通道，则是第一、第二和第三通道；选

4 个通道，则是全部的通道。

2. 选择通道　数据显示窗右侧为控制面板，在控制面板的通道功能列表框中，为每个通道选择对应的实验类别（采样内容）（图 1-32），同时确定计算面板要计算的内容。

3. 调节参数　实验中可根据需要适当调节硬件参数以获取最佳实验效果。硬件参数包括放大倍数、时间常数、低通滤波、陷波、纵向放缩、时间单位等参数（图 1-33），其中增益、滤波和时间常数这三个参数在信号记录系统中起着非常重要的作用。

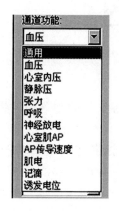

图 1-32　通道功能列表框

图 1-33　硬件参数调节

（1）放大倍数：也称增益或输入范围，是对输入的微弱生物信号进行放大。放大倍数的数值随不同功能、不同通道有所不同，但一经选定，不得更改。

（2）时间常数：用来控制交直流（即控制电信号与非电信号），非电信号时它是处于"直流"状态；做电信号实验时相当于高通滤波（高通滤波是指高于某种频率的波形可以通过，时间与频率是倒数关系），作用是衰减生物信号中所带入的低频噪声，而让高频信号通过。

（3）低通滤波：是指低于所选频率的波形可以通过，适合于滤除含有某种固定频率的周期性干扰信号，让低频信号通过。

（4）50Hz 陷波：是指当采样曲线中有干扰出现时，并且这种干扰有一定频率的周期性，通常是指电源的干扰。

（5）纵向放缩：是指对当前通道的波形进行纵向拉伸、压缩。其与"放大倍数"是有区别的，它是对采样后的波形进行人为的放大、压缩，对生物信号本身没有真正的放大。

（6）时间单位：是指对当前通道的波形进行横向拉伸、压缩，同时也对当前走纸通道速度进行调节。

4. 定标　定标是为了确定引入传感器的非电信号和该信号通过传感器后转换得到的电压信号之间的比值，通过该比值计算传感器引入的非电信号的真实大小。如血压、张力等可以进行定标，执行"设置"菜单中的"当前通道定标"菜单项进行定标（图1-34）。下面以普通压力传感器为例，介绍定标的操作步骤：

图 1-34　定标对话框

（1）压力传感器连接好各种三通管，并将传感器充满液体，排尽气泡后将压力传感器与仪器连接。

（2）打开"采样条件"对话框，确定各种参数，将该通道的通道功能和放大倍数调好。

（3）开始采样，在压力传感器压力为零的前提下进行当前通道调零，调整采样的波形线与零线重合。

（4）给压力传感器一定压力（如100mmHg）采样，待波形上升平稳一小段时间后，停止采样。

（5）在上升的平稳处，按下鼠标左键向右拖动鼠标选中一段平稳的波形段，抬起鼠标左键，确定波形被半透明的颜色标示了一段。

执行"设置"菜单下的"当前通道定标"菜单项，弹出"定标"对话框，在实际值文本框中输入实际值（如本例的100）确定即可，此时坐标将采用新的mmHg的单位，定标即告完成。定标后，左侧刻度的变化和实测的曲线数值都会发生变化。

未接传感器前，当采样波形与零线有偏差时用软件上的调零功能调零；接好传感器后若偏差较大，则要用传感器本身的调零旋钮进行调零。如果通过"文件"菜单下的"保存实验模板"项将此配置保存起来，下次则无需定标。定标的实际值量程尽可能大小合适，保证准确性。定标后通道固定，传感器专用，放大倍数固定最好不要再调，若想对图形进一步观察，可以使用右侧控制面板上的"时间单位"或"纵向放缩"来进行。

5. 采样　单击工具栏上的"采样"按钮开始采样，在采样的过程中可以实时调整输入范围、低通滤波、纵向放缩等各项指标以使波形达到最好的效果，再次单击此按钮，则可停止采样。

6. 刺激　进行刺激之前，首先完成刺激器的设置与调整。Pclab-530 系统内设有一个由软件程控的刺激器，该刺激器所提供的功能与性能指标完全能够满足实验的要求，工作稳定、可靠，刺激输出电压不会因刺激对象阻抗变化而变化，共分为 0~5V、0~10V、0~100V 三档，其中每一档的输出电压的步长都不相同。共有 7 种不同的刺激方式（单刺激、串刺激、周期刺激、自动幅度、自动间隔、自动波宽、自动频率）。不同的实验选择不同刺激方式和刺激幅度会令实验效果十分理想。刺激器的设置如下：

第一步：打开刺激器设置面板，可以通过"设置"菜单下的"刺激器设置"菜单项来实现，也可以通过工具栏上的 按钮在控制面板和刺激面板间进行切换，此时刺激面板就会代替放大器控制面板以便进行刺激器的参数设置。刺激面板如图 1-35 所示。

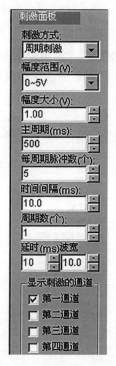

图 1-35　刺激控制对话框

第二步：点击界面右面的控制面板上的刺激控制属性页，选择适当的刺激模式，调整相应的波宽、幅度、周期、延时、间隔等参数，然后单击工具栏上的"刺激"按钮即可发出所要刺激（图 1-36）。

第三步：刺激标记想要显示在哪个通道上，就在相对应的通道上打勾，这样在当前通道上就可以显示相应的刺激幅度、波宽与标记。

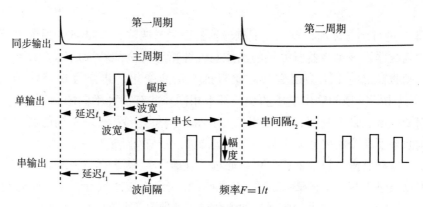

图 1-36　刺激器方波刺激和各参数示意图

7. 添加标记　在 Pclab-530 系统中的"设置标记"菜单项中，已经预先设定了一些标记以供实验中使用，预设的标记将会显示在每个通道控制面板中的标记列表框中（图 1-37）。进行实验因素处理时，用户只需在标记列表框中选择相对应的标记然后右击鼠标即可。

图 1-37　设置标记对话框

左面的列表框显示实验标记组列表，点击"添加""删除"按钮可以添加或删除一组标记；左键双击实验标记组名，可以编辑修改实验标记组名，按回车键或点击编辑框以外的地方可以完成编辑修改。选择一个实验标记组名，可以在右面的列表框上显示此实验标记组所包含的实验标记。点击"添加""删除""上移""下移"按钮可以添加、删除、上移、下移一个标记；左键双击实验标记名，可以编辑修改实验标记名，按回车键或点击编辑框以外的地方可以完成编辑修改。勾选通道号，则会在主界面此通道的控制面板上"标记"一栏显示此标记组。还可以根据需要选择标记样式和排版模式。实验过程中，如果要添加新的标记，只需鼠标右击波形空白处，在弹出的"添加标记"菜单中进行编辑。

8. 开始、暂停、结束实验　启动实验时，点击"文件"菜单项，弹出"新建实验向导"对话框，设置完成后，依次点击"下一步"，选择或填写模板分类名，再填写模板文件名，点击"完成"按钮即可开始实验（图 1-38）。如果中途点击右上角的 ▇▇ ，关闭此对话框之前的软件设置也会被保存。根据实验进程可按"停止"或"结束"按钮。

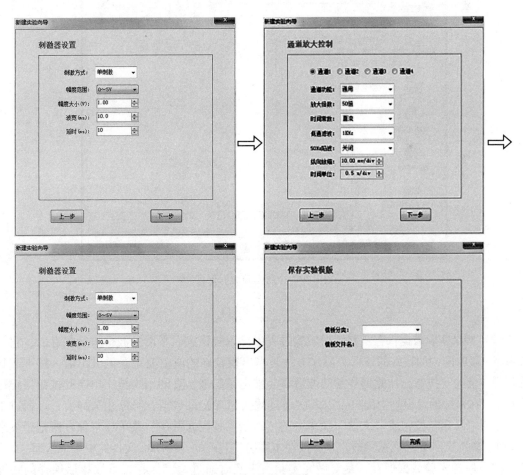

图 1-38　新建实验操作流程

（三）实验结果存盘和打印输出

1. 数据保存　为了保证实验数据的完整，Pclab-530 系统提供了四种数据保存方法，并且采用了标准的文件存盘格式。

（1）全部实验数据保存：指从开始波形采样就对整个实验过程中所采集的全部波形数据的保存（图 1-39）。其目的是在实验结束后可再现实验过程，这个保存机制和微软的 Word、Excel 相一致。有两种方法可以进行这种保存：停止采样后，通过点击"文件"菜单中的"所有实验数据保存"菜单项来实现的；重新开始实验或关闭软件界面时，系统弹出"是否保存所有数据"对话框，确定保存后，只需要输入一个文件名即可，文件将被自动存放在本系统安装后的 UserData 文件夹中以便用户集中管理。下次实验时，可通过文件菜单项中的"打开实验数据文件"进行查阅。

图 1-39　全部实验数据保存

（2）所录实验数据保存：是针对实验过程中出现的稳定而平滑的波形进行保存的，它可以保存一段时间内的较好的波形。操作方法是当出现较好的或需要记录的波形后，按下工具栏上的"录选"按钮，从此刻开始的波形将会被记录起来，直到用户再次单击此按钮停止记录为止。在采样的过程当中用户可以多次通过此按钮来记录数据，当停止采样后，可通过工具栏上的"录存"按钮或"文件"菜单中的"所录实验数据保存"菜单项来保存所记录下来的文件，输入文件名后数据将被自动存放在本系统安装后的 UserData 文件夹中集中管理。

（3）所选实验数据保存：是对做完实验后未及时通过记录保存，采取事后保存的一种方式。操作方法是对采样后的波形进行涂选，然后按工具栏的"选存"按钮，就会弹出一个对话框输入文件名。接下去再涂选按"选存"就不会出现对话框，因为它是将后面涂选的波形与前面涂选的波形保存在同一个文件名下。

（4）临时保存：是为保证在任何情况下不丢失数据，只要启动采样（在所有情况下），系统自动在安装目录下的 UserData 子目录下生成一个临时文件，此文件将所有本次采集数据全部保留（本次是指不进行新建文件操作或开始新实验采样），停止采样后再次启动时，数据向后续接，边采边存。即使关闭系统，只要未进行新实验采样，系统一直保留上一次实验的临时文件。为保证本次数据不丢失，在关闭系统或进行新建文件操作前应将临时文件另存为其他文件名，否则下次采样时，将被新数据覆盖。

2. 打印输出　用户可以先通过工具栏上的"预览"按钮或"文件"菜单中的"打印预览"菜单项来进行波形的预览，然后通过"文件"菜单中的"输出到 Word 打印"菜单项直接打印输出。也可以通过打印预览中的"打印"直接进行打印输出。

第四节　Medlab 生物信号采集处理系统

Medlab 生物信号采集处理系统是能够将生物信号放大、采集、显示、处理、储存和分析以及能够程控数字输出多种模式刺激于一体的实验系统。它可替代生物医学实验中传统的示波器、生物信号放大器、刺激器和记录仪，广泛应用于生物医学实验教学和科研工作。Medlab 生物信号采集处理系统有 Medlab-E（内置式）、Medlab-U（外置式）等多种型号。

一、Medlab 生物信号采集处理系统的组成

Medlab 生物信号采集处理系统由硬件与软件两部分组成。

（一）硬件

硬件主要完成对各种生物电信号（如心电、肌电、脑电）与非电生物信号（如血压、张力、呼吸）的调理、放大，并进而对信号进行模/数（A/D）转换，由 USB（外置式）或 ISA（内置式）接口输入计算机。内置式、外置式 Medlab 硬件面板不尽相同。

1. Medlab-E 内置式硬件面板　如图 1-40 所示。

图 1-40　Medlab-E 内置式硬件面板

（1）通道输入接口：有四个物理通道，其排列从左至右分别是输入 1、输入 2、输入 3、输入 4 四个通道，四个通道输入端口采用五芯航空插座。

（2）交、直流切换按钮：左起第一个按钮，该型仪器为非全程控型仪器，其交、直流切换通过通道上的按钮进行，按钮压下为 AC（交流）耦合，按钮抬起为 DC（直流）耦合。

（3）刺激器标记：左起第 5 个按钮按下，刺激器标记显示于 4 通道，抬起为信号输入。

（4）刺激极性切换：左起第 6 个按钮按下去为正极性刺激波形输出，抬起为负。

（5）放大器偏置调零旋钮：四个输入通道均设置放大器偏置调零旋钮。

（6）刺激输出接口：输出刺激电压，刺激波形为方波。

2. Medlab-U 外置式硬件面板　如图 1-41 所示。

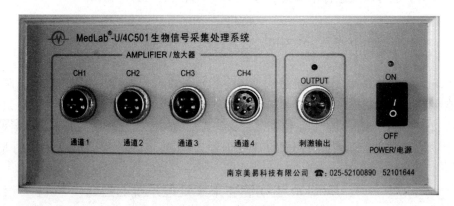

图 1-41　Medlab-U 外置式硬件面板

（1）通道输入接口：有四个物理通道，其排列从左至右分别是通道 1、通道 2、通道 3、通道 4，四个通道输入端口采用五芯航空插座。

（2）四个通道的频率范围为 DC～30kHz，时间常数为 0.01～1s 程控调节，上限频率为 10Hz、30Hz、100Hz、300Hz、1kHz、3kHz、10kHz、30kHz 程控调节。

（3）刺激输出：输出刺激电压，刺激波形为方波。

（4）外同步：外部触发信号入口，由外部信号控制扫描。

（二）软件

软件主要完成对系统各部分进行控制和对已数字化的生物信号进行显示、记录、存储、处理、数据共享及打印输出。内置式、外置式 Medlab 软件窗口界面基本相同，如图 1-42 所示，可划分 8 个功能区。

1. 标题栏　显示系统名称、存盘文件路径、文件名及界面控制按钮。

2. 菜单栏　按不同功能分类的操作选项。从左至右依次是文件、编辑、视图、设置、实验、处理、窗口等选项。

3. 快捷工具栏 提供常用的快捷工具按钮。主要按钮见图 1-42。

4. 通道采样窗 通道采样窗分为四部分：上方为"标记栏"，显示标记顺序，编辑、添加、删除实验标记及时钟功能。左侧为"通道控制区"，设有放大器设置按钮，实时设置放大器硬件，如放大倍数、滤波等。中间为"波形显示区"，显示采样波形曲线。右侧为"结果显示控制区"，显示采样间隔，区段测量按钮，结果在线测量显示，曲线的 Y 轴坐标显示及 Y 轴方向的放大与缩小控制等。

5. X 轴显示控制区 位于"波形显示区"的下方，可动态显示采样时间，曲线的 X 轴拖动控制，X 轴方向波形压缩、扩展控制。

6. 采样控制区 位于"X 轴显示控制区"的右侧，控制采样开始或停止及观察或存盘。

7. 刺激器控制区 位于"X 轴显示控制区"的左侧，设有刺激设置按钮，可对刺激的模式、刺激参数、刺激参数标记进行选择，设有控制刺激的输出按钮。

8. 提示栏 提示相关的操作信息、Medlab 状态和当前硬盘的可用空间。

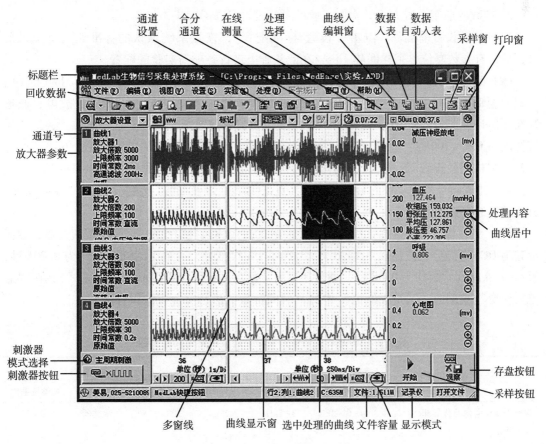

图 1-42 Medlab 系统软件界面

二、Medlab 生物信号采集处理系统功能及使用

（一）生物信号采集与参数设置

不同的生物信号具有不同的性质特征，正确设置实验参数，才能有效地采集生物信号，减少干扰，真实地反映实验结果。

1. 参数的快捷设置方法　系统本身或实验室技术人员已将实验项目的参数进行了预先设置，实验时仅需打开相应的实验项目，就可进行实验。方法：系统软件启动后，在"菜单栏"单击"实验"，点击相应的学科分类，选择所需要的实验项目，系统即自动将参数设置为该实验项目所要求的参数状态，点击采样"开始"按钮，系统即进行信号采集，记录实验结果。需要注意的是，由于机体、器官或组织的功能状态不同，信号的强弱、频率快慢有差异，实际操作时，要对放大倍数、X 轴压缩等作相应的调整，以描记到大小适宜的信号曲线为宜；对于定量信号，测量前要进行零位调节。

2. 参数的通用设置方法　常用实验的参数设置可参考表 1-3。

（1）参数设置前准备：点击"设置/标准配置"，恢复系统默认的标准四通道记录形式，使所有参数复位，采样间隔 1ms，在此基础上进行各项新实验的配置。

（2）通道选择：与硬件放大器面板输入通道相对应选择信号输入通道。Medlab-E（内置式）通道 1 频带宽度为 160Hz～10kHz，适合高频生物信号的输入，如神经放电；通道 2 和通道 4 频带宽度为 2Hz～1kHz，适合中频生物信号的输入，如神经动作电位；通道 2 频带宽度为 0.1～100Hz，适合低频生物信号的输入，如心电图、脑电图。设置方法：点击"设置/采样条件设置"，进入"采样条件设置"窗，选择所需要的通道。Medlab-U（外置式）4 个通道频带范围一致为 DC～30kHz，点击菜单"设置/通道设置"，进入"通道设置"窗，进行通道选择。

（3）交、直流耦合选择：Medlab-E（内置式）用输入接口上的 AC/DC 按钮选择，按钮抬起为 DC（直流），按钮压下为 AC（交流），AC 状态时，通道 1 时间常数约为 0.001 秒，通道 2、4 时间常数约为 0.08 秒，通道 3 时间常数为 1.6 秒。MedLab-U（外置式），在"通道采样窗"左侧的"通道控制区"中的"时间常数"进行交、直流耦合选择。

表 1-3　Medlab 生物信号采集处理系统常用实验参数

实验名称	实验参数						
	通道	时间常数/s	上限频率	采样间隔	放大倍数	显示模式	X 轴压缩比
神经干动作电位及传导速度的测定	2，4	0.01～0.1	3～5kHz	25μs	200～1 000	示波器	2：1
骨骼肌收缩	1～4	DC	10～30Hz	1～5ms	50～100	连续记录	20：1
骨骼肌动作电位	2	0.01～0.1	3～5kHz	25μs	200	示波器	20：1

续 表

实验名称	实验参数						
	通道	时间常数/s	上限频率	采样间隔	放大倍数	显示模式	X轴压缩比
蛙心期前收缩与代偿间歇	1~3	DC	10Hz	1ms	200~500	连续记录	10:1
蛙心灌流	1~4	DC	10Hz	1~5ms	200~500	连续记录	20:1
兔动脉血压	1~4	DC	30Hz	1ms	100~200	连续记录	20:1
心电图	3	0.1~1	1kHz	0.1~1ms	2 000	连续记录	20:1
减压神经放电	1	0.01~0.1	5kHz	50μs	10 000	连续记录	500:1
呼吸运动调节	1~4	DC	10Hz	1~2ms	100~200	连续记录	20:1
膈神经放电	1	0.01~0.1	5kHz	25μs	10 000	连续记录	100:1
消化道平滑肌的生理特性	1~4	DC	10Hz	5ms	200~500	连续记录	100:1
大脑皮层诱发电位	1	0.02	100kHz	20μs	10 000	示波器	10:1

（4）采样间隔：A/D转换卡的功能是将连续的模拟实验信号转变为可供计算机识别的间断的数字信号，采样间隔就是前后采样点的相隔时间。一般慢信号选择的采样间隔相对大，快信号的采样间隔相对小。点击"设置/采样条件设置"，进入"采样条件设置"窗，选择采样间隔。也可在"通道采样窗"右侧的"结果显示控制区"，显示"采样间隔"的区域对采样间隔进行设置。

（5）显示方式：Medlab-U（外置式），选择菜单"文件/新建"，下拉菜单显示三种显示模式，可按需要进行选择设置。记录仪：系统进行等间隔连续记录，采样曲线从窗口右侧向左侧连续扫描通过显示区，一般用来记录变化较慢、频率较低的慢信号（例如血压、呼吸、肌张力等）。示波器：系统可采用刺激器触发，采样曲线从窗口左侧一屏一屏记录显示曲线，一般用来记录变化快、频率高的快信号（例如神经干动作电位、神经放电等）。慢波扫描：采样方式同"记录仪"，但做图方式同"示波器"，Medlab连续记录采样数据、从左向右做图，用于记录慢信号或快信号，是一种灵活的记录方式。Medlab-E（内置式），点击"设置/采样条件设置"，进入"采样条件设置"窗，设置"显示方式"。

（6）放大倍数：点击"通道控制区"中的"放大倍数"，根据实验信号强弱设置合适的放大倍数。

（7）信号名称设置：为了令系统按实验要求对信号进行必要的计量换算，需要进行信号名称设置。用鼠标点击相应通道的"结果显示控制区"中的"通用"，在弹出菜单中选择"处理名称"，显示"处理名称窗"，选择合适的处理名称、测量间隔及处理内容。

（8）调零：调零后使基线回到零位，才能准确显示信号的数值。方法：首先使传感器负载为零或引导电极输入端短路，再点击相应通道"结果显示控制区"中的"通用"（或所选择的处理名称），在弹出菜单中选择"零点设置"，则信号扫描基线自动回零。

完成以上参数设置后，点击采样"开始"按钮，系统即可进行信号采集，记录实验结果。

（二）添加实验标记

为了方便采样结束后的数据分析，Medlab 提供了动态添加实验标记和采样后标记内容编辑的功能。

1. 实时添加实验标记　系统开始采样运行后，可在实验标记栏实时编辑标记内容，然后用鼠标单击"添加"按钮，则在时间轴（X 轴）或显示通道上按顺序号添加一个标记。单击"删除"按钮即可删除。采样结束后，允许移动标记位置（标记序号上按鼠标左键拖曳）或删除标记。

2. 采样后实验标记内容的显示与修改　若要显示时间轴上已加入的实验标记内容，将鼠标箭头移至要显示的标记序号上，按住鼠标左键不放，标记内容（包括时间、编辑内容）就显示出来；若要修改标记内容，则用鼠标左键单击标记序号，进入"标记修改窗"，进一步选择"编辑、删除、GOTO、测量值处理"等项目。

（三）数据打印

内置式 Medlab-E 数据打印步骤：

第一步，选取打印数据，在通道波形曲线上选取需要打印的波形（一个通道）或在时间标尺处用鼠标拖曳需要打印的波形曲线，选取所有当前全部通道波形曲线。

第二步，在"快捷工具栏"上点击"预览按钮"在弹出的"预览设置窗"中设置需要的参数。

第三步，点击"打印"图标即可实现数据曲线打印输出。

外置式 Medlab-U 数据打印步骤：

第一步，用鼠标在波形显示区中拖曳，选择一段或多段需打印的数据。

第二步，在"快捷工具栏"上按下"实验数据入打印编辑窗钮"，实验曲线进入打印编辑窗，按下"打印编辑窗钮"，显示"Medlab 打印编辑窗"。用鼠标双击打印编辑窗中的数据或曲线可进行移动、编辑、删除等操作。

第三步，点击"打印"图标即可实现数据曲线打印输出。

（四）刺激器功能及设置

Medlab 系统内置软件程控的刺激器，恒压输出各种模式的方波刺激。单击"刺激器控制区"向上绿色箭头按钮进入"刺激器设置窗"，可作进一步设置：

1. 刺激模式及相应的刺激参数（图 1-36）

（1）单刺激：输出单个方波刺激。

（2）串刺激：输出一定持续时间的一组单刺激。

（3）主周期刺激：将几个刺激脉冲组成一个周期的刺激模式。主周期：每个周期所需要的时间；周期数：需要重复每一个主周期的次数；每个主周期里又有以下参数：延时、波宽（脉冲的波宽）、幅度（脉冲的幅度）、间隔（脉冲间的间隔）、脉冲数（一个主周期内脉冲的数目）。例如周期数是连读、脉冲数是 2，即不断重复主周期，主周期内有两个脉冲，这相当于双脉冲刺激。

（4）自动间隔调节：在主周期刺激的基础上增加脉冲间隔自动增减，默认的脉冲数为2，主要用于不应期的测定。

（5）自动幅度调节：在主周期刺激的基础上增加脉冲幅度自动增减，主要用于阈强度的测定。

（6）自动波宽调节：在主周期刺激的基础上增加脉冲波宽自动增减，主要用于时间-强度曲线的测定。

（7）自动频率调节：在串刺激的基础上增加频率自动增减，主要用于单收缩与强直收缩、膈肌张力与刺激频率的关系等实验。

2. 刺激参数标记　刺激输出时在通道内自动添加实验标记，标记内容可在菜单"编辑/编辑刺激标记"进行编辑。

3. 刺激输出控制　按"刺激输出控制按钮"即可输出刺激。

（五）换能器的定标

非电信号经换能器能量转换输入 Medlab，每一个换能器在转换非电生物信号时都不可能完全一样（即同样强度的能量经不同换能器转换成的电压值不会绝对一致），所以定量实验时，必须对采样系统进行定标处理。压力或张力换能器的定标步骤如下：

1. 压力或张力换能器接入放大器输入端口上，压力换能器内充满生理溶液并连接血压计或张力换能器应固定在铁支架上。

2. 设置"记录仪"显示模式，选择合适的"处理名称"，开始采样。用"零点设置"将记录线调整至与零线重合，如果记录线与零线偏差太大，则应调整传感器本身连接线上的调零盒，使基线与零线重合。

3. 在压力换能器相连的血压计上加一固定量值（例如压力 13.3kPa，该量值最好与预计测量值相近）或张力换能器上加定标砝码（根据张力换能器的量程和预计测量值适当选择），并保持采样一小段时间，得到一个平稳的曲线，然后停止采样。

4. 用鼠标在波形曲线上升后的平稳处点击一下，在此处产生一条蓝线与曲线相交（Medlab 自动读到采样数值）。移动鼠标至"结果显示控制区"的已设置的处理名称处（鼠标箭头变为小手），单击鼠标并选中弹出菜单的"定标"，进入"定标窗"。此时，定标窗口的原值下已有数值，只需在新值栏中输入在血压计上施加的固定量值数或定标砝码的重量，并选好相应单位。点击"确定"后退出定标窗口，Y 轴显示刻度自动调整至定标刻度。

第二部分　基础性实验

　　基础性实验，一般属于验证理论性实验，是按理论教材的独立章节顺序编写的实验。学生通过亲自动手做实验，从实验中得出与理论相近似的结果，从而验证理论知识的正确性，巩固对理论知识的理解，为下一步进行综合性实验和创新设计性实验做好准备，也为实现素质教育和创新人才的培养奠定基础。

实验 1 坐骨神经-腓肠肌标本的制备

【实验目的】

1. 掌握基本组织分离技术。

2. 掌握坐骨神经-腓肠肌标本的制备方法。

【实验原理】

蟾蜍等两栖类动物的某些基本生理活动规律与哺乳类动物相似，维持其离体组织正常兴奋性所需的理化条件比较简单，易于控制。因此两栖类动物的离体组织器官是生理学常用的实验标本。生理实验中常用蟾蜍或蛙坐骨神经-腓肠肌标本观察神经和肌肉兴奋性、刺激与反应的关系及肌肉收缩等某些基本特性或活动规律。

【实验对象】

蟾蜍或蛙。

【实验用品】

蛙类动物手术器械（粗剪刀、手术剪刀、镊子、探针、玻璃分针、蛙板、锌铜弓）、任氏液、瓷盘、培养皿、棉球、棉线、滴管等。

【实验步骤】

1. 标本制备方法

（1）破坏脑和脊髓：取蟾蜍一只，用水冲洗干净并擦干。左手握住蟾蜍，用示指压住蟾蜍头部前端，拇指按压背部，使蟾蜍头前俯；右手持探针由蟾蜍头前端沿中线向尾端划触，触及凹陷处即枕骨大孔所在位置。将探针由凹陷处垂直刺入枕骨大孔 1~2mm，然后将探针尖端转向头端，刺入颅腔并搅动探针，以捣毁脑组织。再将探针退出颅腔，向尾端刺入椎管，以破坏脊髓（图 2-1）。待蟾蜍四肢松软、左右对称、呼吸消失，即表示脑和脊髓已完全破坏。拔出探针，并用一干棉球压迫针孔止血。

（2）剪除躯干上部及内脏：用粗剪刀在骶髂关节水平以上 2cm 处剪断脊柱。左手握住蟾蜍后肢，右手持粗剪刀沿脊柱两侧剪开腹壁，使蟾蜍的躯干上部与内脏全部下垂，剪除躯干上部及内脏。

（3）剥皮：左手捏住脊柱断端，右手捏住断端皮肤边缘，用力向下剥去全部后肢的皮肤。将标本置于盛有任氏液的培养皿中。洗净双手，清洗用过的手术器械。

（4）分离两腿：捏住脊柱残端，使背面朝上，尾骨微微上翘，分离尾骨，用粗剪刀剪去突出的尾骨，然后使脊柱腹面朝上，沿正中线用粗剪刀将脊柱分为两半，并剪开耻骨联合使两腿完全分离，将标本浸入盛有任氏液的培养皿中备用。

（5）游离坐骨神经：取蟾蜍腿一条，使其腓肠肌朝上固定其脚掌于蛙板上，用玻璃分针沿脊柱游离坐骨神经至腘窝胫腓神经分叉处，剪去坐骨神经至其他肌肉的神经分支。

（6）保留：保留坐骨神经起始端的 1~3 个脊椎骨及股骨下端的 1/3 部分，剪去其余的

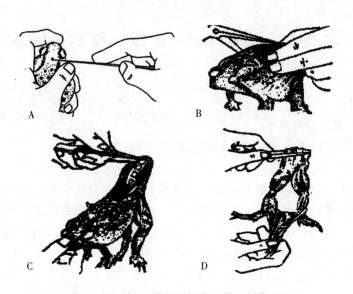

图 2-1　坐骨神经–腓肠肌标本的精细制作过程
A. 破坏蟾蜍脑、脊髓；B、C. 剪除躯干上部和内脏；D. 剥掉后背及下肢皮肤

脊柱骨及膝关节以上的所有肌肉。

（7）分离腓肠肌：在腓肠肌跟腱下穿线、结扎。提起结扎线，于结扎线远端剪断跟腱，用玻璃分针游离腓肠肌至膝关节处，然后用粗剪刀在膝关节囊处将小腿其余部分剪去，制成一个带有一段股骨干的坐骨神经–腓肠肌标本（图 2-2）。

图 2-2　坐骨神经–腓肠肌标本示意图

2. 检查标本兴奋性 将锌铜弓在任氏液中沾湿后轻轻接触一下坐骨神经，若腓肠肌发生迅速而明显的收缩，表明标本的兴奋性良好。

【观察项目】

1. 用锌铜弓刺激坐骨神经，观察腓肠肌的收缩。

2. 连续用锌铜弓刺激坐骨神经，观察腓肠肌收缩的变化。

【注意事项】

1. 操作过程中，避免污染、挤压、损伤和用力牵拉坐骨神经和肌肉，不可用金属器械碰触神经干。

2. 制备标本过程中，要不断滴加任氏液，以保持标本正常的兴奋性。

3. 分离肌肉时应按层次剪切。分离神经时，必须将周围的结缔组织剥离干净。

4. 切勿让蟾蜍的皮肤分泌物和血液等沾污神经和肌肉，也不能用水冲洗，否则会影响神经肌肉的功能。

【思考题】

1. 捣毁脑和脊髓后的蟾蜍有何表现？

2. 用锌铜弓刺激神经，为何会引起肌肉收缩？

3. 剥去皮肤的后肢，为什么不能用自来水冲洗吗？

实验 2　不同刺激强度和频率对骨骼肌收缩的影响

【实验目的】

1. 学习用机械-电换能器将肌肉收缩的机械变化转变为电信号、用生物信号采集分析系统描记肌肉收缩曲线的方法。

2. 理解阈刺激、阈上刺激和最大刺激的概念。

3. 观察刺激强度和频率变化对骨骼肌收缩的影响。

【实验原理】

肌肉、神经和腺体组织称为可兴奋组织，它们有较大的兴奋性。刺激能否使组织发生兴奋，不仅与刺激形式有关，还与刺激持续时间、刺激强度及强度-时间变化率有关。用方形电脉冲刺激组织，其兴奋只与刺激强度和刺激持续时间有关。在一定的刺激时间（波宽）下，刚能引起组织发生兴奋的刺激称为阈刺激，阈刺激的强度称为阈强度；大于阈强度的刺激称阈上刺激；能引起肌肉发生最大收缩幅度的最小刺激，称为最大刺激，相应的刺激强度称为最大刺激强度。

骨骼肌收缩的形式不仅与刺激强度有关，还与刺激频率有关。在一定范围内，骨骼肌的收缩张力随着刺激强度的增加而增大。因为骨骼肌以一个运动神经元及其轴突所支配的全部肌纤维所构成的运动单位为基本单元进行收缩。运动单位的总和依照一定的规律进行，即当刺激强度较弱时，仅有少量的和较小的运动单位发生收缩，随着刺激强度的增大，可有更多的和更大的运动单位参加收缩，产生的收缩张力也越来越大。刺激频率对收缩的影响是指提高骨骼肌收缩频率而产生的叠加效应。当诱发骨骼肌收缩的动作电位频率很低时，每次动作电位之后出现一次完整的收缩和舒张过程，这种收缩形式称为单收缩。在一次单收缩中，完成一次动作电位仅需 $2 \sim 4ms$，而完成一次收缩长达数十甚至数百毫秒，因而动作电位频率增加到一定程度时，由前后连续的两个动作电位所触发的两次收缩就有可能叠加，产生收缩的总和。若后一收缩过程叠加在前一次收缩过程的舒张期，所产生的收缩为不完全强直收缩，收缩曲线呈锯齿形；若后一收缩过程叠加在前一次收缩过程的收缩期，所产生的收缩为完全强直收缩，收缩曲线光滑平直，张力大，可达单收缩的 $3 \sim 4$ 倍。

【实验对象】

蟾蜍或蛙。

【实验用品】

任氏液、生物信号采集系统、计算机、蛙类手术器械、肌槽、张力换能器、铁支架、双凹夹等。

【实验步骤】

1. 制备坐骨神经-腓肠肌标本　方法同基础性实验 1。

2. 连接实验仪器装置

（1）固定标本：将肌槽、张力换能器固定于铁支架上，张力换能器固定在肌槽的正上方。将坐骨神经-腓肠标本的股骨残端插入肌槽的小孔内并固定，腓肠肌肌腱上的连线连于张力换能器的应变片上（暂不要将线拉紧，线的位置应与水平面垂直）。夹住标本的脊椎骨将坐骨神经轻轻平搭在肌槽的刺激电极上。

（2）仪器连接：张力换能器与计算机生物信号采集处理系统输入通道相连，系统的刺激输出线与肌槽接线柱相连。标本与实验装置连接好后，调整换能器的高低，使肌肉处于自然拉长的状态（不宜过紧，也不要太松），即保持连线的垂直和适宜的紧张度（图2-3）。

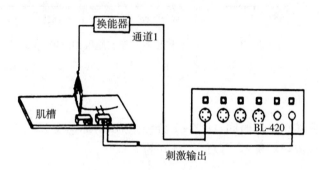

图 2-3　肌肉收缩的记录装置示意图

【观察项目】

1. 记录肌肉收缩曲线　打开计算机，启动生物信号采集处理系统，点击菜单"实验模块"，按计算机提示逐步进入"骨骼肌收缩"的实验项目，设置实验参数，开始实验，记录肌肉收缩的曲线。

2. 测定阈刺激与最大刺激

（1）测定阈刺激：根据设置的刺激参数，逐次增大刺激强度，刚能引起腓肠肌收缩的刺激为阈刺激，阈刺激的强度为阈强度，记录阈强度。

（2）测定最大刺激：刺激强度逐步增大，可记录到收缩张力逐步增大的曲线，当刺激强度增大到某一值时，收缩曲线的幅度不再随刺激强度的增加而增加，即达最大收缩，引起最大收缩的最小刺激即为最大刺激，该刺激的强度为最大刺激强度，记录最大刺激强度。

3. 改变刺激频率，记录肌肉收缩曲线（图2-4）

（1）单收缩：用阈上刺激作用于坐骨神经，刺激频率较低时，描记出单收缩曲线。

（2）不完全强直收缩：随着刺激频率的增加，描记出锯齿状的不完全强直收缩。

（3）完全强直收缩：继续增加刺激频率，描记出平滑的完全强直收缩曲线。

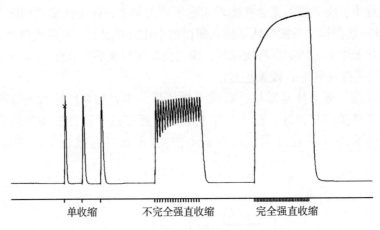

图 2-4   不同刺激强度和频率对骨骼肌收缩的影响

【注意事项】

1. 每次刺激后要休息一段时间（0.5~1 分钟），以防标本疲劳。

2. 经常滴加任氏液湿润标本，以保持良好的兴奋性。

【思考题】

刺激强度与骨骼肌收缩幅度之间的关系如何？为什么？

实验 3　脊髓反射

【实验目的】

1. 通过对脊蟾蜍的屈肌反射的分析，探讨反射弧的完整性与反射活动的关系。

2. 学习反射时的测定方法，了解刺激强度和反射时的关系。

3. 以蟾蜍的屈肌反射为指标，观察脊髓反射中枢活动的某些基本特征，并分析它们可能产生的神经机制。

【实验原理】

在中枢神经系统的参与下，机体对刺激产生的规律性反应称为反射。较复杂的反射需要由中枢神经系统高级部位的整合才能完成，较简单的反射只需脊髓参与就能完成。将动物的高位中枢切除，仅保留脊髓的动物称为脊动物。此时动物产生的各种反射活动为单纯的脊髓反射。由于脊髓已经失去了高级中枢的正常调控，故反射活动比较简单，便于观察和分析反射过程中的某些特征。

反射活动的基础结构是反射弧。反射弧由感受器、传入神经、神经中枢、传出神经和效应器五个部分组成。反射弧保持完整，反射活动才能进行。反射弧任何一个环节的完整性一旦受到破坏，反射就无法完成。

完成一个反射所需要的时间称为反射时。反射时的长短与刺激强度及反射弧在中枢形成突触联系的多少有关。

【实验对象】

蟾蜍或蛙。

【实验用品】

1. 实验器材　蛙类手术器械、铁支架、玻璃平皿、烧杯（500ml）、小滤纸（1cm×1cm）、纱布、秒表、刺激器（1台），通用电极（2个）。

2. 实验药品或试剂　硫酸溶液（0.1%、0.3%、0.5%、1%）、1% 可卡因或普鲁卡因。

【实验步骤】

1. 取蟾蜍一只，用粗剪刀由两侧口裂剪去上方头颅，制成脊蟾蜍。

2. 用肌夹夹住蟾蜍下颌，悬挂于铁支架上。

【观察项目】

1. 搔扒反射　将浸有 1% 硫酸溶液的小滤纸片贴在蟾蜍的下腹部，可见四肢向此处搔爬。之后将蟾蜍浸入盛有清水的大烧杯中，洗掉硫酸滤纸片。

2. 反射时的测定　在平面皿内盛适量的 0.1% 硫酸溶液，将蟾蜍一侧后肢的一个脚趾浸入硫酸溶液中同时按动秒表开始记录时间，当屈肌反射出现时立刻停止计时，秒表所示时间，即从给予刺激到反射出现所经历的时间，称为反射时，反射出现后立即将足趾浸入盛有清水的大烧杯中浸洗数次，然后用纱布擦干。重复测定 3 次，注意每次浸入硫酸的趾尖深度相同，相邻两次测量间隔时间至少大于 3 秒，3 次所测平均值即为该反射的反射时。按照上述方法，分别测定 0.3%、0.5%、1%硫酸刺激所引起屈肌反射的反射时，比较四种浓度的硫酸所测得的反射时是否相同。

3. 测定反射阈刺激　用单个电脉冲刺激一侧后足背皮肤，由大至小调节刺激强度，测定引起屈肌反射的阈刺激。

4. 测定时间总和　用单个略低于阈强度的阈下刺激，重复刺激足背皮肤，由大到小调节刺激的时间间隔（依次增加刺激频率），直至出现屈肌反射。

5. 测定空间总和　用单个略低于阈强度的阈下刺激，同时刺激后足背相邻两处皮肤（距离不超过 0.5cm），观察是否出现屈肌反射。

【注意事项】

1. 制备脊蟾蜍时脑离断的部位要适当，太高因保留部分脑组织而可能出现自主活动，太低又可能影响反射的产生。

2. 用硫酸溶液或浸有硫酸的滤纸片处理蟾蜍的皮肤后，应迅速用自来水清洗，以清除皮肤上残存的硫酸，并用纱布擦干，以保护皮肤并防止冲淡硫酸溶液。

3. 浸入硫酸的部位限于一个趾尖，每次浸入范围应一致。

4. 接触电极的皮肤部位应保持一定的湿度，以免皮肤干燥引起电阻增大，导致电流强度减少而影响刺激效应。

【思考题】

1. 分析各项实验结果的机制。

2. 何谓反射?

实验 4　反射弧的分析

【实验目的】

1. 观察屈肢反射和搔扒反射的反应。

2. 利用皮肤伤害性刺激引起的屈腿反射和搔扒反射来分析反射弧完整性与反射活动的关系。

【实验原理】

在中枢神经系统参与下，机体对刺激产生的规律性反应称为反射。反射的结构基础是反射弧，反射弧由感受器、传入神经、神经中枢、传出神经和效应器五部分组成。反射活动的正常进行，必须有完整的反射弧。反射弧的任一部分发生结构破坏或功能障碍，反射就不能进行。两栖类动物在捣毁脑组织后，各组织器官功能基本能维持正常，其脊休克时间也只有数秒，最长不过数分钟。屈腿反射属屈肢反射。屈肢反射是一侧肢体受到伤害性刺激时，该侧肢体屈肌收缩，肢体屈曲的反射活动。搔扒反射是刺激动物腰腹部皮肤，引起后肢发生一系列有节奏的搔扒动作，属节间反射。

【实验对象】

蟾蜍或蛙。

【实验用品】

蛙类手术器械、铁支架、双凹夹、肌夹、玻璃平皿、玻璃分针、粗瓷盘、大烧杯、棉球、小毛巾、2%硫酸。

【实验步骤】

脊蟾蜍的制备。

方法 1　取蟾蜍一只，用水冲洗干净并擦干。左手握住蟾蜍，用示指压住蟾蜍头部前端，拇指按压背部，使蟾蜍头前俯；右手持探针由蟾蜍头端沿中线向尾端划触、触及凹陷处即枕骨大孔所在部位。将探针由凹陷处垂直刺入枕骨大孔 $1 \sim 2mm$，遂将探针尖端转向头方，向前探入颅腔内，搅动探针以捣毁脑组织。用肌夹夹住蟾蜍下颌，悬挂于铁支架上。

方法 2　取一只蛙，用粗剪刀横向伸向蛙口腔两侧口裂，剪去上方头颅，保留下颌部分，以棉球压迫创口止血，然后用肌夹夹住下颌，也可用丝线穿过蛙的下颌，悬挂在固定于铁支架的金属杆上，待蛙四肢松软后，再进行实验。

【观察项目】

1. 用 2% 的 H_2SO_4 溶液刺激脊蟾蜍的一侧脚趾，观察有无屈腿反射。

2. 在下肢踝关节处将皮肤做环行切口，剥去足部皮肤，剪除趾甲后，用 2% 的 H_2SO_4 溶液刺激脊蟾蜍的无皮脚趾，观察有无屈腿反射。

3. 在脊蟾蜍的另一侧腿上重复实验 1，随后将脊蟾蜍大腿背面的皮肤纵行剪开，在股二头肌和半膜肌之间用玻璃分针游离坐骨神经后剪断，再用 2% 的 H_2SO_4 溶液刺激该腿足趾，观察有无屈腿反射。

4. 将浸有 2% 的 H_2SO_4 溶液的棉花薄片贴于脊蟾蜍下腹部，观察下肢有无搔扒反射。随后，用探针捣毁脊蟾蜍的脊髓，再将浸有 2% 的 H_2SO_4 溶液的棉花薄片贴于蟾蜍下腹部，观察下肢有无搔扒反射。

【注意事项】

1. 制备脊蟾蜍时，颅脑离断的部位要适当，太高因保留部分脑组织而可能出现自主活动，太低又可能影响反射的产生。

2. 使用硫酸时，应特别注意，严防将硫酸滴漏到皮肤、衣服和实验台上。

3. 每次用 2% H_2SO_4 溶液刺激后，应迅速用大烧杯里的清水洗净蟾蜍皮肤上的硫酸，并用小毛巾擦干。

4. 用 2% 的 H_2SO_4 刺激蟾蜍足趾的范围应恒定，刺激时间不宜太长。

【思考题】

1. 分析各项实验结果的产生机制。

2. 比较反应和反射这两个概念的联系和区别。

实验 5　骨骼肌的单收缩与强直收缩

【实验目的】

1. 观察刺激频率与骨骼肌收缩形式之间的关系。

2. 掌握单收缩、不完全强直收缩和完全强直收缩的特征和形成的基本原理。

【实验原理】

肌肉兴奋的外在表现形式是收缩。肌肉受到一次有效刺激，暴发一次动作电位，引起一次单收缩。单收缩曲线经历潜伏期、收缩期、舒张期三个时期。其具体时间和收缩幅度可因不同动物以及肌肉当时的功能状态的不同而有所不同。如蛙腓肠肌的单收缩共历时约 0.12 秒：其中潜伏期约 0.01 秒，收缩期约 0.05 秒，舒张期约 0.06 秒。若给肌肉一连串有效的刺激，可因刺激频率不同，肌肉呈现不同的收缩形式。如果刺激频率很低，即相继两个刺激的间隔时间大于单收缩的总时程，肌肉出现一连串彼此分开的单收缩；若逐渐增加刺激频率，使后一个刺激落在前一个刺激引起的肌肉收缩的舒张期，肌肉则呈现锯齿状的收缩波形，称为不完全强直收缩；再继续增加刺激频率，使后一个刺激落在前一次肌肉收缩的收缩期，肌肉将产生持续的收缩，看不出舒张的痕迹，称为完全强直收缩。强直收缩的幅度大于单收缩的幅度，并且在一定范围内，当保持刺激的强度和作用时间不变时，肌肉的收缩幅度随着刺激频率的增大而增大。正常人体的骨骼肌收缩形式几乎都是完全强直收缩。

【实验对象】

蟾蜍或蛙。

【实验用品】

蛙手术器械 1 套、培养皿、铁支架、双凹夹 2 个、肌槽、BL-420 生物功能实验系统、张力换能器、任氏液、锌铜弓等。

【实验步骤】

1. 制备坐骨神经-腓肠肌标本　方法同基础性实验 1，将标本置于任氏液中浸泡、备用。

2. 连接实验装置　将肌槽、张力换能器固定于铁架台上，张力换能器固定在肌槽的正上方；将标本的股骨残端插入肌槽的小孔内并固定；腓肠肌肌腱上的连线连于张力换能器的应变片上（暂不要将线拉紧，线的位置应与水平面垂直）。夹住脊椎骨碎片将坐骨神经轻轻平搭在肌槽的刺激电极上。将张力换能器输出端与 BL-420 生物功能实验系统输入通道相连，将刺激输出线（鳄鱼夹）与肌槽接线柱相连。标本与实验装置连接好后，调整换能器的高低，使肌肉处于自然拉长的状态（不宜过紧，也不要太松）。

3. 启动信号采集系统　打开计算机，启动 BL-420 生物功能实验系统，进入"刺激频率对骨骼肌收缩的影响"实验项目菜单。

4. 设置采样和刺激参数　采样参数及刺激参数生物功能实验系统已设置好，亦可根据具体实验情况调整各参数。

【观察项目】

1. 找出最大刺激强度　先给标本单个弱刺激，然后逐步增大刺激强度，直至刚能描记出收缩曲线时，此时的刺激强度即为阈刺激。继续增大刺激强度，收缩曲线逐步升高，刺激达到某一强高度后，曲线幅度不再增加，此收缩为最大收缩，引起最大收缩的最小刺激强度为最大刺激强度。

2. 单收缩　选择连续单刺激，波宽 0.3~0.5ms，最大刺激强度，刺激间隔时间大于肌肉收缩时程，记录肌肉的单收缩张力曲线。

3. 不完全强直收缩　逐渐增加刺激频率，使刺激间隔时间小于肌肉单收缩时程，长于收缩期时间，出现收缩曲线的融合，描记出锯齿状的不完全强直收缩曲线。

4. 完全强直收缩　继续增加刺激频率，描记出平滑的完全强直收缩曲线。

【注意事项】

1. 制备离体神经-肌肉标本及实验操作过程中，要不断滴加任氏液，以防标本干燥而丧失正常生理活性。

2. 操作中应避免强力牵拉而损伤神经、肌肉。

3. 每改变一次刺激频率，记录一段曲线后，应休息 30~60 秒，每次连续刺激不超过 3~4 秒，以免标本疲劳。

4. 刺激强度不能过大，以免损伤神经。

5. 实验过程中保持换能器与标本连线的张力不变。

【思考题】

1. 肌肉发生完全强直收缩时，动作电位是否融合？为什么？

2. 正常人体骨骼肌收缩的主要形式是什么？

3. 分析讨论肌肉发生收缩总和的条件与机制。

实验 6 血细胞比容的测定

【实验目的】

学习和掌握测定血细胞比容的方法。

【实验原理】

全血中血细胞所占的容积百分比，称为血细胞比容。由于白细胞和血小板所占比例很小，所以临床所测的血细胞比容来代替红细胞比例。将抗凝血液置于有容积等分刻度的玻璃管中，经离心沉淀后，使血细胞和血浆分离。上层淡黄色透明的液体是血浆，中间很薄一层呈灰白色为白细胞和血小板，下层为暗红色的红细胞，彼此压紧而不改变细胞的正常形态。根据玻璃管刻度的读数，计算出红细胞占全血的容积百分比。正常成年男子的红细胞比容为 40% ~ 50%，女子为 38% ~ 45%（图 2-5）。

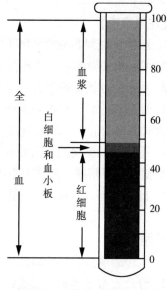

图 2-5 血液各成分的比容

【实验对象】

家兔。

【实验用品】

1. 实验器材 温氏分血管（此为长约 11cm，内径均匀为 2.5mm，内底平坦，管壁有刻度的玻璃管）、毛细玻璃管（所用的毛细玻璃管内径 1.8mm，长 75mm，粗部末端加橡皮乳头）或温氏分血管、5ml 试管 1 只、注射器、长针头、天平、酒精灯、离心机、刻度尺（精确到毫米）。

2. 实验药品 草酸钾、草酸铵、75% 酒精。

【实验步骤】

1. 草酸盐合剂抗凝剂的配制 0.8g 草酸钾·H_2O+1.2g 草酸铵·H_2O+蒸馏水至 100ml，配成溶液后，每 1ml 血液可用 0.1ml 混合草酸盐抗凝剂。将液体抗凝剂加入试管内，置于 60~80℃烤箱中烘干待用。

2. 采血 用兔血，可由颈动脉插管采血。取血 2ml，将血液沿管壁缓缓注入盛有草酸盐抗凝剂的试管中，用拇指堵住管口，轻轻倒转试管 2~3 次，使血液与抗凝剂充分混合。

3. 微量毛细管比容法

（1）抗凝的毛细管的一端水平接触血滴，利用虹吸现象使血液进入毛细管的 2/3（约 50mm）处。

（2）离心：用酒精灯熔封或橡皮泥、石蜡封堵其未吸血端，然后封端向外放入专用的水平式毛细管离心机。

4. 温氏分血管比容法

（1）用带有长注针头的注射器，取抗凝血 2ml 将其插入分血管的底部，缓慢放入，边放边抽出注射针头，使血液精确到 10cm 刻度处。

（2）离心。

【观察项目】

1. 微量毛细管比容法　以 12 000r/min 的速度离心 5 分钟，届时用刻度尺分别量出红细胞柱和全血柱高度（单位：mm）。计算其比值，即得出红细胞比容。

2. 温氏分血管比容法　将分血管以 3 000r/min 离心 30 分钟，取出分血管，自下而上读取红细胞柱的高度，再以同样的转速离心 5 分钟，再次读数。如与前次记录相同，表明红细胞已被压实，此即红细胞比容值（例如：读数为 4.5cm，即表示 100ml 血液中红细胞容积占 45ml）。

【注意事项】

1. 选择抗凝剂必须考虑到不能使红细胞变形、溶解，应按比例配制，且烤干温度不能超过 80℃，以免草酸盐变为碳酸盐，失去抗凝作用。

2. 血液应与抗凝剂混合、注血时应避免动作剧烈引起红细胞破裂。

3. 如在离心后，红细胞表面为一斜面，应垂直静置分血管 3~5 分钟，待红细胞表面平坦后读取结果数值，或取倾斜部分的平均数。

4. 用抗凝剂湿润的毛细玻璃管（或温氏分血管）内壁后要充分干燥。血液进入毛细管内的刻度读数要精确，血柱中不得有气体。

5. 自采血起，应在 2 小时内实验完毕，以免溶血和水分蒸发，影响红细胞比容。

【思考题】

1. 讨论影响红细胞比容测定的因素有哪些。

2. 为什么常用草酸盐抗凝？

3. 测定红细胞比容有哪些实际意义？

实验7　血红蛋白含量的测定

【实验目的】

1. 学习采用沙利比色计比色法测定血液中血红蛋白的含量。

2. 掌握正常成人血红蛋白的含量。

【实验原理】

血红蛋白的颜色与氧气的结合量有关。当用一定量的氧化剂将其氧化时，可使其转变为稳定、棕色的高铁血红蛋白，其颜色与血红蛋白（或高铁血红蛋白）的浓度成正比。沙利氏比色法测定物质浓度的原理是通过有颜色的物质其浓度和颜色的深浅成正比而实现。因此，通过与标准色板进行比较，可求出血红蛋白的含量，即每升血液中含血红蛋白克数（g/L）。我国健康人血液中红细胞数值及血红蛋白数值见表2-1。

表2-1　我国健康人血液中红细胞数值及血红蛋白数值

	红细胞数值	血红蛋白质含量
成年男性	$(4.0\sim5.5)\times10^{12}/L$	120~160g/L
成年女性	$(3.5\sim5.0)\times10^{12}/L$	110~150g/L
婴幼儿	$(6.0\sim7.0)\times10^{12}/L$	170~200g/L

【实验对象】

人。

【实验用品】

1. 实验器材　一次性无菌脱脂棉球、沙利血红蛋白计、一次性无菌采血针、一次性微量采血管、一次性无菌塑料滴管等。

2. 实验药品或试剂　1%的HCl溶液、蒸馏水、75%医用酒精、84消毒液。

【实验步骤】

1. 采用一次性无菌塑料滴管吸取1%HCl 5~6滴滴加到沙利比色计比色管内，约加到管下方刻度"2"或10%处。

2. 采用75%医用酒精棉球消毒受试者左手无名指端，取一次性无菌采血针刺破指端，然后，再取一次性微量采血管吸血至20μl，并仔细揩去吸管外的血液。

3. 将吸血管中的血液轻轻吹到比色管的底部，再抽吸上清液洗吸管3次。操作时勿产生气泡，以免影响比色。将比色管适度振荡，使血液与盐酸充分混合，静置10分钟，使比色管内的盐酸和血红蛋白完全作用，形成棕色的高铁血红蛋白。

4. 把比色管插入沙利氏比色计标准比色箱两色柱中央的空格中，并使无刻度的两面位于空格的前后方向，便于透光和比色。用滴管向比色管内逐步滴加蒸馏水，并不断振荡，边滴，边观察，边对着自然光进行比色，直到溶液的颜色与标准比色板的颜色一致为止。

5. 读出管内液体面所在的克数，即是每 100ml 血中所含的血红蛋白的克数。

6. 实验后，应将比色管用自来水冲洗干净后，放入 84 消毒液中浸泡。

【注意事项】

1. 指端务必做好消毒准备。做到一人一针，不能混用。

2. 实验中所使用过的物品均应放入污物桶，不得重复使用。

3. 血液要准确吸取 $20\mu l$，若有气泡或血液被吸入采血管的乳胶头中都应将吸管洗涤干净后，重新吸血。

4. 血液与盐酸作用的时间应不少于 10 分钟，否则，血红蛋白不能充分转变为高铁血红蛋白，使结果偏低。

5. 加蒸馏水稀释时，应逐滴加入，防止稀释过量。

【思考题】

试述影响血红蛋白含量的因素有哪些。

实验 8 红细胞沉降率的测定

【实验目的】

了解红细胞沉降率并掌握其测定方法，观察红细胞沉降现象。

【实验原理】

红细胞沉降率是指红细胞在一定条件下沉的速度，简称血沉。通常红细胞在循环血液中具有悬浮稳定性，但在血沉管中，会因重力逐渐下沉。故将加有抗凝剂的血液置于一特制的具有刻度的血沉管（Westergren 血沉管）内，静置于血沉架上，红细胞因重力作用而逐渐下沉。通常以第 1 小时末红细胞下降的距离表示红细胞的沉降率。正常男性为第 1 小时不超过 3mm，女性不超过 10mm。血浆中的某些特性能改变红细胞的沉降率，例如贫血症患者的沉降率增加；红细胞增多症患者的沉降率减少。因此血沉可作为某些疾病检测的指标之一。

【实验对象】

家兔。

【实验用品】

1. 实验器材 哺乳动物手术器械 1 套、兔解剖台、Westergren 血沉管、血沉管架、采血针、注射器、定时钟等。

2. 实验药品或试剂 20%氨基甲酸乙酯溶液、3.8% 柠檬酸钠溶液。

【实验步骤】

1. 由颈总动脉插管采血。盛血的试管中预先加有 3.8% 的柠檬酸钠溶液作为抗凝剂（抗凝剂和血液的容积比例为 1∶4），轻摇，但不可过分振荡，以免红细胞破坏。

2. 取干燥 Westergren 血沉管，吸上述血至 "0" 点为止，把已灌注了抗凝血的 Westergren 沉降管垂直固定在固定架以后，立即计时。

【观察项目】

分别在 15 分钟、30 分钟、45 分钟、1 小时、2 小时，检查血沉管上部血浆的高度，以毫米表示之，并将所得结果记录于表 2-2。

读取 1 小时末红细胞下沉的毫米数，即为红细胞沉降率（mm/h）。并将全班的结果加以统计，用平均值±标准差表示。

表 2-2 血沉测定结果（单位：mm）

血浆高度	15 分钟	30 分钟	45 分钟	1 小时	2 小时
Westergren 血沉管					

【注意事项】

1. 实验应在采血后 2 小时内完毕，否则会影响结果的准确性。

2. 血沉管应垂直竖立，不能稍有倾斜。不得有气泡和漏血。

3. 沉降率随温度的升高而加快，故应在室温 22~27℃时测定为宜。

4. 血沉管必须清洁，如内壁不清洁可使血沉显著变慢。

【思考题】

1. 决定红细胞沉降率的因素有哪些？

2. 如何证明影响血沉的因素是血浆而不是红细胞，试解释其原因。

3. 红细胞沉降率的改变提示血液的何种理化特性发生了变化？

实验9 红细胞渗透脆性的测定

【实验目的】

学习测定红细胞渗透脆性的方法，观察红细胞在不同低渗溶液中的情况，加深理解细胞外液渗透张力对维持细胞正常形态与功能的重要性。

【实验原理】

正常哺乳类动物红细胞内的渗透压等于血浆的渗透压。若将红细胞置于高渗溶液内，引起红细胞失水而皱缩；反之，置于低渗溶液内，则水分进入红细胞，使红细胞膨胀；如环境渗透压继续下降，红细胞会因继续膨胀而破裂，即溶血。可见红细胞不是一被置入低渗溶液中就破裂溶血的，这种红细胞膜对低渗溶液的抵抗力，称为红细胞的渗透脆性。红细胞渗透脆性实验就是将红细胞置于一系列浓度低于 0.9% 的 NaCl 溶液中，测定红细胞对低渗溶液的抵抗力。抵抗力高者，红细胞不易破裂，即脆性低。反之，抵抗力低者，红细胞易于破裂，即脆性高。

正常红细胞的最小渗透抵抗力为 0.4% ~ 0.5% NaCl 溶液，最大渗透抵抗力为 0.3% ~ 0.35% NaCl 溶液。一般说，刚成熟的红细胞膜的渗透脆性较小，而衰老的红细胞膜的渗透脆性较大。

【实验对象】

家兔。

【实验用品】

1. 实验器材 10 支试管、试管架、吸管。
2. 实验药品 1%肝素、1%NaCl 溶液、蒸馏水。

【实验步骤】

1. 不同浓度的 NaCl 溶液配制 取口径相同的试管 10 支，分别编号排列在试管架上，按表 2-3 把 1%NaCl 溶液稀释成不同浓度的 NaCl 溶液，每管总量均为2ml，分别按序号放置于试管架上 1~10 号试管内。

表 2-3 不同浓度 NaCl 溶液的配制

稀释度	1	2	3	4	5	6	7	8	9	10
1%NaCl（ml）	1.80	1.30	1.20	1.10	1.00	0.90	0.80	0.70	0.60	0.50
蒸馏水（ml）	0.20	0.70	0.80	0.90	1.00	1.10	1.20	1.30	1.40	1.50
NaCl（%）	0.90	0.65	0.60	0.55	0.50	0.45	0.40	0.35	0.30	0.25

2. 制备抗凝血 经家兔颈动脉插管放血。将血与1%肝素混匀（1%肝素 0.1ml 可抗

10ml 血）。

3. 加抗凝血　用滴管吸取抗凝血，在各试管中各加 1 滴，轻轻摇匀，静置 1~2 小时。然后根据混合液的色调进行观察。

【观察项目】

所观察到的现象可分为下列三种。

1. 未发生溶血的试管　液体下层为大量红细胞沉淀，上层为无色透明液体，表明无红细胞破裂。

2. 部分红细胞溶血的试管　液体下层为红细胞沉淀，上层出现透明淡红（淡红棕）色，表明部分红细胞已经破裂，称为不完全溶血。开始出现部分溶血的盐溶液浓度，即为红细胞的最小抵抗力（表示红细胞的最大脆性）。

3. 红细胞全部溶血的试管　液体完全变成透明红色，管底无红细胞沉淀，表明红细胞完全破裂，称为完全溶血。引起红细胞最先溶解的浓度，即为红细胞对低渗溶液的最大抵抗力（表示红细胞的最小脆性）。

4. 记录红细胞的参透脆性范围　开始出现不完全溶血的 NaCl 溶液浓度和完全溶血的最低 NaCl 溶液浓度。

【注意事项】

1. 配制的各浓度 NaCl 溶液时应力求准确、无误。

2. 小试管要干燥，各管中加入的血滴大小应尽量相等。

3. 混匀时轻轻倾倒 1~2 次，减少机械振动，避免人为溶血。

4. 抗凝剂最好为肝素，其他抗凝剂可改变溶液的渗透压。

5. 应在光线明亮处判定结果。

【思考题】

1. 红细胞在低渗溶液中为什么会出现体积膨胀甚至破裂？

2. 为什么红细胞并不是一被置于低渗溶液中就会立即破裂？

3. 根据结果分析血浆晶体渗透压保持相对稳定的生理学意义。

4. 输液时应注意的事项。

实验 10　血细胞计数

【实验目的】

掌握红细胞、白细胞和血小板人工计数的方法，并了解血细胞计数的原理。

【实验原理】

血液中血细胞数很多，无法直接计数，需要将血液稀释到一定倍数，然后再用血细胞计数板，在显微镜下计数一定容积的稀释血液中的红细胞、白细胞和血小板数量，最后将之换算成每升血液中所含的红细胞、白细胞和血小板数量。

在医学临床上已使用仪器-血液多参数自动测量仪，这使血细胞计数工作完全自动化。

【实验对象】

家兔。

【实验用品】

1. 实验器材　显微镜、改良式纽鲍尔（Neubauer）血细胞计数板，小试管，1ml、5ml 移液管，玻璃棒，刺血针，干棉球，拭镜纸。

2. 实验药品或试剂　蒸馏水、75%酒精、95%酒精、乙醚、1%氨水、血细胞稀释液。

注：①哺乳动物红细胞稀释液：NaCl 0.5g，$Na_2SO_4 \cdot 10H_2O$ 2.5g，$HgCl$ 0.25g，蒸馏水加至 100ml。也可用生理盐水做稀释液。②哺乳动物白细胞稀释液：冰醋酸 1.5ml，1%结晶紫 1ml 加蒸馏水至 100ml。

【实验步骤】

1. 熟悉改良式纽鲍尔（Neubauer）血细胞计数板　常用的改良式纽鲍尔（Neubauer）血细胞计数板由 H 形凹槽分为两个同样的计数池。计数室较两边的盖玻片支柱低 0.1mm。因此，放上盖玻片时，计数板与其间距即计数室空间的高为 0.1mm（图 2-6）。在低倍显微镜下可见计数室被双线划分成 9 个边长为 1mm 的大方格。四角的大方格又各分为 16 个中方格，这是用来计数白细胞的。中央大方格被划分为 25 个中方格，每一中方格又划分成

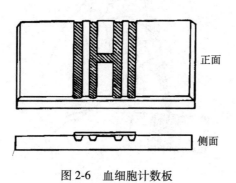

正面

侧面

图 2-6　血细胞计数板

16 个小方格（图 2-7）。中央大方格的四角及中心 5 个中方格为红细胞或血小板计数范围。

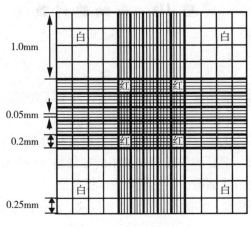

图 2-7　血细胞计数池

2. 计算　按计数室构造及血液稀释倍数，将血细胞计数结果换算成每升血液中血细胞的个数。

3. 仪器洗涤　计数板、盖玻片和测定管用清水冲洗，再用绸布或细布沾干。

【观察项目】

1. 红细胞计数

（1）加稀释液：取小试管 1 支，加红细胞稀释液 2ml。

（2）加血：用清洁干燥微量吸管采集家兔末梢血或抗凝血 10μl，擦去管外余血，轻轻加至红细胞稀释液底部，再轻吸上清液清洗吸管 2~3 次，立即混匀。

（3）充池：取干洁的计数板，置于水平的显微镜载物台上，盖上盖玻片，使两侧各空出少许。用微量吸管或玻璃棒将红细胞悬液充入计数池内，刚好充满计数室为宜（图 2-8），

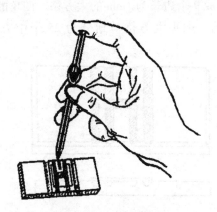

图 2-8　计数室充液法

室温下平放 3~5 分钟，待细胞下沉后于显微镜下计数。

（4）计数：先用低倍镜观察，不均匀则抛弃。计数时认清计数室位置。采用"由上至下，由左至右，顺序如弓"的顺序，对压边线细胞采取"数上不数下，数左不数右"的原则（图 2-9）。用高倍镜依次计数中央大方格内 4 角和正中 5 个中方格内的红细胞数。

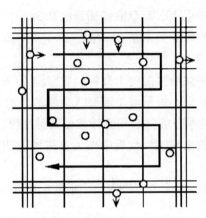

图 2-9　计数血细胞的路线

（5）计算

红细胞数/升 $= N \times 200 \times 10 \times 10^6 \times 25/5 = N \times 10^{10}$

注：N：表示 5 个中方格内数得的红细胞数

$\quad$ 25/5：将五个中方格红细胞数换算为一个大方格内红细胞数

$\quad$ 10：将一个大方格内红细胞数换算为 1μl 血液内红细胞数

$\quad$ 10^6：$1L = 10^6 μl$

$\quad$ 200：为血液稀释倍数。

2. 白细胞计数

（1）加稀释液：取白细胞稀释液 0.38ml 置于小试管中。

（2）吸取血液：用微量吸管吸取家兔末梢血 20μl，擦去管尖外部余血。将吸管插入小试管中白细胞稀释液的底部，轻轻放出血液，并吸取上层白细胞稀释液清洗吸管 2~3 次。

（3）混匀：将试管中血液与稀释液混匀，待细胞悬液完全变为棕褐色。

（4）充池：取干洁的计数板，置于水平的显微镜载物台上，盖上盖玻片，使两侧各空出少许。再次将小试管中的细胞悬液混匀。用滴棒蘸取细胞悬液 1 滴，充入改良 Neubauer 计数板的计数池中，室温静置 2~3 分钟，待白细胞完全下沉。

（5）计数：在低倍镜下计数四角 4 个大方格内的白细胞总数。

（6）计算：

白细胞数/升 $= N/4 \times 20 \times 10 \times 10^6 = N \times 5 \times 10^7$

注：N：表示 4 个大方格内数得的白细胞数

　　N/4：换算成每个大方格内的白细胞数

　　10：将一个大方格内白细胞数换算为 $1\mu l$ 血液内白细胞数

　　10^6：$1L = 10^6\mu l$

　　20：为血液稀释倍数。

3．血小板计数

（1）吸取稀释液：准确吸取 $10g/L$ 草酸铵稀释液 0.38ml，置于清洁小试管中。

（2）采血：用微量吸管吸取家兔末梢血 $20\mu l$，置于含有草酸铵的稀释液中，立即充分混匀。

（3）稀释静置：待完全溶血后再混匀 1 分钟，置室温 10 分钟。

（4）充液静置：取混匀的血小板悬液 1 滴充入血细胞计数板内，静置 10~15 分钟，使血小板充分下沉。空气干燥的季节应将血细胞计数板置湿盒内。

（5）计数：用高倍镜计数血细胞计数板中央大方格内的四角和中央共 5 个中方格内血小板数量。

（6）计算：每升血小板数 = 5 个中方格内血小板数×10^9/L

【注意事项】

1．稀释用吸管、微量吸血管、血红细胞计数板均为计量工具，使用前需经过严格的校正，否则将直接影响计数结果的准确。

2．使用标本可为由静脉穿刺采取的新鲜全血，也可为静脉末梢血。采集末梢血时，应注意采血部位不得有冻疮、水肿、发绀、炎症等，以免标本失去代表性；同时也应注意不能过度挤压，以免组织液混入引起血液凝固或造成计数结果不准确。

3．在充池时，如充液不足、液体外溢、断续充液，或产生气泡、充液后移动盖玻片等，均会使细胞分布不均匀，造成计数结果不准确。

4．计数时，显微镜要放稳，载物台应置水平位，不得倾斜。一般在暗光下计数的效果较好。

【思考题】

1．稀释液装入计数板后，为什么要静置一段时间才开始计数？

2．显微镜载物台为什么应置于水平位，而不能倾斜？

3．分析影响计数准确性的可能因素。

4．了解各类稀释液成分，分析各物质的作用。

实验 11 影响血液凝固的因素

【实验目的】

以血液凝固时间作为指标，了解血液凝固的影响因素，加深对生理止血过程的理解。

【实验原理】

血液凝固是一个有许多种凝血因子参与的酶促反应过程。受到各种理化因素的影响。依据凝血过程起动时激活因子来源不同，分为内源性凝血和外源性凝血两条途径。由于两条途径的步骤不同，血液凝固的速度也不相等；若去除某些凝血因子或影响其活性，可阻止、延缓或加速血凝。

【实验对象】

家兔。

【实验用品】

1. 实验器材 兔手术台、哺乳动物手术器械1套、动脉夹、动脉插管、注射器、试管8支、小烧杯、大烧杯、试管架、水浴锅、竹签1束（或细试管刷）、秒表。

2. 实验药品或试剂 20%氨基甲酸乙酯溶液、冰块、液状石蜡、8U/ml肝素、2%草酸钾溶液、生理盐水、肺组织浸液（取兔肺或大鼠肺剪碎，洗净血液，浸泡于3~4倍量的生理盐水中过夜，过滤收集的滤液即成肺组织浸液，存于4℃冰箱中备用）。

【实验步骤】

1. 麻醉及手术过程 耳缘静脉注射20%氨基甲酸乙酯溶液5ml/kg麻醉家兔，将其仰卧固定于兔手术台上，分离一侧颈总动脉，用线结扎远心端以阻断血流，近心端夹动脉夹，在中间的一段动脉上斜向心脏方向剪一小口，插入动脉插管，结扎固定，以备取血之用。

2. 实验项目准备 将8只试管分别编号，置于试管架上，并参照表2-4所示施加不同影响因素后进行实验。

【观察项目】

每个试管加入血液2ml后，即刻开始计时，每隔15秒倾斜一次试管，观察血液是否凝固，至血液成为凝胶状，试管倾斜时血液不再流动为止，记下所经历的时间，填入表2-4内。另将血盛于小烧杯中，并不断用竹签搅动直至纤维蛋白形成。

表 2-4　不同因素对血液凝固的影响

试管编号	实验项目	实验结果及凝血时间
1	对照，不做任何处理	
2	用液状石蜡润滑整个试管内表面	
3	内放少许棉花	
4	置于 37℃水浴锅中	
5	置于有冰块的小烧杯中	
6	内加 8U/ml 肝素	
7	内加 3.8%柠檬酸钠溶液	
8	内加肺组织浸液 0.1ml	
小烧杯（放血约 10ml）	放血于小烧杯内，用竹签不停搅动，2~3 分钟后取出竹签，用水洗净竹签上的血，观察有无纤维蛋白产生。并观察此烧杯内的去纤维蛋白原血液是否凝固	

【注意事项】

1. 采血的过程尽量要快，以减少计时的误差。对比实验的采血时间要紧接着进行。

2. 每支试管口径大小及采血量要相对一致，不可相差太大。

3. 6、7、8 号试管加入血液后，应将试管轻轻摇匀，以使血液与试剂充分混合。

4. 判断凝血的标准要力求一致。一般以倾斜试管达 45°时，试管内血液不见流动为准。

【思考题】

1. 分析实验项目有哪几管不凝固，为什么？为什么有几管比对照组管凝血时间长？为什么有几管比对照管凝血时间短？

2. 血液凝固的机制及影响血凝的外界因素？

3. 肝素和柠檬酸钠溶液皆能抗凝，其机制一样吗？为什么？

4. 正常人体内血液为什么不发生凝固？

5. 如何认识纤维蛋白原在凝血过程中的作用？

实验 12　出血时间及凝血时间的测定

【实验目的】

1. 学习出血时间的测定方法。

2. 学习凝血时间的测定方法。

3. 熟悉出、凝血时间的正常值。

【实验原理】

出血时间是指小血管受到破损后血液流出至小血管封闭自行停止出血所需的时间，又称止血时间。正常人出血时间为 1~4 分钟。出血时间的长短主要与小血管的收缩、血小板黏附、聚集和释放血小板活性物质等一系列生理反应过程有关。观察出血时间是检查生理止血过程是否正常、检测血小板的数量和功能状态是否正常的简便有效的方法。出血时间延长常见于血小板数量减少、功能降低或毛细血管功能损伤。

凝血时间是指血液流出血管到纤维蛋白细丝形成所需的时间。正常人凝血时间为 2~8 分钟。测定凝血时间主要反映血液本身有无凝血因子缺乏或减少。

【实验对象】

人。

【实验用品】

采血针、75%酒精棉球、干棉球、秒表、滤纸条、玻片及大头针等。

【实验步骤】

1. 出血时间的测定　以 75%酒精棉球消毒耳垂或末节指端后，用消毒后的采血针快速刺入皮肤 2~3mm 深，让血自然流出，立即记下时间。

2. 凝血时间的测定　操作同上，刺破耳垂或指端后，用玻片接下自然流出的第 1 滴血，立即记下时间。

【观察项目】

1. 出血时间的测定　记录时间后，每隔 30 秒用滤纸条轻触血液，吸去流出的血液，使滤纸上的血点依次排列，直到无血液流出为止，记下开始出血至停止出血的时间，或以滤纸条上血点数除以 2 即为出血时间。

2. 凝血时间的测定　记录时间后，然后每隔 30 秒用针尖挑血一次，直至挑起细纤维血丝为止。从开始流血到挑起细纤维血丝的时间即为凝血时间。

【注意事项】

1. 采血针应锐利，让血液自然流出，不可挤压。刺入深度要适宜，如果过深，组织受损过重，反而会使凝血时间缩短。

2. 针尖挑血，应朝向一个方向横穿直挑，勿多方向挑动和挑动次数过多，以免破坏纤维蛋白网状结构，造成不凝血假象。

【思考题】

1. 论述测定出血时间和凝血时间的临床意义。
2. 出血时间延长的患者凝血时间是否一定延长？
3. 针刺前务必对穿刺局部做好消毒，不可草率。

实验 13　ABO 血型、Rh 血型的鉴定

【实验目的】

1. 学习 ABO 血型和 Rh 血型的鉴定方法。

2. 掌握 ABO 血型和 Rh 血型的鉴定原理。

【实验原理】

临床所测血型通常是指红细胞的血型，它是由红细胞膜表面存在的特异性抗原的类型所决定。红细胞膜上的抗原，也被称为凝集原，在血清中有抗体，也被称为凝集素，凝集原与凝集素的反应称为凝集反应，它是一种抗原抗体反应，其结果是使红细胞聚集成团，这种现象即是凝集。

Landsteiner 根据红细胞膜上存在的凝集原 A、B 的情况而将血液分为 A、B、AB 和 O 血型。存在 A 凝集原的称为 A 血型，存在 B 凝集原的称为 B 血型，存在 A 凝集原和 B 凝集原的为 AB 血型，无 A 凝集原和 B 凝集原的为 O 血型。当 A 凝集原与抗 A 凝集素相遇或 B 凝集原与抗 B 凝集素相遇时，会发生红细胞凝集反应。A 型标准血清中含有抗 B 凝集素，B 型标准血清中含有抗 A 凝集素，因此，可以采用标准血清中的凝集素是否与受试者红细胞膜上的凝集原发生凝集反应，以确定其血型。

人类的红细胞血型系统除 ABO 血型外，还有另一重要的血型系统，即 Rh 血型。凡红细胞膜含有 D 凝集原的为 Rh 阳性血；而红细胞膜上不含有 D 凝集原的为 Rh 阴性血。

临床上为确保输血安全，在输血前必须鉴定血型，并行交叉配血试验。交叉配血试验是将受血者的红细胞与血清分别同供血者的血清与红细胞混合，观察有无凝集现象，如无凝集现象，方可进行输血。

【实验对象】

人。

【实验用品】

1. 实验器材　一次性无菌脱脂棉球、一次性无菌采血针、载玻片、一次性使用无菌棉签、医用无菌纱布、记号笔等。

2. 实验药品　75% 医用酒精、84 消毒液、单克隆抗 A 抗体、单克隆抗 B 抗体、单克隆抗 D 抗体。

【实验方法与步骤】

1. 取经过 84 溶液消毒的两片载玻片，在其中一片载玻片的两端用记号笔分别标记 A 和 B，在另一片载玻片上标记 D。

2. 分别在标记 A、B 和 D 的载玻片上滴加单克隆抗 A 抗体、单克隆抗 B 抗体和单克隆抗 D 抗体各 1 滴。

3. 使用 75% 医用酒精棉球消毒受试者左手无名指端，采用一次性无菌采血针刺破指

端，分别滴 1 滴血到 A、B 和 D 端的载玻片上，然后使用三段消毒棉签棒进行搅拌，使血液与抗体充分混合均匀，放置 1~2 分钟后，观察有无凝集现象。

4. 根据凝集现象的有无判断血型，见图 2-10。

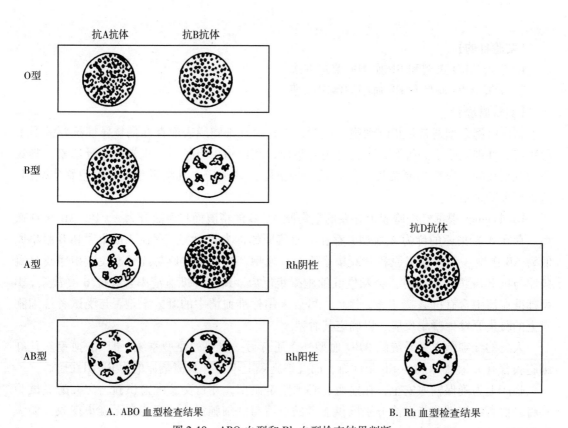

A. ABO 血型检查结果　　　　　　　B. Rh 血型检查结果

图 2-10　ABO 血型和 Rh 血型检查结果判断

【注意事项】

1. 指端务必做好消毒准备。做到一人一针，不能混用。
2. 所使用过的物品均应放入污物桶，不得重复使用。
3. 指端消毒部位自然晾干后再采血。
4. 取血量不宜过少，以免影响结果的判断。
5. 采血后要迅速与抗体混匀，以防止血液凝固。
6. 搅拌使用的棉签棒不能使用同一端在 A、B 和 D 标准抗体与血液中混合使用。

【思考题】

1. 如何区分红细胞的凝集、凝聚和凝固现象？
2. 临床的输血原则有哪些？

实验 14　蟾蜍心室肌的期前收缩与代偿间歇

【实验目的】

学习在体蟾蜍心肌收缩曲线的记录方法，观察心肌不应期、期前收缩和代偿间歇等实验现象，并分析其机制。

【实验原理】

心肌每发生一次兴奋后，其兴奋性会发生一系列变化。心肌兴奋性的特点是兴奋后有一较长的有效不应期，约相当于整个收缩期及舒张早期。因此在心脏收缩期及舒张早期，任何强度的刺激都不能再引起心肌兴奋。舒张早期后，正常起搏点兴奋到达之前，如给心脏一有效刺激，则可引起一次提前出现的收缩，称为期前收缩。期前收缩也有不应期，因此，如果下一次正常的窦性节律性兴奋到达时正好落在期前收缩的有效不应期内，便不能引起心肌兴奋而收缩，这样在期前收缩之后就会出现一个较长的心室舒张期，称为代偿间歇。

【实验对象】

蟾蜍或蛙。

【实验用品】

蛙板、蛙手术器械、BL-420 生物功能实验系统、张力换能器、蛙心夹、铁支架、双凹夹、细铜丝、蛙钉、棉球及线、任氏液等。

【实验步骤】

1. 破坏脑和脊髓　取一只蟾蜍用水冲净，左手示指、中指夹住蟾蜍的两个前肢，无名指、小指夹住蟾蜍的两个后肢，大拇指压住其头部前端使头前俯。右手持探针垂直刺入枕骨大孔 1~2cm，然后向前刺入颅腔，左右搅动，捣毁脑组织；将探针抽出，而后再由枕骨大孔向后刺入椎管捣毁脊髓（图 2-11）。

2. 暴露心脏　将已破坏脑和脊髓的蟾蜍仰卧位固定于蛙板上。用镊子提起蟾蜍腹部皮肤，剪一小口，然后向左上、右上方剪一 V 形切口，并去除皮肤、肌肉、胸骨等，暴露心脏（图 2-12）。

3. 固定蛙心夹　用眼科镊轻轻提起心包膜，用眼科剪将其剪开，认清心房、心室。用蛙心夹于心舒期夹住心尖部。

4. 实验装置（图 2-13）

（1）张力换能器一端与蛙心夹上细线相连，另一端与生物功能实验系统的 CH1 相连，并调节换能器的高度，使细线保持与地面垂直并松紧适度。

图 2-11　蟾蜍脑和脊髓的破坏

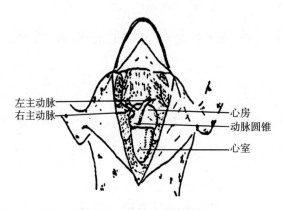

图 2-12 蟾蜍心脏腹面观

（2）刺激电源线一端连接生物功能实验系统主机上的刺激输出孔，另一端连于蛙心夹上的细铜丝。

（3）双击打开电脑桌面的 BL-420 生物功能实验软件，依次点击"实验项目""循环系统实验""期前收缩与代偿间歇"。

（4）调节灵敏度及时间常数，并选择适当的刺激参数。

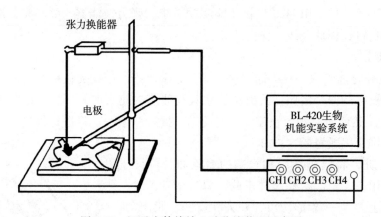

图 2-13 记录在体蟾蜍心脏收缩装置示意图

【观察项目】

1. 记录一段正常的心肌收缩曲线。

2. 观察刺激落到心室收缩期和舒张早期能否引起期前收缩？

3. 当刺激落在心室舒张早期之后能否引起期前收缩？如能引起期前收缩，观察其后是否出现代偿间歇？典型结果如图 2-14 所示。

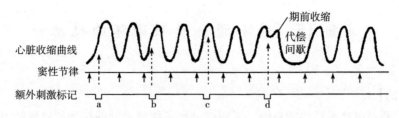

图 2-14　期前收缩与代偿间歇典型结果示意图

额外刺激 a、b、c 落在有效不应期内，不引起反应；额外刺激 d 落在相对不应期内，引起
期前收缩和代偿间歇

【注意事项】

1. 实验中应不断给心脏滴加任氏液，保持其湿润。

2. 蛙心夹应夹在心室肌较厚的部位，但不可夹得太多，否则影响其活动，也不可夹破心脏。

3. 连接心脏和换能器的棉线应松紧适中，不要过长并保持垂直。

4. 在对心脏进行电刺激前，可先刺激其腹部肌肉，以检查电刺激是否有效。

5. 每次刺激后，应待心跳恢复正常之后再进行第 2 次刺激。

【思考题】

1. 期前收缩后，一定会出现代偿间歇吗？

2. 为什么期前收缩的幅度比前一次正常收缩的幅度低？

3. 心肌受到刺激产生兴奋后，兴奋性的周期性变化有何特点？与骨骼肌有何不同？

实验 15　蟾蜍肠系膜微循环的观察

【实验目的】

观察蟾蜍肠系膜微循环内的血流，了解微循环各组成部分的结构和血流特点。

【实验原理】

微循环指微动脉和微静脉之间的血液循环，是血液与组织液直接进行物质交换的场所。由于肠系膜较薄，具有透光性，其血管中的血流情况可用低倍显微镜来观察。

动脉与小动脉的血流是从主干（比较大的血管）流向分支，即从肠系膜的中央流向肠管。其特点是流速快、有搏动，红细胞在血管中有轴流现象。

毛细血管透明，近乎无色，最细的毛细血管在高倍镜下可见到单个红细胞流动，速度虽有快、慢的差异，但流速均匀，无搏动。如施与某些药物，可见到血管的舒缩情况。

小静脉与静脉的血流方向均为从肠管流向肠系膜的中央、由分支汇流入主干，流速慢，无搏动，也无轴流现象。

【实验对象】

蟾蜍或蛙。

【实验用品】

显微镜、有孔的蛙板、蛙类手术器械、大头针、滴管、任氏液、0.01%去甲肾上腺素、0.01%组胺。

【实验步骤】

取蟾蜍一只，破坏脑和脊髓后将其仰卧固定在蛙板上，在腹侧部剪一切口，用镊子拉出一段小肠，将肠系膜展开，并用大头针将其固定在蛙板的圆孔周围。滴加任氏液防止标本干燥，然后在显微镜下观察（图 2-15）。

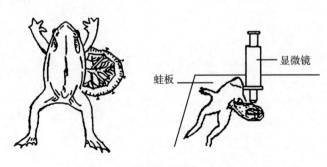

图 2-15　蛙肠系膜标本固定、观察示意图

【观察项目】

1. 在低倍显微镜下，分辨动脉、静脉、小动脉、小静脉和毛细血管，观察血管壁、血管口径、血流速度和血流方向的情况（表2-5）。

2. 用小镊子给肠系膜轻微机械刺激，观察该处血管口径及血流速度的变化。

3. 滴几滴0.01%去甲肾上腺素于肠系膜上，观察血管口径及血流速度的变化，然后立即用任氏液冲洗。

4. 滴几滴0.01%组胺于肠系膜上，观察血管口径及血流速度的变化。

表2-5　低倍镜下动脉、静脉、小动脉、小静脉及毛细血管的区别

类　别	动　脉	小动脉	毛细血管	小静脉	静　脉
血管壁	厚，有肌层	薄，有平滑肌	极薄，透明或看不到	薄，膜状	有肌层
血管口径	大	小	极小，只见有一个红细胞通过	小	大
血流方向	由主干向分支	由主干向分支	由小动脉向小静脉	由分支向主干	由分支向主干
血液颜色	鲜红	鲜红	红黄透亮	暗红	暗红
血流速度	快，有轴流，有搏动	快，有搏动	慢，在真毛细血管内，可见一个一个红细胞变形通过，时走时停	较慢，血流均匀	快，血流均匀

【注意事项】

1. 手术操作要仔细，防止出血造成视野模糊。

2. 固定肠系膜时，不可牵拉太紧、不可扭曲，以免影响血管内血液流动。

3. 实验中要经常滴加任氏液防止标本干燥。滴加各种溶液时避免污染显微镜。

【思考题】

1. 不同血管的血流特点如何与其生理功能相适应。

2. 动脉血流为什么有轴流和壁流？

3. 分析不同药物引起血流变化的机制。

实验 16 人体心音听诊

【实验目的】

1. 学习人体心音听诊的方法，区别第一心音和第二心音。

2. 熟悉第一心音和第二心音的特点，了解心音产生的原理。

【实验原理】

心动周期过程中，心脏瓣膜关闭、心肌收缩、血流撞击等引起的振动沿周围组织传递到胸壁，用听诊器置于胸部某些部位听到相应的声音，称为心音。正常情况下共有四个心音，但多数情况下，通常只能听到第一心音和第二心音。心音发生在心动周期的某些特定时间，其音调和持续时间有一定的规律。第一心音：音调较低（音频为 25～40 次/秒）而历时较长（0.12 秒），声音较响，是由房室瓣关闭和心室肌收缩振动所产生的。由于房室瓣的关闭与心室收缩开始几乎同时发生，因此第一心音是心室收缩的标志，其响度和性质变化，常可反映心室肌收缩强、弱和房室瓣膜的功能状态。第二心音：音调较高（音频为 50 次/s）而历时较短（0.08 秒），较清脆，主要是由半月瓣关闭产生振动造成的。由于半月瓣关闭与心室舒张开始几乎同时发生。因此第二心音是心室舒张的标志，其响度常可反映动脉压的高低。因此，心音听诊对于心脏疾病的诊断具有重要意义。

【实验对象】

人。

【实验用品】

听诊器。

【实验步骤】

1. 被检者解开上衣面对检查者静坐，检查者在其胸前区依次找到 4 个瓣膜听诊区位置（图 2-16）。

2. 检查者戴好听诊器，将胸件放在被检者胸前区，依次按二尖瓣听诊区→主动脉瓣听诊区→肺动脉瓣听诊区→三尖瓣听诊区的顺序听诊。

【观察项目】

根据心音性质（音调高低、持续时间长短）、间隔时间，仔细区分第一心音和第二心音。如难以区分第一心音和第二心音，听心音的同时，可用手触诊心尖搏动或颈动脉搏动，与此搏动同时出现的心音为第一心音。将听到的第一心音和第二心音作一比较，并将结果记入表 2-6。

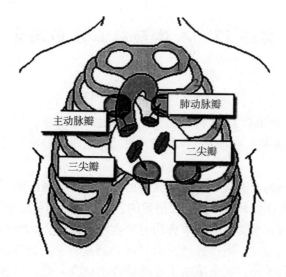

图 2-16 心音听诊区示意图

二尖瓣听诊区：心尖部，左锁骨中线内侧 1cm 第 5 肋间处；肺
动脉瓣听诊区：胸骨左缘第 2 肋间隙；主动脉瓣听诊区：胸骨右缘
第 2 肋间隙；三尖瓣听诊区：胸骨右缘第 4 肋间隙或胸骨剑突下

表 2-6　第一心音和第二心音的比较

心　音	音　调	音　量	持续时间	心室状态	听诊最佳部位
第一心音					
第二心音					

【注意事项】

1. 听诊时要求室内安静；若呼吸音影响心音听诊，可嘱受检者暂停呼吸。

2. 听诊器耳件的弯度应与外耳道一致，胸件的膜面应直接置于皮肤上，橡皮管不可缠绕扭转以免摩擦干扰听诊。

3. 如呼吸音影响听诊，可令受试者暂停呼吸片刻。

【思考题】

1. 比较正常人第一心音、第二心音的特点及其产生机制。

2. 各瓣膜的听诊区部位是否在各瓣膜的体表投影位置？

实验 17　人体动脉血压的测定

【实验目的】

1. 掌握血压的概念和成因，了解间接测定动脉血压的原理。

2. 掌握测量肱动脉血压的方法，观察运动对动脉血压的影响。

【实验原理】

动脉血压是指流动的血液对血管壁的侧压力。人体动脉血压测定的最常用方法是袖带间接测压法，它是用血压计和听诊器间接测定的，血压测量的部位通常是在臂部的肱动脉。

正常情况下，血液在血管内顺畅地流动时通常没有声音。如果血管受压变狭窄、血流时断时续，血液发生湍流时，则可通过听诊器听到湍流所发出的声音。用充气袖带缚于臂部加压，使动脉受压而关闭，完全阻断了肱动脉内的血流，此时以听诊器置于被压迫的肱动脉的远端，听不到任何声音，也触摸不到肱动脉的搏动；徐徐放气降低袖带内压，当其等于或略低于收缩压，在收缩压峰值时，少量血液通过被压迫的部位，可听到与心搏一致的血管湍流声；继续放气，当袖带内压在肱动脉收缩压与舒张压之间时，血液因断续流过受压血管而形成湍流，此时在被压的肱动脉远端即可听到断续的声音，随着袖带内压的不断降低，此断续声音由弱到强，又逐渐减弱，此时又可以触摸到肱动脉的搏动。如果继续放气，以致外加压力等于舒张压时，则血管内血流由断续变成连续，声音突然由强变弱或者消失。因此，动脉内血流刚能发出声音时的最大外加压力相当于收缩压，而动脉内血流的声音突然由强变弱或消失时的外加压力则相当于舒张压。

【实验对象】

人。

【实验用品】

听诊器、血压计。

【实验步骤】

1. 熟悉血压计的结构　血压计由检压计、袖带和橡皮球三部分组成。检压计是一个标有刻度的玻璃管，其刻度一边以 mmHg 为单位，另一边以 kPa 为单位，上端通大气，下端与水银槽相通。袖带是一个外包布套的长方形橡皮囊，借橡皮管分别和检压计的水银槽及橡皮球相通。橡皮球是一个带有螺丝帽的橄榄球状橡皮囊，螺丝帽的拧紧和放松是用来供充气或放气之用。

2. 测量动脉血压的方法

（1）让受检者脱去一臂衣袖，静坐桌旁 5~15 分钟（图 2-17）。

（2）松开血压计上橡皮气球的螺丝帽，驱出袖带内的残留气体，然后将螺丝帽旋紧。

（3）让受试者前臂平放于桌上，手掌向上，使前臂与心脏位置等高，将袖带缠于此臂部，袖带下缘距肘关节约 2cm，松紧适宜。

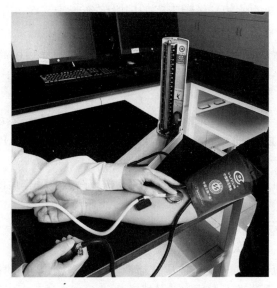

图 2-17　血压测量姿势示意图

（4）带好听诊器，使耳件的弯曲方向与外耳道一致。

（5）在受检者肘窝内侧找到肱动脉搏动处，将听诊器胸件放置于其上（图 2-18）。

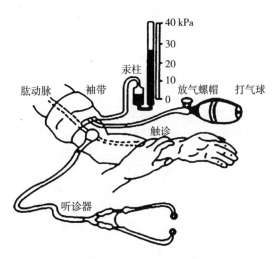

图 2-18　血压计测量人体动脉血压方法示意图

【观察项目】

1. 收缩压　挤压橡皮球使袖带内充气，使血压计水银柱逐渐上升到听诊器已听不到动脉音后，再继续打气使水银柱再上升 20mmHg（2.66kPa），随即松开橡皮球螺丝帽，徐徐放气，减少袖带内压力，在水银柱缓缓下降的同时仔细听诊，在一开始听到"崩崩"样的第一声动脉音时，此时血压计上所示的水银刻度即代表收缩压。

2. 舒张压　继续缓慢放气，此时听诊声音先由低到高，而后由高突然变低，最后则完全消失。在声音由强突然变弱或者声音突然消失的时候，血压计上所示水银刻度即为舒张压。

3. 记录所测血压　收缩压/舒张压 mmHg（如 120/80mmHg，表示收缩压为 120mmHg，舒张压为 80mmHg），血压的国际单位为 kPa，1mmHg = 0.1333kPa，故 120/80mmHg = 15.96/10.4kPa。

4. 观察运动后的血压变化　受试者连续作 50 次下蹲起立动作后测量血压。

【注意事项】

1. 实验室内保持安静，利于听诊。

2. 袖带松紧适中，不宜太紧或太松。

3. 缠袖带的臂部应与心脏同高，血压计袖带应缚在肘窝以上。听诊器胸件不能放在袖带底下进行测量，应放在袖带下方的肱动脉搏动位置上，胸件不要压得太紧或太松。

4. 发现血压超出正常范围时，应让受试者稍作休息后再行测量。

5. 充气压迫时间不宜过长，否则可引起全身血管反射性收缩而使血压升高。

6. 一般应测 2~3 次，以两次比较接近的数值为准，取其平均数，或收缩压取上值，舒张压取下值。

7. 左右肱动脉有 5~10mmHg 压力差，测血压应固定一侧，不要随意改变。

【思考题】

1. 正常人从卧位转为立位时，动脉血压有否明显变化，为什么？

2. 轻度运动后血压为什么会发生变化？

实验 18 不同运动强度对人体血压的影响

【实验目的】

1. 学习间接测量人体动脉血压的方法，能准确测量人体肱动脉的收缩压和舒张压。

2. 理解袖带法测定人体动脉血压的原理。

3. 观察运动对人体动脉血压的影响并分析相关机制。

【实验原理】

袖带法测量上臂肱动脉的血压原理同第二部分实验17。

在正常生理情况下，人体体位改变、运动及大脑的思维活动等对血压均有影响，但通过神经和体液调节，可使血压在不断的动态变化中维持相对稳定的状态。

【实验对象】

健康人体。

【实验用品】

水银血压计、听诊器、电子血压计。

【实验步骤】

1. 袖带法测定人体肱动脉血压 方法同第二部分实验17。

2. 测定不同强度运动对血压的影响 用电子血压计测定受试者安静状态下血压和心率后，拆下连在血压计上的橡皮管。将受试者分成2组，第1组受试者按每2秒下蹲1次的速度做立正和下蹲动作，重复50次；第2组受试者按每1秒下蹲1次的速度做立正和下蹲动作，重复50次。

【观察项目】

1. 用水银血压计测定人体肱动脉收缩压和舒张压。

2. 测定运动对血压和心率的影响 测量运动结束即刻、5分钟后、10分钟后动脉血压和心率值。

3. 分析实验结果 统计全班各组的结果，以平均值±标准差表示，比较运动前后动脉血压和心率的变化。

【注意事项】

1. 同第二部分实验17。

2. 立正和深蹲动作要到位。

【思考题】

运动前后血压有何不同？其机制如何？

实验 19 人体心电图的描记

【实验目的】

1. 学习人体心电图描记方法和心电图波形的测量方法。

2. 辨认正常心电图的波形，并了解其生理意义和正常值范围。

【实验原理】

心脏的特殊传导系统由窦房结、结间束（分为前、中、后结间束）、房间束（起自结间束，也称 Bachmann 束）、房室交界区（房室结、希氏束）、束支（分为左、右束支，左束支又分为前分支和后分支）以及浦肯野纤维（Pukinje fiber）构成。正常人心脏由窦房结发出兴奋，按以上传导途径，依次传向心房和心室，引起整个心脏的兴奋。这种生物电变化可通过心脏周围的组织和体液，传播到身体表面。将测量电极置于人体表面的一定部位，通过心电图机记录出来的心脏电变化曲线即为心电图（ECG）。根据电极所放的位置和导线的连接不同，测得的心电图波形也不一样。心电图可反映心脏内综合性电位变化的发生、传导和恢复的过程，在心脏发生病变时，它的电活动亦发生改变，因而心电图是临床上常用的一种诊断方法。正常心电图的基本波形包括 P、QRS 和 T 三个波形，它们的生理意义为：P 波反映心房去极化；QRS 波群反映心室去极化；T 波反映心室复极化。

【实验对象】

人。

【实验用品】

心电图机、诊断床、导电糊、酒精棉球、量规。

【实验步骤】

1. 受试者安静平卧，全身肌肉松弛。

2. 接好心电图机的电源线、地线和导联线。接通电源，预热 5 分钟。

3. 安放电极把准备安放电极的部位先用酒精棉球脱脂，再涂上导电糊，以减小皮肤电阻。电极应安放在肌肉较少的部位，一般两臂应在腕关节上方（屈侧）约 3cm 处，两腿应在小腿下段内踝上方约 3cm 处。然后用绑带将电极扎上，务使电极与皮肤接触严紧，以防干扰与基线飘移。

4. 连接导联线按所用心电图机之规定，正确连接导联线。V_1 在胸骨右缘第 4 肋间，V_2 在胸骨左缘第 4 肋间，V_4 在左锁骨中线第 5 肋间，V_3 在 V_2 和 V_4 之间，V_5 在左腋前线第 5 肋间（图 2-19）。四肢连接方法为：上肢分别为左黄和右红；下肢分别为左绿和右黑。

5. 调节基线旋动基线调节钮，使基线位于适当位置。

6. 输入标准电压打开输入开关，使热笔预热 10 分钟后，重复按动 1mV 定标电压按钮，再调节灵敏度（或增益）旋钮，标准方波上升边为 10mm。开动记录开关，记下标准电压

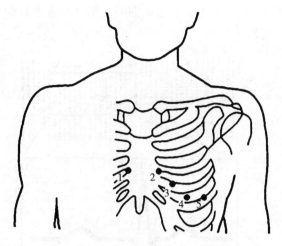

图 2-19　胸导联电极按放示意图

曲线。记录Ⅰ、Ⅱ、Ⅲ、aVR、aVL、aVF（图 2-20、图 2-21）、V_1、V_2、V_3、V_4、V_5导联的心电图。

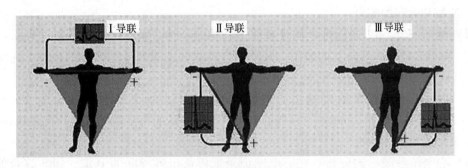

图 2-20　标准导联示意图

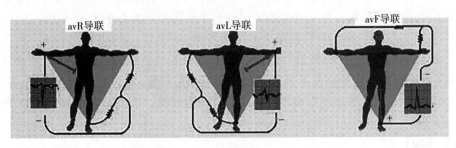

图 2-21　加压肢体导联示意图

【观察项目】

取下心电图纸，进行分析。典型正常心电图的波形（标准Ⅱ导联）如图 2-22 所示。

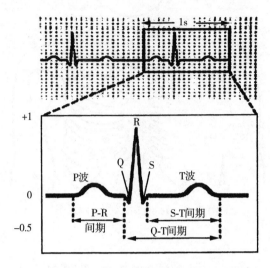

图 2-22　正常心电图的波形

1. 波幅和时间的测量

（1）波幅：当 1mV 的标准电压使基线上移 10mm 时，纵坐标每一小格（1mm）代表 0.1mV。测量波幅时，凡向上的波形，其波幅自基线的上缘测量至波峰的顶点，凡向下的波形，其波幅自基线的下缘测量至波峰的底点。

（2）时间：心电图纸的走速由心电图机固定的马达所控制，一般分为 25mm/s 和 50mm/s 两档，常用的是 25mm/s。这时心电图纸上横坐标的每小格（1mm）代表 0.04 秒。

2. 波形的辨认和分析

（1）心电图各波形的分析：在心电图记录纸辨认出各导联的 P 波、QRS 综合波和 T 波，并根据各波的起点确定 P-R 间期和 Q-T 间期。

（2）心率的测定：首先测量相邻两个心动周期 P 波（或相邻两个 R 波）的间隔时间 T。T 代表心动周期的长短，可取 6 个心动周期的平均值来计算心率。

$$心率=60/T（次/分）\qquad 心率（次/分）=60/T$$

（3）心电图各波段的分析测量：选择一段Ⅰ导联基线平稳的心电图，测量 p 波、QRS 综合波和 T 波的时程、电压以及 P-R 间期和 Q-T 间期的时程。

3. 心律　根据 P 波决定基本心律，判定心律是否规则，有无期前收缩或异位节律，有无窦性心律不齐。

【注意事项】

1. 测量前应取下身上的手表、项链等金属物品。

2. 要注意避免以下因素对记录结果的影响：室温过低、精神紧张、身体移动、深大呼吸等。

　　3. 复查心电图时，最好使用同一部心电图机，采取相同体位，以便更准确地前后对比。

【思考题】

　　1. 正常窦性心律的心电图表现是什么？

　　2. 试述心电图各波和各段的生理意义。

　　3. P-R 间期与 Q-T 间期的正常值与心率有什么关系？

实验 20　胸膜腔内压的观察

【实验目的】

1. 学习用直接测定法观察胸膜腔内压的实验方法。

2. 观察呼吸运动过程中胸膜腔内负压的变化及其影响因素。

3. 掌握胸膜腔负压的形成原理和维持条件，理解胸膜腔负压在呼吸运动形成中的重要作用及其生理意义。

【实验原理】

胸膜腔是由壁层胸膜和脏层胸膜构成的密闭腔隙，两层间含有少量浆液。平静呼吸时，胸膜腔内压的大小虽然随着呼吸运动而发生周期性的波动，并随着呼吸深度的变化而变化，但其数值无论在吸气时还是呼气时始终低于大气压而为负值，故胸膜腔内压也称为胸膜腔负压。

胸膜腔负压能够使肺维持扩张状态，并使肺随胸廓的运动而运动，此外，胸膜腔负压还有利于静脉血和淋巴液的回流。胸膜腔的密闭状态是形成胸膜腔负压的前提条件，当胸膜腔的密闭性遭到破坏，空气进入胸膜腔便形成气胸，导致胸膜腔负压减小或消失，肺就会萎缩塌陷，呼吸运动就会发生困难，另外，当液体进入胸膜腔形成胸腔积液时，也会导致胸膜腔负压减小或消失，出现呼吸困难。

形成胸膜腔负压的主要因素是肺的回缩力，通过水检压计可以直接测量胸膜腔负压的值。

【实验对象】

家兔。

【实验用品】

1. 实验器材　注射器（5ml、20ml）各 1 支、生物信号采集系统、张力换能器、兔手术台、哺乳类动物手术器械、气管插管、纱布、丝线、长 50cm 的橡胶管 1 根、水检压计、橡皮管、胸膜穿刺针、胶布。

2. 实验药品或试剂　20%氨基甲酸乙酯溶液。

【实验步骤】

1. 麻醉与固定　耳缘静脉注射 20%氨基甲酸乙酯溶液（5ml/kg）进行麻醉，麻醉后将兔仰卧固定在兔手术台上。

2. 颈部手术　用粗剪刀剪去颈部被毛，沿正中线从喉结处开始切开皮肤直到胸骨上缘（5~7cm），用止血钳钝性分离出气管，在气管下穿一手术线，在喉结下气管处剪一小口（约占气管口径的 1/2），插入气管插管，手术线固定以防插管脱落。

3. 记录装置　用穿线的弯针在兔的剑突上，在呼吸运动最明显的位置勾住皮下肌肉并固定，将穿线的另一端接至张力换能器，张力换能器信号输入张力信号通道放大器即

BL-420 系统（通常接在通道 1）。

4. 正确安放水检压计　用粗剪刀剪去右侧胸部的兔毛，用连接水检压计的穿刺针头，从右侧胸部腋前线第 5、6 肋间或 4、5 肋间沿肋骨上缘垂直插入胸膜腔内，当看到水检压计液面随着呼吸运动明显波动后，将针头固定在胸壁上。

【观察项目】

1. 平静呼吸时的胸腔内压　从水检压计上可读出吸气时和呼气时胸内负压值，比较两则有何不同。

2. 加强呼吸运动后的效压　增大无效腔时呼吸运动加深加快，读出此时的胸腔内压数值，并与平静呼吸时胸腔内压值对比。

3. 堵塞气管插管　观察此时胸腔内压变化的最大幅度，观察胸腔内压是否高于大气压。

【注意事项】

1. 气管插管时，应注意止血，并将气管分泌物清理干净。

2. 橡皮管与水检压计和胸膜穿刺针头的连接必须严密，不可漏气。

3. 胸膜穿刺针刺入胸膜腔时，不能太猛太深，以免刺破血管和肺组织，导致出血过多和气胸。如果胸膜穿刺针刺入较深而未见检压计的水柱发生波动，应转动针头或变换针头的角度或稍微拔出一点针头加以调整，也可轻轻挤压橡胶管，但在调整时应注意尽量避免损伤肺组织，如果仍未见检压计的水柱发生波动，应彻底拔出穿刺针检查针头是否被血凝块或组织块彻底堵塞。

4. 胸膜腔穿刺时，为了防止气胸，可先刺透皮肤，然后缓慢轻柔地移动针头，插入胸膜腔内。

5. 在进行憋气实验时，应掌握好憋气时间，不应太长，以防动物窒息死亡。

【思考题】

1. 在平静呼吸时，胸膜腔内压为何始终低于大气压？在什么情况下胸膜腔内压可高于大气压？

2. 比较平静呼吸时与用力呼吸时，胸膜腔内压数值的变化，并分析其原因。

实验 21 大鼠胃运动的记录方法

【实验目的】
1. 学习大鼠胃运动的记录方法。
2. 观察胃的自主运动曲线，了解神经、体液因素对胃运动的影响。

【实验原理】
正常情况下胃运动的形式包括容受性舒张、紧张性收缩、蠕动等，其活动受神经、体液因素的调节。副交感神经兴奋通过末梢释放乙酰胆碱与胃平滑肌上的 M 受体结合加强胃的运动，胆碱酯酶抑制剂新斯的明也能加强胃肠运动，M 受体阻断剂阿托品则抑制胃肠运动；交感神经兴奋时及内脏大神经的多数末梢释放去甲肾上腺素与胃平滑肌上的 β_2 受体结合，使平滑肌舒张，从而抑制胃运动。

【实验对象】
大鼠。

【实验用品】
1. 实验器材 生物信号采集系统、手术器械、鼠固定板、保护电极、压力换能器、注射器（20ml、1ml）、高弹乳胶水囊。
2. 实验药品或试剂 1%戊巴比妥钠、1:10 000 乙酰胆碱、1:10 000 去甲肾上腺素、阿托品、新斯的明注射液、生理盐水。

【实验步骤】
1. 麻醉 将大鼠用1%戊巴比妥钠（30mg/kg）腹腔注射麻醉，待动物麻醉后，进行实验。
2. 分离膈下迷走神经 在靠近贲门部的食管周围分离迷走神经的腹侧支和背侧支。
3. 连接仪器装置 将高弹乳胶水囊（容积约 0.5ml）置于腺胃末端，相当于胃窦部，水囊一端连一聚乙烯管，从腹壁引出与压力换能器连接，后者与生物信号采集处理系统连接。
4. 进入生物信号采集系统 打开计算机，启动生物信号采集系统，点击菜单"实验模块"，按计算机提示逐步进入胃运动观察的实验项目。
5. 记录胃运动 待胃运动曲线稳定20~30分钟后，胃内基础压力维持在 0.98kPa 左右，开始记录。

【观察项目】
1. 记录正常胃运动曲线 观察正常情况下的胃运动曲线。
2. 刺激迷走神经 电刺激膈下迷走神经，观察、记录胃运动曲线。再切断膈下迷走神经，观察、记录胃运动曲线。
3. 阻断交感神经递质 实验组大鼠分别在实验前48小时（1.5mg/kg）和24小时

（5mg/kg）两次腹腔注射利血平，耗竭大鼠体内的交感神经递质去甲肾上腺素。观察胃运动的变化。

4. 滴加乙酰胆碱和阿托品　在胃上滴加 1∶10 000 乙酰胆碱 5～10 滴，观察乙酰胆碱对胃运动的影响，在此基础上，滴加阿托品 5～10 滴，观察胃运动的变化。

5. 滴加新斯的明 在胃上滴加 1∶10 000 乙酰胆碱 5～10 滴，观察乙酰胆碱对胃运动的影响。在此基础上，滴加新斯的明 5～10 滴，观察胃运动的变化。

6. 滴加去甲肾上腺素　在胃上滴加 1∶10 000 去甲肾上腺素 5～10 滴，观察胃运动的变化。

【注意事项】

1. 麻醉用药不宜过量，要求浅麻醉，电刺激时强度适中。

2. 避免牵拉腹内脏器，以免影响实验结果。

3. 注意辨别膈下迷走神经，并进行钝性分离。

4. 每项实验后，待胃运动曲线恢复正常后，再进行下一项实验。

【思考题】

1. 刺激迷走神经对胃运动曲线有何影响？简述其作用机制。

2. 乙酰胆碱、新斯的明、阿托品和去甲肾上腺素对胃运动曲线各有何影响？机制是什么？

实验 22　人体体温测量

【实验目的】

1. 学习人体体温的测量方法。

2. 观察正常人体体温及各种生理因素对体温的影响。

【实验原理】

体温是指机体核心部分的平均温度。正常人的体温是相对恒定的，它是通过体温调节中枢的活动，使产热和散热保持动态平衡的结果。临床上通常以直肠、口腔和腋窝的温度来代表体温，其中直肠温度最接近体温。直肠温度的正常值为 $36.9 \sim 37.9℃$，口腔温度的正常值为 $36.7 \sim 37.7℃$，腋窝温度的正常值为 $36.0 \sim 37.4℃$。

直肠温度由于测量不方便，一般用来测量昏迷患者和小儿体温，临床上常用的体温测量方法是测量口腔温度和腋窝温度，由于腋窝不是自然体腔，所以测量时要使臂部紧贴胸壁以形成人工体腔。

正常人体体温可受昼夜、年龄、性别及肌肉活动等各种生理因素的影响而变动。

【实验对象】

人。

【实验用品】

干棉球及水银体温计（腋表、口表）、消毒纱布、1%过氧乙酸溶液。

【实验步骤】

1. 熟悉水银体温计的结构和原理　水银体温计有口表、腋表和肛表三种，均由一根标有刻度的真空玻璃毛细管及其下端装有水银的贮液槽组成。口表的贮液槽细而长，腋表贮液槽长而扁，肛表的贮液槽粗而短。当水银受热膨胀后，会沿着玻璃毛细管上升，并且其上升的高度与其受热程度成正比。在贮液槽与玻璃毛细管下端的连接部分有一狭窄处，可防止上升的水银降温后下降，更方便测出正确的体温。体温计上的刻度范围是 $35 \sim 42℃$，而在 $37℃$ 处常常有特殊的标记。

2. 实验准备　将浸泡于1%过氧乙酸溶液中的体温计取出，用消毒纱布擦拭，检查体温计是否完好无损，并将水银柱甩至 $35℃$ 刻度线以下。

3. 测量体温

（1）测量口腔温度：令受试者静坐数分钟，测试者将口表体温计的水银端斜放于受试者的舌下，令其闭口含住温度计，勿用牙齿咬体温计，5 分钟后将体温计取出，读数并记录下来。令受试者口含凉水或热水 30 秒后吐出，再重复以上操作过程，记录下测量的数值，并与第一次测量的数值相比较。

（2）测量腋窝温度：令受试者静坐数分钟，擦干腋窝内的汗液，测试者将体温计水银端放置于受试者腋窝深处，令受试者屈臂紧贴胸壁夹紧体温计，10 分钟后取出体温计，读取数值并记录。同一受试者，不擦干其腋窝内的汗液，再重复测量体温，记录数值并与前一次测量的数值进行比较。

（3）测直肠温度：测直肠的温度时，用肛门体温计。测温时，要将其慢慢地插入肛门3~4cm。测量时间3~5分钟。使用后要用肥皂水洗净。但腹泻、便秘的病人不要应用此法。

（4）测量运动后体温：令受试者原地运动5分钟，再分别测量其口腔温度和腋窝温度各1次，记录数值，并比较运动前后同一个人的同一个部位的温度有何变化。

（5）测量昼夜体温：分别测量同一日内6时、8时、10时、12时、14时、16时、18时、20时、22时、24时的口腔温度和腋窝温度。

4. 体温计的消毒 每一次测量体温结束后，均需对体温计进行清洗、消毒。先将体温计用肥皂水及清水清洗干净，将其浸泡于1%过氧乙酸溶液中5分钟，再将其取出并浸泡于另一盛有1%过氧乙酸溶液中30分钟，然后取出用凉开水冲洗干净，再用消毒纱布擦干后放置于容器内备用。

【观察项目】

1. 记录口腔体温值。

2. 记录腋下体温值。

3. 记录直肠体温值。

4. 记录运动后体温值。

5. 记录昼夜体温值于表2-7内，并以体温为纵坐标，时间为横坐标，分别绘出口腔温度和腋窝温度的昼夜节律曲线。

表2-7 昼夜体温波动情况表（空格内单位：℃）

时间（小时）	6	8	10	12	14	16	18	20	22	24
口腔温度										
腋窝温度										

【注意事项】

1. 甩体温计时切不可碰及其他物体，以防损坏体温计。

2. 测量口腔温度时，切忌用牙齿咬体温计。

3. 测量腋窝温度时，体温计要直接接触皮肤，并令受试者屈臂紧贴胸壁夹紧体温计，并且测量时间要足够长。

4. 切忌把体温计放于热水中清洗，以防爆破。

【思考题】

1. 正常人体温是如何维持相对稳定的？

2. 影响体温的生理因素有哪些？分别对体温有何影响？

实验 23   视敏度的测定

【实验目的】

1. 掌握视敏度的概念，学习使用视力表测定视敏度方法。

2. 了解视敏度的测定原理。

【实验原理】

视敏度是指眼睛能分辨物体两点间最小距离的能力，又称视锐度或视力。视敏度通常用眼睛能分辨的最小视角的大小作为衡量标准。视敏度的大小用视角的倒数来表示。计算公式为：视敏度=1/视角，视角的单位是分角（1分角=1/60度）。国际视力表就是根据视角原理设计的，视力表上视力为1.0的那一行字母"E"的每一笔的宽度及每两笔之间的距离均是1.5mm，当人站在视力表前5m处时，距离为1.5mm的两个光点的光线进入眼睛后形成的视角为1分角，此时视网膜上的物像如果能够被眼睛分辨，视力就为1.0，认为视力正常（图2-23）。如果只能辨认此行上面的字母"E"，则视力小于1.0，视敏度较低；如果能够辨认此行下面的字母"E"，则视力大于1.0，视敏度较高。视力表上每行字母"E"左边的数字表示距离视力表5m处能够辨认本行字母"E"的视力大小。

我国测定视力通常用标准对数视力表，其任何相邻两行视标大小之比均为1.2589，即视标每增大1.2589倍，视力就减小0.1，这样能够更准确地比较或统计视力的增减程度。其视力大小的计算公式为：视力=5-log视角（距离视力表5m远处能看清物体的视角）。

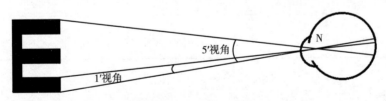

图 2-23   视力表原理示意图

【实验对象】

人。

【实验用品】

远视力表、近视力表、遮眼罩、指示棒、长5m的米尺等。

【实验步骤】

1. 远视力检查

（1）将视力表悬挂在光线均匀而充足的墙壁上，视力表上视力为1.0的那行字母"E"

的高度应与受试者的眼睛保持一致。

（2）受试者站在或者坐在视力表前 5m 处，用遮眼罩遮住右眼，左眼看视力表，检查者用指示棒从视力表的第一行开始，依次指示各字母"E"，受试者按指示棒说出各字母"E"的缺口方向或者用手指表示出该字母"E"缺口的方向，然后由上而下依次指向各行，直到受试者完全不能分辨为止（偶尔有错误不算），此时即可从视力表的左侧数字直接读出其左眼视力值。

（3）用相同的方法测定右眼视力。

（4）如果受试者对视力表上最上一行（即视力为 0.1 的那一行）字母"E"的缺口方向仍不能分辨，则令受试者向前移动，直到能够分辨出最上一行字母"E"的缺口方向为止，然后，用米尺测量出受试者与视力表之间的距离，根据公式：受试者视力 = 0.1×受试者与视力表的距离（m）/5m，算出其视力值。

2. 近视力检查 这项检查应使用国际标准近视力表进行。

检查方法：被检者坐在桌前，手持近视力表，在光线充足又无直射阳光处被检，视力表与眼保持 30cm 距离。检查顺序为先右眼后左眼，检查一眼时，另一眼用遮眼板遮住、检查者用竹签指点，在 E 字形近视力表上能认清 1.0 以上者为近视力正常，只能认清 0.9 或以下者为不正常。如不能辨认，也可将视力表放远或移近，直至被检者能认清表上 1.0 以上的视标为止，但应注明距离，如在 20cm 处才能认清 1.0 的视标，则记录为 1.0/20cm。其他具体要求与远视力检查相同。

【观察项目】

1. 近视力。

2. 远视力。

【注意事项】

1. 室内光线一定要均匀而充足，并且光线应从受试者的后面射来，避免测试时由侧方射入光线干扰测定。

2. 受试者不宜用手遮眼，以免受试者从指缝中偷看。

3. 用遮眼罩遮眼时，不要压迫眼球，以防影响测试。

4. 受试者与视力表之间的距离要测量准确。

5. 视力表上视力为 1.0 的那行字母"E"的高度应与受试者的眼睛保持一致。

【思考题】

1. 分析视敏度与视角的关系。

2. 简述国际视力表设计的原理，其设计有什么缺点？

3. 简述标准对数视力表设计原理，其设计有什么优点？

4. 哪些因素可能会影响到视力测定的准确性？

5. 讨论导致近视的原因有哪些？有哪些措施可以保护视力？

6. 人们在分辨物体精细结构时，眼睛为什么必须注视正前方而不能斜视？

实验 24 视野测定

【实验目的】

1. 学习检查视野的方法，了解正常各色视野的范围。

2. 测定受试者白、黄、红、绿各色视野，了解视野测定的意义。

【实验原理】

1. 视野是指用单眼固定注视正前方某一点时，该眼能看到的空间范围。

2. 视野的大小与视网膜上视锥细胞与视杆细胞的分布范围及其功能状态有关。另外，视标的颜色，光线的强弱以及人体面部骨骼的结构等也会影响到视野的大小。

3. 正常人的视野范围，鼻侧和上方的视野较小，而颞侧与下方的视野较大，当亮度相同时，白色视野最大，黄、蓝色视野次之，红色视野再次之，绿色视野最小。

4. 视网膜、视神经、视觉传导通路及视觉中枢病变时会产生特定形式的视野缺损，因此，临床上测定视野有助于辅助诊断视网膜、视神经、视觉传导通路及视觉中枢的病变。

【实验对象】

人。

【实验用品】

视野计、各色视标（白、黄、红、绿色）、视野图纸、铅笔（白、黄、红、绿色）、遮眼罩。

【实验步骤】

1. 了解视野计的结构　视野计的样式较多，其中，弧形视野计（图2-24）最常用，它是安在支架上的一个半圆弧形金属板，可围绕水平轴作360°旋转，旋转角度可从分度盘上读出。圆弧形外面的刻度表示视轴与从该点射向视网膜周边光线的夹角，视野的界限就是以此夹角来表示的。圆弧形内面中央有一面小镜作为目标物，对面的支架上有眼眶托与托颌架。另外，视野计都配备白色、黄色或蓝色、红色、绿色视标。

2. 视野的测定

（1）将视野计置于光线充足的桌子上，令受试者面对视野计，背对光

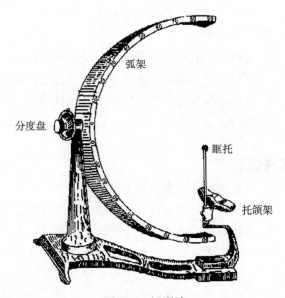

图 2-24　视野计

线坐下。

（2）令受试者把下颌放在视野计的托颌架上，调整托颌架的高度，使右侧眼眶的下缘靠在眼眶托上，眼睛必须与托颌架中央的小镜子处于同一水平面上，旋转弧架使其处于水平位置，用遮眼罩遮住左眼，右眼固定注视弧架的中心点。

（3）测试者首先选择白色视标，沿弧架的内侧面慢慢从周边向中心缓慢移动，并随时询问受试者能否看见视标，当受试者看见视标时，再将视标由内向外倒移一段距离，然后再将视标由外向中央移动，重复数次，结果一致时，即可把受试者刚能看见视标所在弧架位置上相应经纬度数标记在视野图纸上相应的经纬度上。

（4）依次顺时转动弧架45°角，用同样的方法，分别测定45°、90°、135°、180°、225°、275°、315°及360°不同方向的视野经纬度数值，并分别将测得的经纬度数值记录在视野图纸上。将视野图纸上的经纬度数值用曲线依次连接起来，就得出右眼的白色视野图（图2-25）。

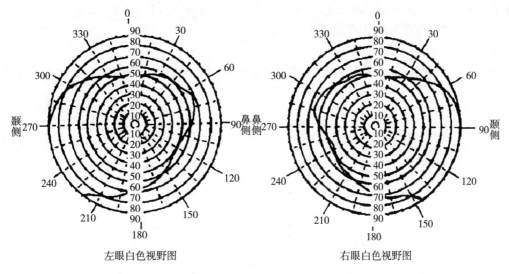

左眼白色视野图　　　　　　　　右眼白色视野图

图 2-25　视野图

（5）按照上述同样的操作方法，分别用黄色、红色及绿色视标，分别测出右眼的黄色、红色及绿色视觉的视野，分别用黄色、红色、绿色铅笔标记在视野图纸上，并用曲线依次连接起来，就得出右眼的黄色、红色、绿色视野图。

（6）以同样的操作方法，测定出左眼的白色视野，并绘出左眼白色视野图（图2-25），再以相同的方法，分别测出左眼的黄色、红色及绿色视觉的视野，并绘出左眼的黄色、红色、绿色视野图。

【观察项目】

1. 根据上述检测方法，在视野图纸上标记每种颜色的8个点。

2. 连接每种颜色的 8 个点，则得到该种颜色的视野图（双眼白、红、黄或蓝、绿色各色视觉的视野）。

【注意事项】

1. 受试者被测眼睛应始终固定注视弧架上的小镜子，眼球不得随意转动，只能用余光观察视标。

2. 测试眼必须与弧架中心点处于同一水平面上。

3. 在测试过程中，受试者要略作休息，以免眼睛疲劳影响实验结果的准确性。

4. 视标移动速度要缓慢，时间允许的话，可多测几个点，所得出的视野图会更精确。

5. 受试者不宜用手遮眼，以免受试者从指缝中偷看，用遮眼罩遮眼时，不要压迫眼球，以防影响测试准确性。

【思考题】

1. 简述单眼视野的形状特点，为什么其形状是不对称的？

2. 为什么不同颜色的视野范围不同？并比较不同颜色视野的大小。

3. 人的左右眼相同颜色的视野是否对称？

4. 患夜盲症的人，其视野会有何变化？为什么？

5. 分析视网膜、视神经、视觉传导通路或视觉中枢病变时分别会导致什么样的视野缺损？

实验 25 视觉调节反射与瞳孔对光反射

【实验目的】

1. 观察视觉调节反射和瞳孔对光反射。

2. 理解球面镜成像的基本原理。

【实验原理】

1. 视觉调节反射　人眼看近物时会发生视觉调节反射，即折光能力的调节，主要包括晶状体的调节，瞳孔近反射及双眼会聚（图2-26）。

（1）晶状体调节：当人眼看远处物体时，晶状体形状扁平，折光能力弱，能使远处物体清晰地成像在视网膜上。当人眼看近处物体时，晶状体的凸度会增加，折光能力会增强，从而使近处物体也能够清晰地成像在视网膜上。

（2）瞳孔近反射：当人眼看近处物体时，反射性地使双侧瞳孔缩小，从而减少进入眼睛的光线量，同时也能够使折光系统的球面像差和色像差减小，使视网膜上的成像更清晰。

（3）双眼会聚：是指当双眼注视一个由远处逐渐移近的物体时，双眼视轴逐渐向鼻侧会聚的现象。这样就可以使物像落在双眼视网膜的对称位置上，避免复视。

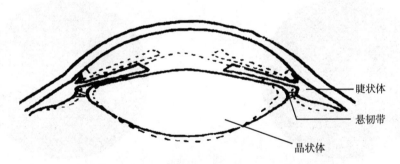

图 2-26　眼调节前后睫状体位置和晶状体形状的改变

实线为安静时的情况，虚线为视近物经过调节后的情况

2. 瞳孔对光反射　是指瞳孔的大小随入射光线的强弱而变化，当射入眼内的光线强度较弱时，瞳孔会扩大；相反，当射入眼内的光线强度较强时，瞳孔会缩小。其意义是调节射入眼内的光线量，并防止视网膜因光线过强而受到损伤。瞳孔对光反射包括直接对光反射和间接对光反射，其反射中枢在中脑，因此，检查此反射可了解包括中脑在内的反射弧是否正常，也可帮助判断中枢病变的部位，麻醉深度及病情危重程度。

【实验对象】

人。

【实验用品】

手电筒、遮光板、蜡烛、火柴。

【实验步骤及观察项目】

1. 观察视觉调节反射

（1）晶状体调节：在暗室内，令受试者静坐，并注视正前方数米以外的物体。在受试者右眼前外侧约 50cm 处放置一支点燃的蜡烛，告诉受试者不能看点燃的蜡烛。测试者从另一侧进行观察，可看到受试者右眼球内的 3 个蜡烛像（图 2-27），仔细观察 3 个蜡烛像的大小、位置及正立或倒立情况。其中，最亮的中等大小的正立蜡烛像（甲），是光线在角膜的前表面反射形成的；较暗的最大的一个正立蜡烛像（乙），是光线在晶状体的前表面反射形成的；最小的一个倒立蜡烛像（丙），则是光线在晶状体的后表面反射形成的。因为角膜及晶状体的前表面均是凸面，所以成像均为正立的；另外，由于晶状体前表面曲率比角膜曲率小，所以其成像较大并且较暗；而晶状体后表面是凹面，所以其成像是倒立的，并且小而亮。其中，晶状体前后表面的成像（乙、丙）均需通过瞳孔观察。看清 3 个蜡烛像后，分别记录各个蜡烛像的位置及大小。然后，让受试者迅速注视眼睛前方约 15cm 处的物体（可以是测试者竖起的一个手指），这时可观察到受试者眼球中的甲像无变化，丙像变化也不明显，而乙像则明显变小且向甲像移近了（图 2-28），这是由于晶状体前表面凸度增加靠近了角膜，曲率变大的结果。用这样种方法，可以间接观察到晶状体凸度的变化。

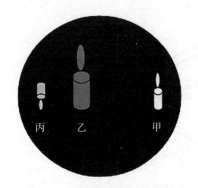
图 2-27　安静时眼球各反光面的成像

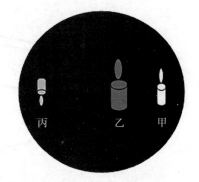
图 2-28　调节时眼球各反光面的成像

（2）瞳孔近反射：令受试者注视眼正前方远处的物体，观察其瞳孔大小。然后，将物体由远处逐渐向受试者移近，受试者的眼要一直注视着物体，观察受试者瞳孔大小在此过程中的变化。

（3）双眼会聚：令受试者注视眼正前方远处的物体，观察其两眼瞳孔之间的距离。然后，将物体由远处逐渐向受试者移近，受试者的眼要一直注视着物体，观察受试者两眼瞳孔之间距离在此过程中的变化。

2. 瞳孔对光反射　在光线较暗的室内，令受试者眼睛直视前方，观察其瞳孔的大小，然后，用手电筒直接照射受试者的一侧眼睛，观察被照射一侧眼睛瞳孔大小有何变化，停止照射时，观察瞳孔大小又有何变化。在鼻梁上用遮光板隔离开双侧的视野，再用手电筒照射一侧眼睛，观察未被照射一侧眼睛瞳孔大小有何变化。

【注意事项】

1. 在做瞳孔近反射时，受试者的眼要紧紧盯住向眼前移动的物体。
2. 瞳孔对光反射时，受试者两眼必须直视远处，切不可注视手电光。

【思考题】

1. 当视近物时，晶状体发生了什么样的调节？试述其反射过程。
2. 何谓瞳孔近反射和瞳孔对光反射？它们的反射弧是什么？各有什么生理意义？
3. 瞳孔对光反射的特点是什么？检查瞳孔对光反射有何临床意义？
4. 何谓双眼会聚？有何生理意义？
5. 为何需要给脑外伤患者检查瞳孔对光反射？

实验 26 盲点的测定

【实验目的】

1. 证明盲点的存在。

2. 学习盲点的测定方法，并计算盲点所在位置和范围。

【实验原理】

1. 视网膜上视神经乳头所在部位（即视网膜上视神经离开视网膜的部位）无感光细胞，如果外来光线成像于此处，便不能引起视觉，故把此处称为生理性盲点。

2. 由于生理性盲点的存在，视野中投射至生理性盲点的特定区域会出现盲区，即完全看不见视标的部位。

3. 根据无光感现象及物体成像的规律，可找出视野中盲区所在位置和范围，再依据相似三角形各对应边成正比的关系，即可计算出生理性盲点的位置和范围。

4. 生理性盲点呈椭圆形，直径约 1.5mm，位于中央凹的鼻侧。

【实验对象】

人。

【实验用品】

白纸、米尺、铅笔、遮眼板。

【实验步骤及观察项目】

1. 证明生理性盲点的存在   取一张 50cm×20cm 的白纸贴在黑板上，在白纸的左面画一个黑色的"十"字符号，在"十"字符号的右侧 25cm 处画一个直径 5cm 的黑色圆形视标。令受试者站立在白纸正前方 2m 处，用右眼注视正前方白纸上的"十"字符号，用遮眼板遮住左眼，此时可清楚地看见白纸右侧的圆形视标。然后，令受试者缓慢移近白纸，在此过程中圆形视标突然从视野中消失，继续缓慢向前移动，圆形视标又在视野中重新出现。如此即可证明生理性盲点的存在。

2. 右眼盲点投射区域的测定   取一张白纸贴在墙上，令受试者立于白纸正前方 50cm 处。在白纸右侧面上画一"十"字符号，使其与右眼处于同一水平线上。令受试者右眼注视正前方的"十"字符号，用遮眼板遮住其左眼。测试者将铅笔尖由"十"字符号开始逐渐向颞侧移动，当受试者刚看不到铅笔尖时，将铅笔尖的位置标记在白纸上。测试者接着继续将铅笔向颞侧缓慢移动，当受试者再次看见铅笔尖时，再将铅笔尖的位置标记在白纸上。从标记的两点间的中点起，沿各个方向移动铅笔尖，逐一标记出受试者看见与看不见铅笔尖的交界点位置（一般要标记 8 个点），最后，将所标记的各点依次连接起来，形成一个大致的圆形，此圆形所包含的区域即为受试者右眼的盲点投射区域。

3. 左眼盲点投射区域的测定   按步骤 2 的同样方法可测出左眼的盲点投射区域。

4. 计算出盲点的直径及盲点与中央凹的距离   根据相似三角形对应边成正比的定理，

计算出盲点的直径及盲点与中央凹的距离。参考图 2-29 及下列公式：

（1）盲点的直径/盲点投射区域的直径 = 节点至视网膜的距离（以 15mm 计）/节点至白纸的距离（500mm）

所以：盲点直径=盲点投射区域的直径×15mm/500mm

（2）盲点与中央凹的距离/盲点投射区域与"十"字距离 = 节点至视网膜的距离（以 15mm 计）/节点至白纸的距离（500mm）

所以：盲点与中央凹的距离（mm）= 盲点投射区域与"十"字距离×15mm/500mm

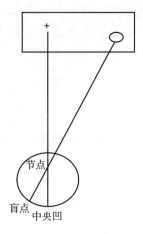

图 2-29　计算盲点的直径及盲点与中央凹的距离

【注意事项】

1. 被测眼要与"十"字符号处于同一水平，并始终注视"十"字符号，眼球不能随铅笔尖的移动而转动。

2. 眼与白纸之间必须始终保持一定距离（50cm），不能随意移动。

【思考题】

1. 在正常双眼视觉中，为什么感觉不到生理性盲点的存在（即无视野缺损现象）?

2. 试述测量生理性盲点的直径及生理性盲点与中央凹距离的基本原理。

实验 27　视网膜电图的描记

【实验目的】

学习动物视网膜电图的记录方法。

【实验原理】

视网膜的感光细胞在接受光刺激时，发生电位变化，若在角膜表面放置一引导电极，可引导出视网膜神经元对光刺激的综合电反应，称为视网膜电图，视网膜电图对分析视觉传导系统的功能有一定的参考价值。

【实验对象】

蟾蜍或蛙。

【实验用品】

蛙类手术器械、闪光灯（或电筒）、角膜表面电极、遮光罩。

【实验步骤】

1. 破坏蛙的脑和脊髓。

2. 连接电极　将角膜表面电极置于瞳孔上方，参考电极置于口腔，接地电极置于下肢。

3. 仪器调试

（1）打开生物信号记录分析系统。

（2）输入信号的选择："信号输入"→"通道 1"→"慢速电信号"。

（3）根据信号图形调整放大倍数（灵敏度）、扫描速度。

【观察项目】

1. 遮住另一只眼，用闪光灯（或电筒）照射角膜，观察诱发的视网膜电图。闪光刺激后，首先出现一个较小的正波 a（a 波由感光细胞产生），随后出现一个较高的负波 b（b 波由双极细胞产生）。

2. 测定 a 波和 b 波的潜伏期（ms）和幅度（μV）。

【注意事项】

1. 应在暗室内进行。

2. 保持室内安静。

【思考题】

1. 试述视网膜中视杆细胞感光换能机制。

2. 试述视网膜中视锥细胞感光换能机制。

实验 28　声波的传导途径

【实验目的】

1. 学习用音叉测定两耳的听觉敏感度并能够判断声源的方向。

2. 通过听力检查，证明气传导和骨传导的存在，并比较气传导和骨传导的特征，加深理解听骨链传音系统对声音的放大作用。

3. 掌握临床上常用的鉴别感音性耳聋和传音性耳聋的实验方法及其原理。

【实验原理】

声波由外耳传入内耳有气传导和骨传导两条途径。①气传导：是指声波经外耳道引起鼓膜震动，再经听骨链和卵圆窗膜进入耳蜗的传导途径，是声波传导的主要途径。此外，鼓膜的振也可引起鼓室内的空气振动，再经圆窗膜传入耳蜗。这一途径也属于气传导，但在正常情况下不重要，仅在听骨链运动障碍时才发挥一定作用，此时的听力较正常时大为降低。②骨传导：是指声波直接作用于颅骨，经颅骨和耳蜗骨壁传入耳蜗的途径。骨传导的效能远低于气传导，在引起正常听觉中的作用甚微。但当鼓膜或中耳病变引起传音性耳聋时，气传导明显受损，而骨传导却不受影响，甚至相对增强。当耳蜗病变引起感音性耳聋时，气传导和骨传导将同时受损。因此，临床可通过检查患者气传导和骨传导受损的情况来判断听觉异常的产生部位和原因。

【实验对象】

人。

【实验用品】

棉球、音叉（频率 256Hz 或 512Hz）、橡皮锤。

【实验步骤】

1. 任内试验（比较同侧耳的气传导和骨传导强弱的试验，如图 2-30 所示）。

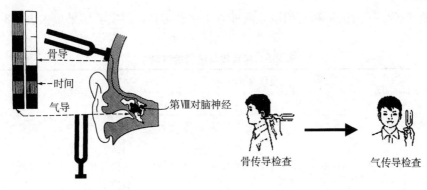

图 2-30　任内试验

（1）任内试验阳性：检查时要保持室内安静，令受试者静坐，测试者振动音叉，然后，立即将振动的音叉柄放在受试者一侧颞骨的乳突部，受试者此时可听到声音，随着时间的推移，声音会逐渐减弱，当受试者刚刚听不到声音时，立即将音叉移动到同侧的外耳道口附近，受试者可再次听到声音；反之，将振动的音叉先放于外耳道口附近，受试者此时可听到声音，当刚刚听不到声音时，再立即将音叉放置于颞骨乳突部，受试者仍然听不到声音，说明气传导的时间大于骨传导的时间，临床上将这种现象称为任内试验阳性。无听力损伤的正常人的任内试验均为阳性。

（2）任内试验阴性：将棉球塞入受试者一侧的外耳道，模拟声波的气传导途径损伤，再重复以上的实验步骤，会出现骨传导的时间大于或等于气传导的时间，临床上将这种现象称为任内试验阴性。传音性耳聋时会出现任内试验阴性。

2. 韦伯试验　又称骨导偏向试验，是两耳的骨传导比较试验（图2-31）。

（1）将敲响的音叉柄置于受试者前额正中发际处，令其比较两耳感受到的声音响度。正常人两耳的感音功能近同，且测试声波向两耳传达的途径相同，距离相等，因此两耳所感受到的声波响度基本相同。

（2）用棉球塞住受试者一侧外耳道，重复上述操作，询问受试者两耳感受到的声音响度有什么变化或感到哪一侧耳听到的声音更响？

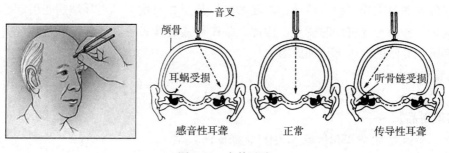

图 2-31　韦伯试验

【观察项目】

按实验步骤中任内试验和韦伯试验两种方法完成实验，将实验结果填入表2-8中。

表 2-8　声音传导途径检查结果

实验项目	任内试验		韦伯试验	听力判定
	右耳	左耳		
正常两耳听觉效果检查	气传导（　）骨传导	气传导（　）骨传导	右侧骨传导（　）左侧骨传导	
用棉球塞住一侧耳后，两耳听觉效果检查	气传导（　）骨传导	气传导（　）骨传导	右侧骨传导（　）左侧骨传导	

【注意事项】

1. 室内必须保持安静，以免影响测试效果。

2. 橡皮锤叩击音叉的上 1/3 处使之振动，用力不可过猛，切忌在桌面或其他硬物品上敲击以免损坏音叉。

3. 检查时只能用手指持住音叉柄，避免叉枝与皮肤、毛发和任何物体接触。

4. 测气传导时，音叉枝的振动方向应对向外耳道口，离外耳道 1~2cm。

5. 棉球要塞紧。

附：任内试验和韦伯试验结果判断参见表2-9。

表2-9　任内试验和韦伯试验结果判断

检查方法	试验结果	结果说明	听力判断
任内氏试验	阳性	气传导>骨传导	听力正常
	阴性	气传导<骨传导	传音性耳聋
	两侧相同	两侧骨传导相同	听力正常
韦伯试验	患侧强度较大	患侧气传导减弱	患侧传音性耳聋
	健侧强度较大	患侧感音功能减弱	患侧感音性耳聋

【思考题】

1. 正常人声波传导的途径有哪些？各种传导途径的特点是什么？

2. 为什么正常人任内试验阳性？而传音性耳聋时任内试验阴性？

3. 如何根据任内实验和韦伯实验，鉴别传音性耳聋和感音性耳聋？

4. 分析传音性耳聋和感音性耳聋的发病机制。

5. 为什么咽喉发炎的人会常常出现耳鸣？

实验 29 破坏动物一侧迷路的效应

【实验目的】

通过破坏动物一侧迷路，以观察迷路在维持姿势平衡及调节肌紧张的作用。

【实验原理】

内耳迷路中的前庭器官是感受头部空间位置、运动状态、自身姿势的器官，通过它可反射性地影响肌紧张，从而调节机体的姿势与平衡。当动物的一侧前庭器官的功能后，其肌紧张协调将会发生障碍，动物在静止和运动时失去正常的姿势与平衡能力。

【实验对象】

蟾蜍或蛙。

【实验用品】

蛙类手术器械一套、滴管、棉球、纱布、盆、乙醚等。

【实验步骤】

1. 观察正常蛙的跳跃、游泳活动，注意身体是否平衡，动作是否协调。

2. 用乙醚麻醉蛙后，将蛙的腹面朝上。用镊子夹住蛙的下颌并向下翻转，使其口张开。用手术刀或剪刀沿颅底骨切开或剪除颅底黏膜，可看到"十"字形的副蝶骨。副蝶骨左右两侧的横突即迷路所在部位，将一侧横突骨质剥去一部分，可看到粟粒大小的小白丘，是迷路位置的所在部位（图 2-32），用探针刺入小白丘深约 2mm 破坏迷路。

【观察项目】

破坏迷路 7~10 分钟后，观察蛙静止、爬行及游泳的姿势，与破坏前进行比较。

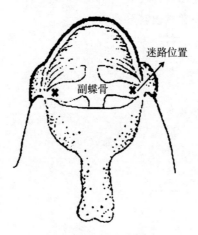

图 2-32 蛙类迷路的位置

【注意事项】

用探针破坏蛙迷路时，不可刺得太深，以免损伤中枢神经。

【思考题】

破坏动物一次迷路后，其头部和躯干状态有哪些改变？为什么？

实验 30　人体脑电图的描记

【实验目的】

1. 学习人体脑电图仪的使用方法。
2. 观察人体正常脑电图的波形。
3. 观察不同思维活动对脑电图的影响。

【实验原理】

大脑具有自发电活动，即在安静的情况下，大脑皮层所具有的持续的节律性的电活动。这种电活动经过头皮电极引导、放大并显示或记录下来的图形，称为脑电图（EEG）。脑电图的波形按其频率和振幅的不同分为四类：α 波（频率为 $8\sim13Hz$，波幅为 $20\sim100\mu V$），β 波（频率为 $14\sim130Hz$，波幅为 $5\sim20\mu V$），θ 波（频率为 $4\sim7Hz$，波幅为 $100\sim150\mu V$）和 δ 波（频率为 $1\sim3.5Hz$，波幅为 $20\sim200\mu V$）。α 波是脑电图的基本节律，主要出现于枕叶和顶叶后部，在安静闭目时即出现，持续 $1\sim2$ 秒。而在睁眼、思考问题时消失，并呈现快波，此即为 α 波阻断。β 波一般认为在紧张状态下的主要脑电活动表现，在额叶和顶叶比较显著。θ 波表示大脑处于深挚思维或灵感思维状态，是学龄前儿童的基本波形，成年人瞌睡状态也会出现。δ 波表示大脑处于无梦深睡状态，是婴儿大脑的基本波形，在生理性慢波睡眠状态和病理性昏迷状态也会见到。影响脑波的因素很多。正常脑波与年龄大小有密切关系，年龄越小，快波越少，而慢波越多，且伴有基线不稳；年龄越大，则快波越多，而慢波越少。但是，在 50 岁以后，慢波又继续回升，且伴有不同程度的基本频率慢波化。脑波更受到意识活动、情绪表现以及思维能力等精神因素的影响。由于大脑自发电活动的振幅较低，由头皮引导后必须经过放大才能记录其波形。

【实验对象】

人。

【实验用品】

生物信号采集系统、脑电引导电极、脑电极帽、导电糊、75% 乙醇棉球、浓盐水（浸泡电极用）、电极盘（或杯）。

【实验步骤】

1. 电极的安放　令被测者静坐椅上，姿势自如。选择安放电极的位置，安放前，将该处的头发分开，用乙醇棉球将头皮擦净，再将涂有导电糊的杯形电极置于其上，并接触良好，用专用的橡皮带帽压在电极横梁上。将电极线插入分线盒与导联选择开关接通。记录时所用的导联有两种：双极导联和单极导联。双极导联所记录的是每对电极之间的电位差；单极导联则是待测部位的有效电极与耳垂部位的参考电极之间的电位差，它可反映有效电极部位的电位变化。

2. 电极阻值的测量　电极安放完毕后，依次测量每对电极的阻值。要求每对电极的阻值在 5 000Ω 以下，否则为接触不良，需取下电极重新安放。

3. 调节脑电图仪的工作参数　时间常数为 0.1~0.3 秒；频率调节为 75 周/s；定标微伏为 50μV；走纸速度为 3cm/s。

4. 开始记录脑电图波形。

【观察项目】

1. 观察并记录闭目、心情平和、清醒、无思维活动状态的脑电图，识别 α 节律的脑波。

2. 请受试者睁眼，观察 β 节律的脑波与 α 阻断（去同步化）。

3. 请受试者闭目，观察 α 节律的恢复，然后请受试者进行连续简单心算，观察 α 阻断与恢复的过程。

4. 请受试者处于心情愉悦状态，观察脑电图波形变化。

5. 请受试者回忆气愤事件，观察脑电图波形变化。

【注意事项】

1. 实验需在屏蔽室内进行，以防外界干扰。

2. 如有肌电干扰，属被测者呼吸均匀，放松肌肉，停止眨眼、咀嚼或吞咽等动作。

3. 更换导联时，应先将记录笔关闭，避免损害记录笔。

【思考题】

1. 试述脑电图产生的一般原理。

2. 试分析不同思维活动对脑电图影响的机制。

实验 31　去小脑小白鼠的观察

【实验目的】

1. 观察毁坏小白鼠一侧小脑后对其肌紧张和身体平衡等躯体运动的影响。

2. 了解小脑对躯体运动的调节功能。

【实验原理】

小脑是调节机体姿势和躯体运动的重要中枢，与大脑皮质运动区、脑干网状结构、脊髓和前庭器官有广泛的联系。古小脑（绒球小结叶）调节身体的平衡；旧小脑参与调节肌紧张和随意运动的协调，新小脑参与随意运动的设计。小脑损伤后会发生躯体运动障碍，主要表现为躯体平衡失调、肌张力增强或减退及共济失调等症状。

【实验对象】

小白鼠。

【实验用品】

鼠类动物手术器械、鼠手术台、探针、干棉球、纱布、200ml 烧杯、乙醚。

【实验步骤】

1. 术前观察　手术前观察正常小鼠的运动情况（姿势、肌张力和运动的表现）。

2. 麻醉　将小白鼠罩于烧杯内，然后放入一团浸透乙醚的棉球，待其呼吸变为深而慢且不再有随意运动时，将其取出。

3. 手术　将小白鼠俯卧于鼠台上，用镊子提起头部皮肤，用剪刀在两耳之间头正中横剪一小口，再沿正中线向前方剪开长约 1cm，向后剪至枕部耳后缘水平，将头部固定，用手术刀背剥离颈肌，暴露顶间骨，通过透明的颅骨可看到顶间骨下方的小脑，再从顶间骨一侧的正中，用探针垂直刺入深 3~4mm，再将探针稍作搅动，以破坏该侧小脑。探针拔出后用棉球压迫止血（图 2-33）。

【观察项目】

待小白鼠清醒后观察其运动情况，观察行走是否平衡，有无旋转或翻滚，站立姿势以及肢体肌紧张度的变化。

小圆点为破坏进针处

图 2-33　破坏小白鼠小脑位置示意图

【注意事项】

1. 麻醉时间不宜过长，并要密切注意动物的呼吸变化，避免麻醉过深导致动物死亡。

2. 手术过程中如动物苏醒或挣扎，可随时用乙醚棉球追加麻醉。

3. 手术时应被免损伤硬脑膜窦，注意止血。

【思考题】

1. 一侧小脑损伤会导致动物躯体运动和站立姿势发生何种变化？为什么？
2. 小脑有哪些功能？
3. 根据实验结果，总结小脑对躯体运动的调节功能。
4. 人类小脑出现病变时可能引起哪些运动变化？

第三部分　综合性实验

综合性实验是指实验内容涉及本课程的综合知识或与本课程相关课程知识的实验。即涉及本课程多个章节的知识点；涉及多门课程的多个知识点；多项实验内容的综合。开设综合性实验的目的是对学生的实验技能进行综合训练，培养学生综合分析问题的能力、实验动手能力、数据处理以及查阅中外文献资料的能力。

实验 1 神经干动作电位的测定

【实验目的】

1. 学习离体神经干动作电位的记录方法。

2. 观察坐骨神经干动作电位的基本波形、潜伏期、幅值及时程。

【实验原理】

神经组织属于可兴奋组织，当受到有效刺激时，膜电位在静息电位的基础上将发生一系列快速、可逆、可扩布的电位变化，即动作电位，是神经兴奋的客观标志。动作电位可沿神经纤维传导。在神经细胞外表面，已兴奋的部位带负电，未兴奋部位带正电。如果将两个引导电极分别置于神经干的表面，当神经干一端受刺激兴奋时，兴奋向另一端传导并依次通过两个记录电极，在显示器上可记录到两个方向相反的电位偏转波形，此波形称为双相动作电位。若在两个引导电极之间夹伤神经使其失去传导兴奋的能力，神经兴奋不能通过损伤部位，致使其中一个电极成为电位恒定的参考电极。因此，只能记录到一个方向的电位偏转波形，此波形称为单相动作电位。此外，由于坐骨神经干由许多神经纤维组成，其产生的动作电位是许多神经纤维动作电位的代数叠加，故上述电位又称为复合动作电位，这种复合动作电位的幅度可随刺激强度的增加而增大。

【实验对象】

蟾蜍或蛙。

【实验用品】

蛙类手术器械一套、神经屏蔽盒、电子刺激器、计算机、生物信号采集处理系统、任氏液等。

【实验步骤】

1. 制备坐骨神经腓神经标本 蟾蜍坐骨神经腓神经标本制备过程与坐骨神经-腓肠肌标本的制作过程相仿。不同的是只分离神经，而且尽可能分离得长一些，从脊椎旁的主干下沿腓神经至踝关节止。神经两端用细线结扎后，置于任氏液中 10 分钟备用。

2. 连接实验仪器装置 一对记录电极（R_1、R_2）与生物信号采集处理系统输入通道相连；生物信号采集处理系统的刺激输出与神经屏蔽盒一对刺激电极（S_1、S_2）相连；神经屏蔽盒接地电极接地（图 3-1）。

3. 启动生物信号处理系统 打开计算机，进入生物信号处理系统主界面，点击菜单"实验模块"，进入"肌肉神经实验-神经干动作电位的引导"。点击刺激设置图标（可根据实验实际情况调整各参数）。

【观察项目】

1. 预实验 目的是检查整个实验系统的工作状态。将神经屏蔽盒的所有电极用任氏液棉球擦拭，然后将一浸湿任氏液的棉线置于刺激电极、接地电极和记录电极上。调节刺激强度由 0V 逐渐增大，观察显示器上是否有像正弦波那样的 50Hz 交流电干扰。如有干扰，应检查各仪器的接地情况，以排除干扰。当显示器的扫描线上只有刺激伪迹和基本平滑的横线时，表示无交流电干扰。停止刺激，取下棉线。

2. 观察复合动作电位　将神经标本用玻璃分针轻轻搭在神经屏蔽盒内的电极上，坐骨神经粗的一端置于刺激电极上，细的一端置于记录电极上。盒的底部放一浸湿任氏液的滤纸，以保持盒内的湿度，防止神经干燥。盖好屏蔽盒的盖子，以减少电磁干扰。

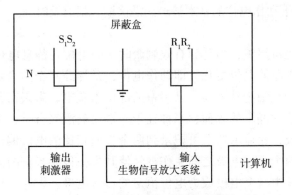

图 3-1　神经干动作电位实验装置

（1）双相动作电位：给予标本单刺激，刺激强度从最小开始，逐渐增加刺激强度，找出刚能引起微小的双相动作电位波形的刺激强度即阈强度。继续增加刺激强度，观察动作电位幅度在一定范围内随刺激强度增加而增大的变化情况，找出最大刺激强度。读取双相动作电位上下相的幅度和持续时间（图 3-2）。

（2）单相动作电位：在两个记录电极之间用眼科镊夹伤神经，便可见双相动作电位只剩下向上的第一相，而向下的第二相则消失，此即单相动作电位（图 3-2）。

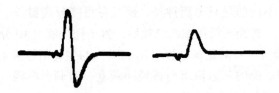

图 3-2　神经干双相动作电位（左）和单相动作电位（右）

【注意事项】

1. 在神经干标本制作过程中，切勿损伤神经组织，并常用任氏液保持神经标本湿润，但神经及电极不能有水珠，以免短路。勿用手或金属镊子接触神经。

2. 标本及两端结扎线不可碰触标本盒，也不可折叠返回，以免引起短路。

3. 刺激伪迹是刺激电流沿神经表面电解质溶液传导到记录电极下而被传导、放大出来的电信号。刺激伪迹可指示刺激开始的时间。伪迹没有潜伏期，其幅度随刺激强度增加而增大，位相随刺激极性的改变而改变。伪迹不可过大，以免影响动作电位的波形，可采取一定措施加以衰减。

4. 实验中如双相动作电位为先下后上时，可对调两输入端的引导电极插头。

【思考题】

1. 改变神经干的方向后，动作电位的波形发生了什么变化，为什么？

2. 在引导神经干双相动作电位时，为什么动作电位的第一相的幅值比第二相的幅值大？

3. 两个记录电极之间神经损伤后为什么只出现单项动作电位？

4. 在实验中，神经干复合动作电位的幅值可在一定范围内随刺激强度的增加而增大，这与"全或无"定律矛盾吗？

实验 2   神经兴奋传导速度的测定

【实验目的】

加深理解兴奋传导的概念，学习神经兴奋传导速度测定的基本原理和方法。

【实验原理】

动作电位在神经纤维上的传导有一定速度，不同类型的神经纤维，其传导的速度取决于神经纤维的粗细、温度、有无髓鞘等因素。测定神经纤维上动作电位传导的距离（S）与通过这段距离所用的时间（t），即可根据 $V = S/t$ 求出动作电位的传导速度。

【实验对象】

蟾蜍或蛙。

【实验用品】

蛙类手术器械一套、神经屏蔽盒、电子刺激器、计算机、生物信号采集处理系统、任氏液等。

【实验步骤】

1. 制备坐骨神经-腓神经标本   参见综合性实验 1。

2. 连接实验仪器装置   按图 3-3 连接装置，两对记录电极分别与生物信号放大系统的两个通道相连。

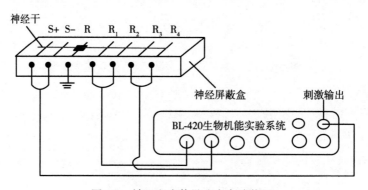

图 3-3   神经兴奋传导速度实验装置

3. 启动生物信号采集处理系统   打开计算机，进入生物信号采集处理系统主界面，点击菜单"实验模块"，进入"肌肉神经实验—神经干兴奋传导速度的测定"。点击刺激设置图标，参数设置（可根据实验实际情况调整各参数）。

【观察项目】

给予神经一定强度的刺激，显示器上分别记录到前后两个动作电位曲线（图3-4）。移动生物信号采集处理系统的测量光标的扫描速度计算出两个动作电位起点的间隔时间，即动作电位先后到达两对记录电极的时间差或动作电位从 R_1 传导到 R_3 所需的时间（t），再人工准确地测出 R_1 到 R_3 之间的距离（S），并按电脑提示输入数据，系统便会自动计算出传导速度。

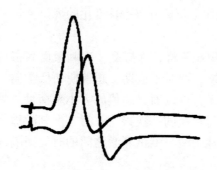

图 3-4　神经干动作电位（两对记录电极）

【注意事项】

1. 制备坐骨神经-腓神经标本时，应越长越好，最好达到 10cm 以上，因此宜用大蟾蜍。

2. 神经干应平直地置于电极之上，两端不可与屏蔽盒接触，也不可把神经干两端缠绕于电极之上，两端任其自然悬空。

3. 适时给神经干滴任氏液，以保持标本湿润。

4. 精确测量两电极间的距离，以免传导速度计算值出现人为的偏差。

【思考题】

1. 神经干的传导速度受哪些因素的影响？

2. 本实验所测得的传导速度能否代表该神经干中所有纤维的传导速度，为什么？

实验 3　神经纤维兴奋性不应期的测定

【实验目的】

1. 学习测定不应期的原理和方法。

2. 观察神经纤维产生动作电位后其兴奋性变化的规律。

【实验原理】

神经组织和其他可兴奋组织一样，在接受一次刺激而兴奋后，其兴奋性会发生周期性的变化，依次经过绝对不应期、相对不应期、超常期和低常期，然后再恢复到正常的兴奋性水平。兴奋性的高低或有无，可以通过阈值的大小来衡量。采用前后两个刺激，第一个刺激称为条件刺激，用来引起神经的一次兴奋；第二个刺激称为测试刺激，用来测定神经兴奋性的改变。通过调节条件刺激与测试刺激之间的时间间隔，来测定神经纤维的绝对不应期。

【实验对象】

蟾蜍或蛙。

【实验用品】

蛙类手术器械一套、神经屏蔽盒、电子刺激器、计算机、生物信号采集处理系统、任氏液等。

【实验步骤】

1. 制备坐骨神经-神经标本　参见综合性实验1。

2. 连接实验仪器装置　用一导线将刺激器的监视输出连接到记录系统的另一个通道上，此通道可监视双脉冲刺激。

3. 打开计算机，启动生物信号采集处理系统，点击菜单"实验模块"，进入"肌肉神经实验-神经干兴奋不应期的测定"。参数设置（可根据实验实际情况调整各参数）。

【观察项目】

1. 引导动作电位　按刺激器参数输出双脉冲刺激神经，调节脉冲之间的间隔时间，引导出先后两个动作电位波形。在间隔时间较大时，可先后记录出两个幅值相等的动作电位（图3-5）。

2. 相对不应期　逐渐缩短双脉冲间隔时间，可见到两个动作电位逐渐靠拢，直到第2个动作电位幅度开始降低（图3-6）。然后再缩短间隔时间，使第2个动作电位降低到微小程度直到消失。从第2个动作电位幅度开始降低到消失，此时期为相对不应期。

3. 绝对不应期　继续缩短双脉冲间距，使第2个刺激位于第1个动作电位的上升支和下降支的开始阶段，此时期即使增加刺激强度，也不能引起第2个动作电位，这一时期为绝对不应期。

4. 恢复　渐渐延长双脉冲刺激的间距，使第2个动作电位再次出现。当间距时间达到

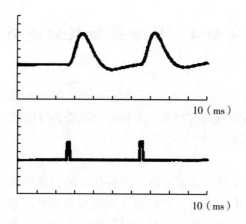

图 3-5　双脉冲刺激间隔时间较大时动作电位

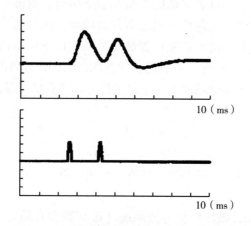

图 3-6　双脉冲刺激间隔时间缩小时动作电位

一定数值时，第 2 个动作电位的幅度又与前一动作电位的幅度相等，则表明兴奋性已恢复。

【注意事项】

1. 神经屏蔽盒内两对引导电极的距离越远越好。
2. 神经屏蔽盒用后应清洗擦干，以防止电极生锈。

【思考题】

1. 根据实验数据如何判断绝对不应期？
2. 绝对不应期的长短有何生理意义？

实验 4　　蛙心搏动起源分析

【实验目的】

1. 采用斯氏结扎法观察蛙心起搏点，分析心脏兴奋传导途径。

2. 理解内环境稳态的重要性。

【实验原理】

心脏的特殊传导系统具有自动节律性，但各部分的自律性高低不同。正常情况下，哺乳类动物心脏以窦房结自律性最高，它自动产生的兴奋向外扩布，依次激动心房肌、房室交界、房室束、心室内传导组织和心室肌，引起整个心脏兴奋和收缩。由于窦房结是主导整个心脏兴奋和跳动的正常部位，故称为正常起搏点；其他部位自律组织受窦房结的"抢先占领或超速驱动抑制"控制，并不表现出它们自身的自动节律性，只是起着兴奋传导作用，故称之为潜在起搏点。一旦窦房结的兴奋不能下传时，则潜在起搏点可以自动发生兴奋，使心房或心室从节律性最高部位的兴奋节律而跳动。两栖类动物心脏的正常起搏点是静脉窦，在正常情况下，其心房和心室在静脉窦冲动作用下依序搏动，只有当正常起搏点的冲动受阻时，"超速压抑"解除，心脏的自律性次之的部位才可能显示其自律性。

本实验利用结扎阻断传导通路的方法来确定蛙心起搏点和传导途径。

【实验对象】

蟾蜍或蛙。

【实验用品】

蛙类手术器械 1 套、蛙板、蛙心夹、滴管、小离心管、棉球、丝线、任氏液等。

【实验步骤】

1. 取蟾蜍 1 只，用探针破坏中枢神经系统（破坏脑和脊髓要彻底），之后仰卧位固定于蛙板上。

2. 用剪刀剪开胸骨表面皮肤并自剑突向两侧角方向打开胸腔，剪开胸骨，可见心脏包在心包中，仔细剪开心包，暴露心脏。

3. 剪开心包膜，参见图 3-7 识别心房、心室、房室沟、动脉圆锥、动脉干、静脉窦、窦房沟（半月线）。观察静脉窦、心房和心室的活动顺序及各部位的速率。

4. 在主动脉干下穿线备用。

【观察项目】

1. 观察静脉窦、心房、心室的活动顺序及各部位在单位时间内的跳动次数。

2. 如图 3-8 所示，在静脉窦和心房交界的半月形白线（窦房沟）处用线沿着半月形白线的近心尖侧结扎（斯氏第 1 扎）。观察心房和心室的跳动是否停止？静脉窦是否照常在跳动？

3. 在第 1 结扎后，经 15~30 分钟，房室可恢复跳动（为促其恢复，可用镊柄轻叩房室

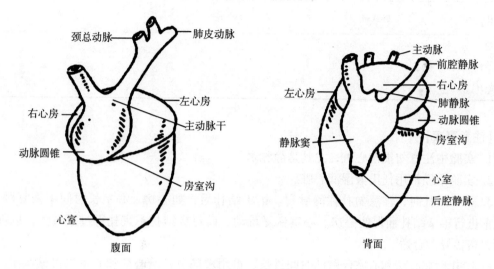

图 3-7 蛙心外形

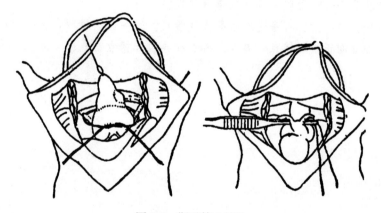

图 3-8 斯氏第 1 结扎

交界区）。分别计数静脉窦、心房和心室跳动频率，注意观察它们的跳动是否一致。

4. 于房室交界处的房室沟进行第 2 结扎（斯氏第 2 扎），以阻断房-室间的兴奋传导，观察并计数静脉窦、心房、心室跳动情况。

5. 松开结扎线，使心房、心室恢复跳动，并分别计算各部位的心跳次数，比较第 1 和第 2 结扎前后，静脉窦、心房、心室跳动频率，将实验结果填入表 3-1，分析心脏各部分的自律性及传导顺序。

表 3-1　结扎不同部位对心脏各部跳动的影响（单位：次/分）

结　扎	静脉窦	心　房	心　室
结扎前			
第 1 结扎			
第 2 结扎			

【注意事项】

1. 实验中注意勿损伤心脏，尤其是静脉窦。

2. 实验中经常用任氏液湿润心脏。

3. 第 1 结扎时，注意勿扎住静脉窦。第 1 结扎后，如心房、心室长时间不恢复跳动，可提前进行第 2 结扎而促使心房、心室恢复跳动。而每次结扎不宜扎得过紧过死，以能刚阻断兴奋传导为合适。

4. 结扎后如心房和心室停跳的时间过长，可用玻璃分针给心房和心室以机械刺激，或者给心房心室加温，促进心房心室恢复跳动。

【思考题】

1. 何为自动节律性？心脏哪些部位有自律性？

2. 如何解释在结扎后，心房没有立即恢复跳动？这一结果说明什么问题？

3. 什么是心脏的正常起搏点、潜在起搏点和异位起搏点？

实验5　离子及药物对离体蛙心活动的影响

【实验目的】

1. 学习离体蛙心的灌流方法，了解并思考离体器官的研究方法。

2. 观察钠离子、钾离子、钙离子、肾上腺素、乙酰胆碱等体液因素对心脏活动的影响。

【实验原理】

作为蛙心起搏点的静脉窦能按一定节律自动产生兴奋，因此，只要将离体的蛙心保持在适宜的理化环境中，在一定时间内仍能产生节律性兴奋和收缩活动；另一方面，心脏正常的节律性活动有赖于内环境理化因素的相对稳定，若改变灌流液的成分，则可引起心脏活动的改变。

心脏受交感神经和迷走神经的双重支配，交感神经兴奋时，其末梢释放去甲上肾上腺素，使心肌收缩力加强，传导增快，心率加快；而迷走神经兴奋时，其末梢释放乙酰胆碱，使心肌收缩力减弱，传导减慢，心率减慢。蟾蜍心脏离体后，改变灌流液的组成成分（如 K^+、Na^+、Ca^{2+} 三种离子、肾上腺素、乙酰胆碱等因素），心脏跳动的频率和幅度会随之发生变化。

【实验对象】

蟾蜍或蛙。

【实验用品】

1. 实验器材　蛙类手术器械、滴管、蛙心夹、蛙心插管、微调固定器、铁支架、搪瓷杯、丝线、张力换能器、BL-420生物信号采集处理系统。

2. 实验药品或试剂　任氏液、0.65%氯化钠溶液、3%氯化钙溶液、1%氯化钾溶液、1∶10 000肾上腺素溶液、1∶10 000乙酰胆碱溶液、3%乳酸、2.5%$NaHCO_3$溶液、0.025%毒毛花苷K、低钙任氏液。

【实验步骤】

1. 离体蛙心制备

（1）取蟾蜍，用探针毁坏脑和脊髓，仰卧位固定于蛙板上。用镊子夹起胸部皮肤，用粗剪刀将皮肤剪出一块呈顶端向下的等边三角形。用镊子夹住胸骨下端的胸骨柄，剪去同样大小的一块肌肉组织（连同胸骨、上喙骨、喙状骨、前喙骨和锁骨在内），仔细剪开心包，充分暴露出心脏。

（2）仔细识别左右心房、心室、动脉圆锥、主动脉、静脉窦、前后腔静脉等（图3-7），去除左右主动脉间的膜组织。

（3）在主动脉干下方穿引两根线，一条在左主动脉远心端结扎作插管时牵引用，另一根则在动脉圆锥上方系一松结，用于结扎和固定蛙心插管。

（4）左手持左主动脉上方的结扎线，用眼科剪在松结上方左主动脉根部剪一小斜口，右手将盛有少许任氏液的大小适宜的蛙心插管由此剪口处插入动脉圆锥。当插管头部到达动脉圆锥时，遇到阻力，再将插管稍稍后退，并转向心室中央方向，于心室收缩期插入心室。判断蛙心插管是否进入心室，可根据插管内任氏液的液面是否能随心室的舒缩而上下波动来判断。如蛙心插管已进入心室，则将预先准备好的松结扎紧，并固定在蛙心插管的侧钩上，以免蛙心插管滑出心室。剪断主动脉左右分支。

（5）轻提起蛙心插管以抬高心脏，用一线在静脉窦与腔静脉交界处做一结扎，结扎线应尽量向下移，以免伤及静脉窦。在结扎线外侧剪断所有组织，将蛙心游离出来。

（6）用任氏液反复换洗蛙心插管内含血的任氏液，直至蛙心插管内无血液残留为止。此时，离体蛙心已制备成功，可供实验。

2. 连接实验仪器装置

（1）将蛙心插管固定在铁支架上，用蛙心夹在心室舒张期夹住心尖，并将蛙心夹的线头连至张力换能器的悬梁臂上。此线应有一定的紧张度。

（2）仪器连接：将张力换能器与计算机生物信号采集处理系统输入通道相连，系统的刺激输出线与肌槽接线柱相连。标本与实验装置连接好后，调整换能器的高低，使肌肉处于自然拉长的状态（不宜过紧，也不要太松），即保持连线的垂直和适宜的紧张度（图3-9）。

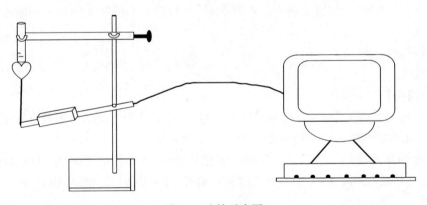

图3-9　连接示意图

（3）张力换能器输出线接生物信号采集处理系统第一通道（亦可选择其他通道）记录仪。

3. 打开计算机启动 BL-420 生物信号采集处理系统　点击菜单"实验/实验项目"，按计算机提示逐步进入蛙心灌流实验项目。

4. 数据采集及分析　BL-420 生物信号采集处理系统的采集及分析具体见总论部分第二节中的 BL-420 生物信号采集与分析系统软件操作。

【观察项目】

1. 观察并描记正常的蛙心搏动曲线　曲线的疏密：反映心跳的频率；曲线的规律性：

反映心跳的节律；曲线的幅度：反映心室收缩的强弱；曲线的基线：反映心室舒张程度。

2. 观察离子对离体蛙心搏动的影响

(1) 把蛙心插管内的任氏液全部更换为 0.65%氯化钠溶液，观察心跳变化，观察并描记蛙心搏动曲线。

(2) 将 0.65%氯化钠溶液吸出，用任氏液反复换洗数次，待曲线恢复稳定状态后，再在任氏液内滴加 3%氯化钙溶液 1~2 滴，观察心跳变化，观察并描记蛙心搏动曲线。

(3) 将含有氯化钙的任氏液吸出，用任氏液反复换洗，待曲线恢复稳定状态后，在任氏液中滴加 1%氯化钾溶液 1~2 滴，观察心跳变化，观察并描记蛙心搏动曲线。

3. 观察神经递质对离体蛙心搏动的影响

(1) 将含有氯化钾的任氏液吸出，用任氏液反复换洗，待曲线恢复稳定状态后，再在任氏液中加 1：10 000 的肾上腺素溶液 1~2 滴，观察心跳变化，观察并描记蛙心搏动曲线。

(2) 将含有肾上腺素的任氏液吸出，用任氏液反复换洗，待曲线恢复稳定状态后，再在任氏液中加 1：10 000 的乙酰胆碱溶液 1~2 滴，观察心跳变化，观察并描记蛙心搏动曲线。

4. 观察酸碱对离体蛙心搏动的影响　加 3%乳酸 1~2 滴于新换入的任氏液中，效应明显后，再加入 2.5%NaHCO$_3$ 1~2 滴于新换入的任氏液中，观察并描记蛙心搏动曲线。

5. 观察强心苷对离体蛙心搏动的影响

(1) 蛙心插管内换入低钙任氏液，观察并描记蛙心搏动曲线（制作心功能不全模型）。

(2) 当心脏收缩明显减弱时，向蛙心插管内任氏液中加入 0.025%毒毛花苷 K 溶液，随着加入剂量的变化，观察并描记蛙心搏动曲线。

【注意事项】

1. 制备离体蛙心标本时，勿伤及静脉窦。

2. 上述各实验项目，一旦出现效应，应立即用任氏液换洗，以免心肌受损，而且必须待心跳恢复稳定状态后方能进行下一步实验。

3. 蛙心插管内液面应保持恒定，以免影响结果。

4. 加药品和更换任氏液必须及时做标记，以便分清项目观察效果。

5. 吸取任氏液和吸取蛙心插管内溶液的吸管应区分专用，不可混淆使用。而且，吸管不能接触蛙心插管，以免影响实验结果。

6. 化学药物作用不明显时，可再适量滴加，密切观察药物剂量添加后的实验结果。

7. 随时滴加任氏液于心脏表面使其保持湿润状态。

8. 蛙心插管的尖端实验前要检查，不可过于尖锐锋利，否则易损伤血管及心脏组织。

【思考题】

1. 正常蛙心搏动曲线的各个组成部分分别反映了什么？

2. 用 0.65%氯化钠溶液灌注蛙心时，将观察到心搏曲线发生什么变化？为什么？

3. 在任氏液中加入 3%氯化钙溶液灌注蛙心时，将观察到心搏曲线发生什么变化？为什么？

实验 6 影响心输出量的因素

【实验目的】

1. 掌握蛙动、静脉插管技术。

2. 观察前、后负荷，心肌收缩性能对心输出量的影响。

【实验原理】

心输出量（cardiac output，CO）是指每分钟一侧心室所射出的血量。它为每搏输出量与心率的乘积。因此，心输出的多少取决于每搏输出量和心率。每搏输出量取决于心室舒张末期容积和心室射血能力，心室射血能力又与动脉血压及心肌收缩力有关。所以，影响心输出量的主要因素是心室舒张末期容积、心肌收缩力、动脉血压和心率。在一定范围内前负荷的增加，心肌收缩力增加，心输出量增加；超过一定范围心输出量反而减少。在一定范围内后负荷的增加可引起前负荷相应增加从而使心输出量保持不变，但超过一定范围心输出量减少。心肌收缩力增加心输出量增加。心率在一定范围内增快，心输出量增加；但超过了一定范围心舒张期充盈不足，可引起前负荷下降，故心输出量反而减少。

【实验对象】

蟾蜍或蛙。

【实验用品】

1. 实验器材 恒压储液瓶或生理盐水和葡萄糖液、蛙类手术器械、蛙板、细塑料管、任氏液、直尺、1ml 注射器、小烧杯、20ml 量筒、铁支架、刺激器、刺激电极。

2. 实验药品或试剂 1∶10 000 肾上腺素、1∶10 000 乙酰胆碱。

【实验步骤】

1. 露出蛙心并辨认结构 破坏蛙的脑和脊髓后，将蛙仰卧位固定在蛙板上，沿腹白线剖开腹腔和胸腔，露出心脏、腹腔静脉和主动脉。用玻璃分针穿过主动脉下方，将心脏翻向头部，识别静脉窦、后腔静脉（下腔静脉）、肝静脉和前腔静脉的解剖位置。后腔静脉最粗，位于肝叶背侧的深部，需拨开肝叶才能看到。

2. 腔静脉插管 在后腔静脉下方穿两根丝线，将其中一根穿过主动脉下方，再绕回结扎除后腔静脉外的全部静脉血管（注意：结扎时勿伤静脉窦）；在后腔静脉做一小切口，随即把与恒压贮液瓶相连的塑料管向心插入静脉，并结扎固定。同时让少量液体缓慢输入（注意：恒压瓶要预先装上任氏液，同时排尽整个管道的气体）。

3. 主动脉插管 翻正心脏，分离结扎右侧主动脉。在右侧主动脉下方穿线并在动脉圆锥的上方剪一小口，将细塑料管向心插入动脉，并结扎固定。此时可见液体从细塑料管中流出，将细塑料管固定于铁支架上。

4. 连接好实验装置 恒压储液瓶中心管口为零点。零点与心脏水平之间的垂直距离决定了心脏的灌流压。所以它的高低表示了前负荷的大小。铁支架上细塑料管的最高点与心脏之间的距离，决定了心脏收缩所需克服的静水压，它的高度代表收缩时后负荷的大小。用刺激电极直接与心脏接触，选择比实验动物自率较高的频率，并能引起心脏收缩的强度的电刺激控制心率。

【观察项目】

1. 肉眼观察心室舒张末期容积和心肌收缩力。

2. 心室舒张末期容积（前负荷）对心输出量的影响　固定后负荷，改变前负荷，找最适前负荷。

（1）固定后负荷于 $5cmH_2O$。

（2）调整贮液瓶高度，使前负荷分别于 $5cmH_2O$、$10cmH_2O$、$15cmH_2O$……在每一个前负荷下记录心输出量（CO），直至增加前负荷，CO 不再增加为止（表3-2）。

表 3-2　前负荷改变对 CO、HR 的影响

前负荷（cmH_2O）	心输出量（ml/min）	心率（次/分）
5		
10		
15		
20		
25		

3. 动脉血压（后负荷）对心输出量的影响

（1）将前负荷固定于20cm左右，后负荷置于10cm处，人工控制心率，记录1分钟流出的液体量。将动脉塑料管插管缓慢抬高，当肉眼观察到流出液体明显减少或完全停止时，测定此时后负荷的高度（Acm），并记录1分钟内流出的液体量。

（2）在10cm与Acm之间等距离找两点分别测定1分钟内流出的液体量。以后负荷为横坐标，以心输出量为纵坐标，绘制心输出量-后负荷关系曲线。

4. 心肌收缩力对心输出量的影响

（1）滴加肾上腺素溶液（1∶10 000）2~3滴，作用1~2分钟。记录各参数，绘制心功能曲线。

（2）滴加乙酰胆碱溶液2~3滴，作用1~2分钟，记录各参数，绘制心功能曲线。

5. 心率对心输出量的影响　将前负荷固定于20cm，后负荷固定于10cm左右，改变人工起搏频率，记录不同频率时的心输出量；绘制心输出量-心率关系曲线。

【注意事项】

1. 手术时不要损伤静脉窦。

2. 整个实验中管道不要扭曲，输液管道中不得存有气泡。

3. 保持标本湿润，心脏表面经常滴加任氏液，防止组织干燥。

4. 实验时储液瓶零点不应太高。

【思考题】

1. 什么是最适前负荷? 如何找最适前负荷?
2. 何谓心肌收缩性能? 受哪些因素影响?

实验7 蛙在体心肌动作电位描记

【实验目的】

1. 学习引导心肌动作电位的电生理学实验方法。

2. 观察心肌细胞动作电位的形状及特征。

【实验原理】

静息状态下，心肌细胞膜两侧存在内负外正的电位差，称为静息电位。它主要是由膜内钾离子顺浓度差自内向外扩散而形成。在心肌细胞受一定强度的刺激而兴奋时，将产生动作电位。心肌细胞动作电位的产生与骨骼肌、神经组织一样，是不同离子跨膜转运的结果，而心肌细胞膜上的离子通道和电位形成所涉及的离子流，远比骨骼肌、神经组织复杂得多。故心肌细胞动作电位的形状及特征，与其他可兴奋细胞明显不同，它不仅时程长，而且还可分为0、1、2、3、4五个时相。

心肌组织是功能合胞体，心肌细胞间的闰盘结构存在低电阻区，允许电流通过。根据这一特性。将电极轻轻插入心肌组织内即可记录到心肌细胞动作电位图形。其数值和形态及记录原理都有别于用微电极在细胞内记录到的心肌细胞动作电位。电极记录的实质是用电极在接触部位的细胞膜上造成一个损伤，从而部分地反映细胞内的电位变化。

【实验对象】

蛙。

【实验用品】

1. 实验器材 蛙类手术器械、蛙板、生物信号采集处理系统、直径 $40\mu m$ 的漆包线、导线、烧杯、棉球及丝线。

2. 实验药品或试剂 任氏液、2%$CaCl_2$、0.65%$NaCl$、1%KCl、1∶10 000 肾上腺素、1∶10 000 乙酰胆碱。

【实验步骤】

1. 制作浮置式微电极 取一支充灌良好的 3mol/L KCl 玻璃微电极，用任氏液多次冲洗电极尖端表面的 KCl，用滤纸将电极外壁吸干，在高倍显微镜下检查。电极尖端直径应小于 $1\mu m$，尖端内无结晶，无气泡，电极阻抗应为 $10\sim15M\Omega$。然后，在距电极尖端约 1cm 处，用小锉刀轻锉一下，轻轻将其折断，保留尖端部分备用。取一根长 $15\sim20cm$，直径 $30\mu m$ 的银丝（SWG 线规格 49 号或 50 号）自断端处插入微电极，并使其牢固嵌入电极内腔液体中。随后，将其悬置于微电极微进器上备用。

2. 标本制备 用探针充分捣毁蛙大脑及脊髓，腹部朝上，稳固于蛙板上，剪开胸部，仔细撕裂心包膜，充分暴露心脏。并及时地滴加任氏液于心脏表面。将浮置式微电极插入心肌，它能随心脏收缩而移动，所记录的心肌细胞动作电位不易丢失，故可较稳定地记录动作电位。

3. 连接实验仪器装置

（1）心肌动作电位引导电极接到生物信号采集处理系统第 1 通道上。

（2）打开计算机，启动生物信号采集处理系统，点击菜单"实验模块"，按计算机提示逐步进入心肌细胞动作电位的实验项目，记录心室肌动作电位曲线。

【观察项目】

1. 正常心肌动作电位　观察蛙正常心肌动作电位曲线的 0、1、2、3、4 各期的波形（图 3-10）；计算心肌动作电位的频率。

2. 氯化钙溶液的作用　在蛙心脏上滴加 2% $CaCl_2$ 溶液 1~2 滴，观察心肌动作电位。

3. 氯化钠溶液的作用　在蛙心脏上滴加 0.65%NaCl 溶液，观察心肌动作电位。

4. 氯化钾溶液的作用　在蛙心脏上滴加 1% KCl 溶液 1~2 滴，观察心肌动作电位。

5. 肾上腺素的作用　在蛙心脏上滴加 1：10 000 肾上腺素溶液 1~2 滴，观察心肌动作电位。

6. 乙酰胆碱的作用　在蛙心脏上滴加 1：10 000 乙酰胆碱溶液 1~2 滴，观察心肌动作电位。

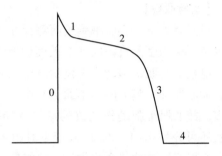

图 3-10　蟾蜍在体心肌动作电位示意图

【注意事项】

1. 破坏蛙的脑和脊髓要完全，操作过程中应尽量减少出血，以使标本状况良好。

2. 如出现干扰，可在蛙体下面放一块金属板并与地线相连，起到屏蔽作用。

3. 本实验方法所引导动作电位较小，维持时间较短，只能做定性实验。

4. 记录动作电位时，如细胞受损或电极尖端折断，则 0 期电位幅值减少，或记录出现双相动作电位，此时应重新插入或更换电极。

5. 每项实验观察到明显效应后，用任氏液冲洗心脏，待动作电位曲线恢复至正常（对照）水平时，再进行下一项实验。

【思考题】

1. 正常心室肌动作电位有哪几期？与神经纤维动作电位在波形上有何不同？

2. 解释形成心肌细胞动作电位各时相的离子机制。

3. 上述各种因素是怎样影响心室肌动作电位的？

实验 8 家兔减压神经放电

【实验目的】

1. 观察家兔在体减压神经传入冲动的发放。

2. 学习在体记录神经活动的方法。

3. 观察动脉血压变化与减压神经放电的关系，加深对减压反射的理解和认识。

【实验原理】

当机体处于不同的生理状态或机体内、外环境发生变化时，可引起各种心血管反射，使心输出量和各器官的血管收缩状况发生相应的改变，动脉血压也可发生变化。这些心血管反射主要包括颈动脉窦和主动脉弓压力感受性反射、心肺感受器引起的心血管反射、颈动脉体和主动脉体化学感受性反射等。其中，压力感受性反射在平时经常地起作用。当动脉血压升高或降低时，压力感受器的传入冲动也随之增加或减少，通过中枢机制引起心率、心肌收缩力、心输出量、血管阻力等发生相应变化，使动脉血压降低或回升，从而调节血压相对稳定，这一反射称为减压反射。家兔减压反射的主动脉弓压力感受器的传入神经在颈部单独成一束，与迷走神经和颈交感神经伴行，称为主动脉神经或减压神经。它是减压反射的传入神经，可将感受器感受血压变化的传入冲动传送到中枢。用电生理学实验方法可引导、显示、记录减压神经放电，并用监听器监听减压神经放电的声音，帮助实验者加深对减压反射的理解和认识。

【实验对象】

家兔。

【实验用品】

1. 实验器材 哺乳类动物手术器械、兔手术台、生物信号采集处理系统、引导电极、电极架、注射器、玻璃分针、烧杯、棉球及丝线、纱布、皮兜架、滴管。

2. 实验药品或试剂 液状石蜡、生理盐水、20%氨基甲酸乙酯溶液、1∶10 000 肾上腺素、1∶10 000 乙酰胆碱。

【实验步骤】

1. 手术

（1）麻醉和固定：用20%氨基甲酸乙酯，按 5ml/kg（1g/kg）的剂量从兔耳缘静脉缓慢注入。待动物麻醉后，取仰卧位固定于兔手术台上。

（2）分离颈部血管和神经：颈部剪毛，做长 5~7cm 的正中切口，钝性分离皮下组织和浅层肌肉后。沿纵行的气管前肌和斜行的胸锁乳突肌间钝性分离，将胸锁乳突肌向外侧分开，即可见到深层位于气管旁的血管神经束，仔细辨认并小心地分离左侧的减压神经，下穿湿丝线备用，分离时特别注意不要过度牵拉，并随时用生理盐水湿润。然后分离右侧的颈总动脉，穿线备用。

（3）气管插管：在气管下穿线，于甲状软骨下 1~2 个环状软骨间用粗剪刀剪开气管的一半，并向下方做一纵切口，使切口呈倒 T 形。插入气管插管，并用备好的线固定（图 3-11）。

（4）颈总动脉插管：分离右侧颈总动脉平甲状软骨上缘 2~3cm（尽量向头端分离，但不要损伤其分支），近心端用动脉夹夹闭，远心端用线扎牢。在结扎处的近端剪一以 45° 角斜向近心端的小口，向心脏方向插入已注满肝素的动脉插管（注意管内不应有气泡，如有气泡，将影响记录使血压变化的幅度，用线将插管与动脉扎紧，并固定）（图 3-12）。

图 3-11　气管插管示意图

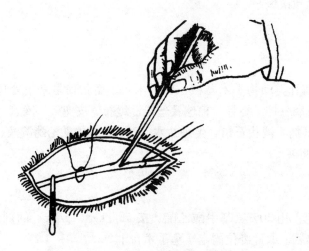

图 3-12　颈总动脉插管示意图

（5）安置电极：用玻璃针轻轻地把减压神经放到引导电极上，用温液状石蜡棉花遮盖神经以防干燥并起绝缘、保温作用。注意神经不可牵拉过紧，记录电极应悬空并固定于电极支架上，不能触及周围组织。将接地线就近夹在皮肤切口组织上。

2. 连接实验仪器装置

（1）神经放电引导电极接到生物信号采集处理系统第1通道上，记录减压神经放电。

（2）颈总动脉插管通过压力换能器输入到生物信号采集处理系统第2通道上，记录动脉血压曲线变化。

（3）打开计算机，启动生物实验处理系统，点击菜单"实验模块"，进入"循环实验-兔减压神经放电"。点击刺激器设置，参数设可根据实验实际情况调整。再点击菜单"实验模块"，选择"监听-打开监听"，并确定。

【观察项目】

1. 正常减压神经放电 观察减压神经的群集放电的节律、波形和幅度。群集放电的节律与心率同步，其幅度为 $30 \sim 100 \mu V$，其大小随血压高低而变。一簇群集放电的波形呈三角形，幅度先大后小（图 3-13）。在监听器中减压神经放电的声音类似火车开动的"轰轰"声。

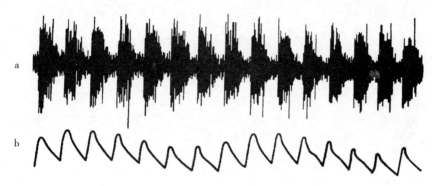

图 3-13 减压神经群集性放电
a. 原始图；b. 积分图

2. 压迫颈动脉窦 观察减压神经群集性放电和动脉血压曲线的变化。

3. 夹闭颈总动脉 观察减压神经群集性放电和动脉血压曲线的变化。

4. 注射肾上腺素 从耳缘静脉注射 1∶10 000 肾上腺素 0.3ml，注意观察血压上升的高度，上升过程中减压神经群集放电频率的变化，何时开始增多？何时不能分辨出群集形成？并持续观察到血压恢复至正常为止。

5. 注射乙酰胆碱 从耳缘静脉注射 1∶10 000 乙酰胆碱 0.3ml，观察血压与减压神经群集放电频率的变化以及二者的关系，并记录动脉血压，看降低到何种程度时减压神经的群集放电才减少或完全停止，以及其恢复过程。

6. 切断减压神经 分别在中枢端和外周端记录神经放电，比较二者有何不同？

【注意事项】

1. 静脉注射麻醉药不宜过快，要缓慢，不能过量。

2. 仪器和动物均要接地，并注意适当屏蔽。

3. 分离神经时动作要轻柔，不要牵拉；分离后及时滴加温热液状石蜡，以防止神经干燥，并可保温。

4. 引导电极不可触及周围组织，以免带来干扰。

【思考题】

1. 试述减压反射的过程及生理意义。

2. 静脉注射肾上腺素、乙酰胆碱后，减压神经放电频率、幅度有何变化？肾上腺素、乙酰胆碱是如何影响动脉血压的？

3. 减压神经放电和动脉血压有何关系？

4. 根据本实验结果，分析减压神经是传出神经还是传入神经？

实验 9　家兔动脉血压的神经体液调节

【实验目的】

1. 学习直接测定和记录家兔动脉血压的急性实验方法。

2. 观察某些神经、体液因素对心血管活动的影响，了解心血管活动的神经体液调节机制。

【实验原理】

正常生理情况下，人和高等动物的心血管活动受到神经、体液及自身因素的精确调节。血压是心血管活动的表现之一，通过对家兔血压调节的观测，可以加深对心血管活动调节机制的认识。

心脏受到心交感神经和心迷走神经的双重支配。心交感神经兴奋可致心率加快，房室交界的传导加快，心房肌和心室肌的收缩能力加强，即"正性变时、变力、变传导"作用；而心迷走神经兴奋可致心率减慢，房室传导速度减慢，心肌收缩能力减弱，即"负性变时、变力、变传导"作用。绝大多数血管平滑肌受自主神经支配，主要是交感缩血管神经纤维，兴奋时使血管收缩，外周阻力增加，同时由于容量血管收缩，静脉回流增加，心输血量亦增加。神经系统通过心血管反射（如压力感受性反射等）调节心血管的活动，改变心输出量和外周阻力，从而调节动脉血压。

心血管活动还受体液因素的调节，其中最主要的为肾上腺素和去甲肾上腺素。肾上腺素可与 α 和 β 两类肾上腺素能受体结合。在心脏，肾上腺素与 β 肾上腺素能受体结合，产生正性变时和变力作用，使心输出量增加。在血管，肾上腺素的作用取决于血管平滑肌上 α 和 β 肾上腺素能受体分布的情况。在皮肤、肾、胃肠、血管平滑肌上 α 肾上腺素能受体在数量上占优势，肾上腺素的作用是使这些器官的血管收缩；在骨骼肌和肝的血管，β 肾上腺素能受体占优势，小剂量的肾上腺素常以兴奋 β 肾上腺素能受体的效应为主，引起血管舒张，大剂量时也兴奋 α 肾上腺素能受体，引起血管收缩。去甲肾上腺素主要与 α 肾上腺素能受体结合，也可与心肌的 β_1 肾上腺素能受体结合，但和血管平滑肌的 β_2 肾上腺素能受体结合的能力较弱。静脉注射去甲肾上腺素，可使全身血管广泛收缩，动脉血压升高；血压升高又使压力感受性反射活动加强，压力感受性反射对心脏的效应超过去甲肾上腺素对心脏的直接效应，故心率减慢。

【实验对象】

家兔。

【实验用品】

1. 实验器材　生物信号采集系统、压力换能器、动脉插管、兔手术台、哺乳动物手术器械、铁架台、活动双凹夹、注射器、动脉夹、三通管、刺激器电极、双极保护电极、婴儿秤、有色丝线、纱布。

2. 实验药品及试剂　　20%氨基甲酸乙酯溶液、生理盐水、1∶1 000肝素、1∶10 000去甲肾上腺素、1∶10 000肾上腺素、1∶10 000乙酰胆碱。

【实验步骤】

1. 手术准备

（1）麻醉：家兔称重后，用20%氨基甲酸乙酯5ml/kg由兔耳缘静脉缓慢注入（图3-14）。注意观察动物肌张力、呼吸频率及角膜反射的变化，防止麻醉过深。

（2）动物固定：将麻醉好的动物仰卧位固定于兔手术台上，颈部放正。

（3）分离颈部血管和神经：颈部剪毛，作长5~7cm的正中切口，分离皮下组织和浅层肌肉后，沿纵行的气管前肌和斜行的胸锁乳突肌间钝性分离，将胸锁乳突肌向外侧分开，即可见到颈总动脉，并伴行动脉鞘，分离双侧的颈总动脉，分离左侧动脉鞘中的迷走神经和减压神经，穿不同颜色的丝线备用。

（4）气管插管：在气管下穿线，于甲状软骨下1~2个环状软骨间用粗剪刀做横切口，并向下方做一纵切口，使切口呈倒T形。插入气管插管，用备好的线固定。

（5）颈总动脉插管：用线结扎左颈总动脉远心端，近心端夹一动脉夹，结扎与动脉夹之间一般应相距2cm以上，在结扎端的下方用眼科剪做一斜口，向心脏方向插入动脉插管，用已穿好的丝线扎紧插入管尖嘴部分稍后处固定。

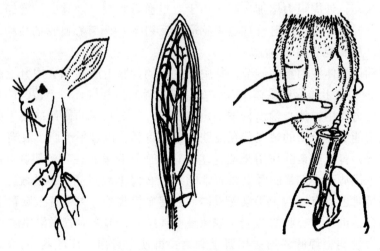

图3-14　兔耳缘静脉注射示意图

2. 仪器连接

（1）将压力换能器的输出端与三通管相连。其中三通管的一端连接动脉插管，用注射器将肝素通过三通管缓慢注入换能器和动脉插管内，将换能器和动脉插管内的空气排尽。

（2）将压力换能器的输入端与生物实验处理系统的前面板CH1接口相连，将刺激电极插头与生物实验处理系统的前面板刺激器接口相连。

（3）调节参数：选择"实验模块"菜单中的"循环实验"菜单项，以弹出"循环实验"子菜单。在"循环实验"子菜单中选择"兔动脉血压调节"实验模块。放开动脉夹，记录动脉血压。根据信号窗口中显示的波形，再适当调节实验参数以获得最佳的实验效果。

【观察项目】

1. 正常血压曲线　动脉血压随心室的收缩和舒张而变化。心室收缩时血压上升，心室舒张时血压下降，这种血压随心动周期波动称为"一级波"。此外可见动脉血压亦随呼吸而变化，吸气时血压先是下降，继则上升，呼气时血压先是上升，继则下降，称为"二级波"。有时还可见到一种可能与心血管中枢的紧张性周期有关的低频率的缓慢波动，称为"三级波"。

2. 夹闭一侧颈总动脉　用动脉夹夹闭右侧颈总动脉 5～10 秒，观察血压变化。

3. 牵拉颈总动脉远心端　手持左侧颈总动脉远心端的结扎线，或用止血钳挟住残端，向心脏方向轻轻拉紧，然后做有节奏的往复牵拉（2～5 秒），持续 5～10 秒，注意勿拉脱结扎线，观察血压变化。

4. 刺激减压神经　先用双极保护电极刺激完整的左侧减压神经，使用鼠标单击工具条上的"刺激"命令按钮，或者从"基本功能"菜单中选择"刺激"命令项中的"启动刺激"命令，刺激强度为 3～5mV，观察血压变化。然后在神经游离段的中部做双重结扎，在两结扎线的中间剪断减压神经，以同样的刺激参数分别刺激其中枢端和外周端，观察血压变化。

5. 刺激迷走神经　结扎并剪断左侧迷走神经，刺激其外周端，使用鼠标单击工具条上的"刺激"命令按钮，或者从"刺激"菜单中选择"启动刺激"命令，刺激强度为 3～5mV，观察血压变化。

6. 静脉注射去甲肾上腺素　耳缘静脉注射 1∶100 000 去甲肾上腺素 0.2～0.3ml，观察血压变化。

7. 静脉注射乙酰胆碱　由耳缘静脉注射 1∶10 000 乙酰胆碱 0.2～0.3ml，观察血压变化。8. 静脉注射肾上腺素　由耳缘静脉注射 1∶10 000 肾上腺素 0.2～0.4ml，观察血压变化。

【注意事项】

1. 麻醉动物注射麻醉药时，要注意注入的速度，一般前 1/3 快推，中 1/3 中速，后 1/3 慢速并注意观察动物的角膜反射和呼吸。

2. 分离暴露颈动脉鞘时，需注意保持血管神经的自然位置，以便判定减压神经。

3. 分离神经时特别注意不要过度牵拉，并随时用生理盐水湿润，忌用金属器械触及、夹捏神经。

4. 动脉插管时注意以远心端丝线将插管缚紧固定，以防插管从插入处滑出。

5. 每项实验后，应等血压基本恢复并稳定后再进行下一项。

【思考题】

1. 正常血压的一级波、二级波及三级波各有何特征？其形成机制何在？

2. 夹闭颈总动脉与牵拉颈总动脉残端的实验结果有何不同，如何联系起来推断出结论？

3. 刺激完整的减压神经及其中枢端和外周端，血压各有何种变化？为什么？

4. 比较去甲肾上腺素和肾上腺素对血压的影响有何不同，为什么？

5. 动脉血压是如何保持相对稳定的？

6. 处死动物的方法有哪些？

实验 10　人体肺容量和肺通气量的测定

【实验目的】

学习人体肺容量和肺通气量的简单测量方法，了解肺容量和肺通气量的正常值及其测定的意义。

【实验原理】

肺通气是指肺与外界环境之间的气体交换过程。肺通气功能主要是测定肺容量（呼吸过程中某一阶段的肺内气体的容积）和肺通气量（单位时间内通过肺的气体流通量）等指标。肺容量和肺通气量的简单测量方法是用肺流量计记录进出肺的气体流量。本实验使用肺流量计记录通气流速（L/s），然后把流速积分得出肺容量（L）。

【实验对象】

人。

【实验用品】

BL-420 生物功能实验系统、肺流量计、肺流量头、肺通气套件、肺通气校正量筒、鼻夹。

【实验步骤】

1. 参照图 3-15 连接主机、肺流量计、肺通气流量头和肺通气套件。

2. 启动计算机，在桌面上单击 BL-420 生物功能实验系统图标，进入相应应用程序窗口。

3. 单击菜单栏的"实验项目"，点击"呼吸实验"，选择"肺通气功能测定"，即可启动描记。

【观察项目】

1. 受检者闭目静坐，用牙齿咬住橡皮接口，使接口的橡皮圈位于口腔前庭的位置，用鼻夹夹鼻。让受检者练习用口呼吸，避免从鼻孔或口角漏气。

（1）平静呼吸约 1 分钟，记录呼吸曲线。

（2）受检者平静呼吸数次后，嘱受检者做最大限度的深吸气，屏气 1 秒钟后，再以最快的速度用最大的力量做最大限度的深呼气，直到呼尽为止。

（3）受检者在一段时间（约 15 秒钟）内做最深最快的呼吸。

（4）让受检者做一段时间（约 1 分钟）的运动，如高抬腿，然后立即记录呼吸曲线。

2. 肺容量和肺通气量的读取、测量和计算

（1）对上述呼吸曲线进行测量：测量平静呼吸的潮气量、每分呼吸频率、平静呼吸的每分通气量（潮气量×呼吸频率）、补吸气量、补呼气量、1 秒用力呼气量（FEV_1）/用力肺活量（FVC）、最大通气量（15 秒内最大最深呼吸时的一次呼气或吸气幅度×4）

（2）计算通气储量百分比：通气贮量百分比是指通气功能的贮备能力，是通气功能的

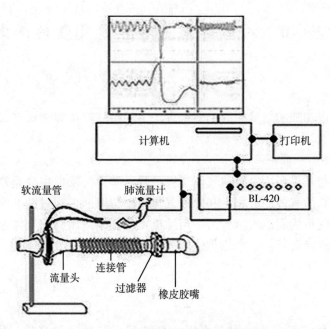

图 3-15　人肺通气量功能的测定

重要指标。通气储量百分比 = ［（最大通气量−每分钟平静通气量）／ 最大通气量]×100%

（3）比较休息情况下的平静呼吸和运动后的通气功能指标，看看有些什么不同？

3. 在平静呼吸、深快呼吸和用力肺活量曲线上加上标注。

【注意事项】

1. 在做用力肺活量项目时，应尽最大力量做最大限度的深呼气。

2. 在进行用力肺活量测量时，应放大时间轴，使时间轴显示比例为 1：1，以利于数据的精确测量。

3. 测定时应注意防止从鼻孔或口角漏气，以免影响测定结果。

【思考题】

1. 根据各项指标的正常值，判断受试者的肺通气功能是否正常。

2. 为什么说用力肺活量是评价肺通气功能的较好的指标？与肺活量相比，它有何优点？

实验 11　家兔肺顺应性的测定

【实验目的】

1. 学习肺顺应性的测定方法。

2. 进一步理解肺弹性阻力的构成。

【实验原理】

肺顺应性是指肺在外力下的可扩张性，它是度量肺弹性阻力的一个指标。弹性阻力大者扩张性小，即顺应性小；相反，顺应性大者弹性阻力小。肺顺应性可用单位跨肺压引起的肺容积变化来表示。肺的弹性阻力，一般认为是由肺的弹性组织与肺泡液膜的表面张力所构成。而肺泡液膜表面还衬有一层由肺泡Ⅱ型细胞所分泌的表面活性物质，它能使肺泡液膜的表面张力大大降低，如果表面活性物质减少，会使肺的弹性阻力加大，顺应性减小，甚至会引起肺萎陷乃至肺不张。观察表面活性物质对肺顺应性的影响，可用哺乳动物离体肺或在体肺作为实验对象，做充气与放气的静态压力-容积曲线。曲线显示，充气时的容积改变有明显的迟滞现象，即在开始增加充气压时，肺容积变化不大，直到充气压达到某一水平，肺容积才明显增大，表明肺泡扩张必须达到一个最小开放压（不同的肺泡其开放压可能不同），以克服表面张力的作用。若用生理盐水反复冲洗肺泡，再做充气与放气的压力-容积曲线，同时测定冲洗液的表面张力，可以了解肺泡表面活性物质的作用。

【实验对象】

家兔。

【实验用品】

充气检压装置、哺乳类动物手术器材 1 套、兔手术台、生理盐水、直形气管插管、注射器（100ml、10ml 各 1 支）、20ml 量杯、50ml 烧杯×2，0.05ml 刻度吸管×2、医用液体石蜡等。

【实验步骤】

1. 实验装置连接　如图 3-16 所示。安装充气检压装置，使水检压计一端侧管与一玻璃三通管相连，一端经橡皮管与气管插管相连，另一端经橡皮管与 100ml 注射器相连。在与注射器相连的皮管中间，再接一三通玻璃管，游离的一端接一短皮管。用止水夹控制其启闭，以调节检压系统的压力平衡。做充气用的注射器内涂少量石蜡油，以防漏气。

2. 手术

（1）捉拿正常家兔 1 只，称重。用铁锤猛击家兔枕部使之猝死，仰卧位固定在兔台上。用粗剪刀剪除颈部及胸部正中区域的毛，在颈部正中做 4cm 长的纵行切口，暴露气管。

（2）用止血钳分离气管周围组织，下面穿线备用。在气管甲状软骨下 1cm 做一倒 T 切口，插入直行气管插管并结扎固定。

（3）然后沿胸骨两侧剪开胸壁，在胸壁选一肋间隙用止血钳钝性分离肋间肌，仔细穿

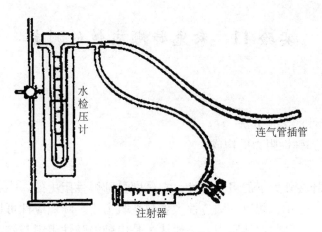

图 3-16 充气减压装置

破胸膜造成气胸，使肺萎陷（注意不要损伤肺）。

（4）剪断胸骨两侧的肋骨，除去胸骨，暴露肺。

【观察项目】

1. 肺的压力-容积曲线测定　先把充气检压装置的注射器内吸入 100ml 空气，然后将胶管一端连于家兔之气管插管上，此时注意检压计之液面是否在零位。如不在零位可打开注射器前端之 T 形管侧管，调整水检压计使零点与肺同高，以平衡肺内压。以后缓慢推进注射器向肺内充气，至水检压计读数达 2cm 处，间歇 10 秒，记录充气量。若在间歇期检压计液面有少许下移，可继续充以少量空气，以保持原来压力水平。以同样的方法，依每次递增 2cm 水柱的肺内压向肺内充气。直到整个肺完全扩张，同时记录每次肺内压增加的肺内充气量。以充气时的压力变量为横坐标，以充气时的容积变量为纵坐标，绘制压力-容积曲线。

2. 灌洗后再做肺的压力-容积曲线　将充气检压装置的橡皮管从气管插管上取下，用 10ml 注射器抽取生理盐水 8ml，从气管插管注入肺内，改变家兔体位，尽可能使生理盐水冲洗到每一肺叶，然后将支气管-肺泡灌洗液回抽并倾入 20ml 量杯内，再重复测定压力-容积曲线，比较两者的变化。

3. 灌洗液表面张力定性观察　把灌洗液倾入 50ml 烧杯内，再用另一 50ml 烧杯装入生理盐水，使其液面大致与灌洗液相仿。分别插入 0.05（或 0.1）ml 之刻度吸管，读出两种液体在吸管内的上升高度。液面上升高者表面张力大，反之表面张力小。

【注意事项】

1. 制备一无损伤的气管-肺标本，是实验成败的关键，手术过程要细心，特别要与周围脂肪组织鉴别，因其颜色近似。

2. 实验中要保持肺组织的湿润。

【思考题】

1. 肺顺应性的概念，表达方法及与弹性阻力之间的关系是什么？

2. 肺顺应性大小与肺容积之间有无关系？

3. 比较注气与作支气管肺泡灌洗后再灌气所得两条曲线，可做出什么推论？

实验 12　家兔膈神经放电

【实验目的】

1. 观察和记录家兔在体膈神经传出冲动的发放。
2. 观察某些因素对膈神经放电的影响，并分析其影响机制。

【实验原理】

平静呼吸运动是由包括膈肌和肋间外肌在内的呼吸肌收缩和舒张活动，引起胸廓的扩大和缩小的运动，为自动节律性活动。当肺过度扩张或过度萎陷时，通过气道平滑肌中的牵张感受器发出冲动，经迷走神经到达延髓，反射性抑制或兴奋吸气。家兔的肺牵张反射在其呼吸调节中起着重要作用。膈神经放电活动和膈肌收缩代表吸气运动的开始，而膈神经放电活动停止和膈肌舒张与呼气运动同步。此外，膈神经的放电活动状态的变化，反映了呼吸中枢神经系统功能活动的变化。

本实验以膈神经放电为指标，可观察各种处理因素对动物呼吸运动的影响，并分析其影响机制。

【实验对象】

家兔。

【实验用品】

1. 实验器材　生物信号采集处理系统、张力换能器、哺乳动物手术器械 1 套、兔解剖台、Y 形气管插管一只、注射器（20ml 两只、5ml 一支）、50cm 长的橡皮管一条、玻璃分针、盛有氮气和 CO_2 的球胆各一只、引导电极、纱布、手术缝线。

2. 实验药品或试剂　20%氨基甲酸乙酯溶液、3%乳酸、生理盐水。

【实验步骤】

1. 麻醉与固定　动物称重，20%氨基甲酸乙酯溶液 5ml/kg 由耳缘静脉缓慢注射麻醉，仰卧固定于兔解剖台上。

2. 气管插管　剪去颈部的兔毛，沿颈部正中切开皮肤及筋膜（长 5~7cm），用止血钳钝性分离皮下软组织，暴露气管。在喉下将气管和食管分开，然后在甲状软骨下 3~4 气管环状间作一倒 T 形剪口，插入 Y 形气管插管（注意插管的斜面向上），用手术缝线结扎固定。

3. 分离两侧迷走神经　用玻璃分针在两侧颈总动脉鞘内分离出迷走神经，在其下方穿线做一标记备用，然后用温热生理盐水的纱布覆盖、保护手术野。

4. 分离颈部膈神经　充分暴露颈部手术野，在脊柱旁可见数丛粗大的臂丛神经由脊柱发出向后外走行，在喉头下约 1cm 的部位，可见向下向内侧走行的膈神经。用玻璃分针在尽可能靠近锁骨部位，小心、仔细分离出一小段神经，穿线备用。

5. 固定张力换能器　胸部暴露剑突，分离膈肌角，穿线结扎膈肌角，结扎线连于固定在支架上张力换能器，使线保持一定张力（不要过紧或过松）。用粗剪刀剪断胸骨柄。

6. 仪器的连接及参数的设定

（1）将引导电极的输入端与生物功能实验系统通道 1 的输入接口连接。张力换能器的输入端与生物功能实验系统通道 2 的输入接口连接。启动计算机，点击生物功能实验系统的图标，进入实验系统软件界面。

（2）从"实验项目"中选择"呼吸实验"，点击"膈神经放电"实验，根据信号窗口显示的放电波形，再适当调节参数。

【观察项目】

1. 正常呼吸时的膈神经放电活动及呼吸曲线　观察动物正常呼吸时的胸廓的运动、呼吸运动和膈神经放电曲线的关系，膈神经放电见图 3-17。并描记一段呼吸运动曲线。

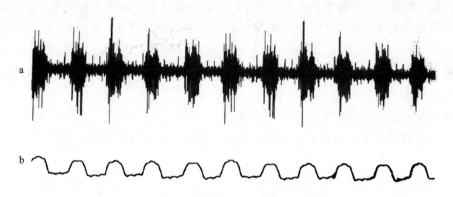

图 3-17　兔膈神经群集性放电

a. 原始图；b. 积分图

2. 增加吸入气中 CO_2 浓度，观察对膈神经放电的影响　将装有 CO_2 的球胆管口靠近气管插管的一侧管开口，逐渐打开 CO_2 球胆管上的螺旋，让动物吸入含 CO_2 的气体，观察膈神经放电和呼吸运动的变化。

3. 缺 O_2 时对膈神经放电的影响　将气管插管的一侧管与装有氮气的球胆相连，用止血钳夹闭气管插管另一侧管，只让动物呼吸球胆内的氮气，观察膈神经放电和呼吸运动的变化。

4. 血中酸性物质增多对膈神经放电的影响　由耳缘静脉注入 3% 乳酸溶液 2ml，观察膈神经放电与呼吸运动的变化。

5. 肺牵张反射对膈神经放电的影响

（1）肺扩张反射：将 20ml 注射器连于气管插管一侧的橡皮管上，抽气 20ml 备用，在动物吸气之末（膈神经放电之末）用手指堵住气管插管另一侧的同时向肺内注入 20ml 空气，并维持肺扩张状态 10 余秒钟，观察膈神经放电和呼吸运动的变化。

（2）肺缩小反射：在呼气之末（膈神经放电开始之前）用手指堵住气管插管另一侧的

同时抽出肺内空气，并维持肺缩小状态几秒钟，观察膈神经放电和呼吸运动的变化。

6. 迷走神经在呼吸运动中的作用　描记一段正常膈神经放电后（记录每分钟膈神经放电的次数），先切断一侧迷走神经，观察呼吸的频率、深度的变化及每分钟膈神经放电次数的改变。再切断另一侧迷走神经，观察呼吸运动的频率、深度的变化及每分钟膈神经放电次数的改变。

【注意事项】

1. 麻醉剂注射速度要慢，密切注意动物的呼吸情况及对刺激的反应。

2. 分离膈神经动作要轻柔，分离要干净，不要让凝血块或组织块黏着在神经上。

3. 分离剑突下膈肌角时不能向上分离过多，避免造成气胸，剪断胸骨柄时切勿伤及膈肌角。

4. 每项实验前、后均要有一段稳定的曲线作为对照。每项处理均应有标记。膈神经放电的观察系其群集放电的频率、振幅。呼吸运动的观察是指它的频率和深度。

5. 用注射器自肺内抽气时，切勿过多，以免引起动物死亡。

【思考题】

1. 试描述膈神经放电的形式。

2. 解释实验结果，分析引起变化的机制。

3. 试描述膈神经放电的形式。与减压神经放电形式相比较，有何不同？

实验 13　家兔呼吸运动的调节

【实验目的】

1. 学习动物呼吸运动及胸膜腔内压的实验方法。

2. 观察神经和体液因素对呼吸运动及胸膜腔内压的影响。

【实验原理】

正常节律性呼吸运动是呼吸中枢节律性活动的反映，是在中枢神经系统参与下，通过多种传入冲动的作用，反射性调节呼吸的频率和深度来完成的。其中较为重要的调节活动有呼吸中枢的直接调节和肺牵张反射、化学感受器等的反射性调节。因此体内外各种刺激可以作用于中枢或通过不同的感受器反射性地影响呼吸运动。

平静呼吸时，胸膜腔内压力虽然随着呼气和吸气而升降、随着呼吸深度的变化而变化，但其数值始终低于大气压力而为负值，故胸膜腔内压也称为胸内负压。

【实验对象】

家兔。

【实验用品】

1. 实验器材　哺乳类动物手术器械 1 套、兔手术台、刺激电极、保护电极、气管插管、注射器（20ml、5ml 各一只）、50cm 长的橡皮管一条、生物功能实验系统、张力换能器、压力换能器、纱布、线、球胆两个（分别装入 CO_2 和空气备用）、CO_2 气袋、钠石灰瓶、胸内套管（或粗的穿刺针头）。

2. 实验药品或试剂　生理盐水、20% 氨基甲酸乙酯溶液、3% 乳酸。

【实验步骤】

1. 麻醉和固定　称重后，用 20% 氨基甲酸乙酯按 5ml/kg 的剂量从耳缘静脉缓慢注入，动物麻醉的标志为四肢松软，角膜反射消失。麻醉后用绳子将动物背位固定于手术台上，打开手术台底部的电灯保温。剪去颈部手术野的毛以便施行手术。

2. 颈部正中切口　粗剪刀剪毛，于颈部正中做 7~8cm 切口，上至甲状软骨，下至胸骨上端，以血管钳钝性分离皮下组织和气管上方肌肉，暴露气管。

3. 气管插管　分离气管，下方穿粗棉线，于第 2、3 气管环处做倒 T 形切口，插入 Y 形气管插管，结扎并固定。

4. 分离颈部血管和神经　在气管旁触及动脉搏动，将气管旁软组织外翻，并以湿生理盐水擦拭，即可见颈动脉鞘内包绕着的颈总动脉和三根神经，由粗到细分别为迷走神经、交感神经、减压神经，辨认并分离出双侧迷走神经，分别用湿润的彩色丝线做标记、备用。

5. 游离剑突软骨　切开胸骨下端剑突部位的皮肤，并沿腹白线切开约 2cm 左右，打开腹腔。用纱布轻轻将内脏沿膈肌向下压；暴露出剑突软骨和剑突骨柄，辨认剑突内侧面附着的两块膈小肌，仔细分离剑突与膈小肌之间的组织并剪断剑突骨柄（注意压迫止血），使剑突完全游离。此时可观察到剑突软骨完全跟随膈肌收缩而上下自由移动；此时用弯针钩住剑突软骨，使游离的膈小肌经剑突软骨和张力换能器相连接。

6. 插胸内套管　将胸内套管尾端的塑料套管连至压力换能器（套管内不充灌生理盐水）。在兔右胸腋前线第 4~5 肋骨之间，沿肋骨上缘做一长 2cm 的皮肤切口，用止血钳把插入点处的表层肌肉稍稍分离。将胸内插管的箭头形尖端从肋间插入胸膜腔后（此时可记录到曲线向零线下移位并随呼吸运动升高和降低，说明已插入胸膜腔内），迅速旋转 90° 并向外牵引，使箭头形尖端的后缘紧贴胸廓内壁，将插管的长方形固定片同肋骨方向垂直，旋紧固定螺丝，胸膜腔将保持密封而不致漏气。

7. 仪器连接

（1）张力换能器连至生物信号采集处理系统通道 1，记录呼吸运动曲线。

（2）压力换能器连至生物信号采集处理系统通道 2，记录胸膜腔内压曲线。

（3）打开计算机，启动生物信号采集处理系统，点击菜单"输入信号"，按计算机提示逐步进入呼吸运动的调节的实验项目。

【观察项目】

1. 平静呼吸　记录正常呼吸运动和胸膜腔内压曲线，作为对照，观察曲线与呼吸运动的关系，比较吸气时和呼气时的胸膜腔内压，读出胸膜腔内压数值。

2. 用力呼吸　在吸气末和呼气末，分别夹闭气管插管两侧管，此时动物虽用力呼吸，但不能呼出肺内气体或吸入外界气体，处于憋气的用力呼吸状态。观察和记录此时对呼吸运动和胸膜腔内压曲线的最大幅度，尤其观察用力呼气时胸膜腔内压是否高于大气压。

3. 增加吸入气中 CO_2 浓度　将装有 CO_2 的球囊导气管口对准气管插管逐渐松开螺旋夹，使 CO_2 气流缓慢地随吸入气进入气管，观察高浓度 CO_2 对呼吸运动和胸膜腔内压曲线的影响。呼吸运动发生明显变化后，夹闭 CO_2 球囊，观察呼吸运动和胸膜腔内压曲线恢复的过程。

4. 低氧　将气管插管的侧管通过碳酸钠钙瓶与盛有一定容量空气的气囊相连。这时家兔呼吸时，吸入气囊空气中的氧，但它呼出的 CO_2 被碳酸钠钙吸收。因此呼吸一段时间，气囊内的氧越来越少，但 CO_2 含量并没有增多。观察动物低氧时呼吸运动和胸膜腔内压曲线的变化情况。

5. 增大无效腔　将 50cm 长的橡皮管用小玻璃管连接在侧管上，家兔通过此橡皮管进行呼吸。观察经一段时间后的呼吸运动和胸膜腔内压曲线变化。呼吸发生明显变化后即去掉橡皮管，使其恢复正常。

6. 血中酸性物质增多　用 5ml 注射器，由耳缘静脉较快地注入 3% 乳酸 2ml，观察此时呼吸运动和胸膜腔内压曲线的变化。

7. 切断迷走神经　描记一段对照呼吸曲线后，先切断一侧迷走神经，观察呼吸运动和胸膜腔内压曲线有何变化。再切断另一侧迷走神经，观察呼吸运动和胸膜腔内压曲线的变化。然后用中等强度电流刺激一侧迷走神经中枢端，再观察呼吸运动和胸膜腔内压曲线的变化。

8. 气胸　剪开前胸皮肤肌肉，切断肋骨，打开右侧胸腔，使胸膜腔与大气相通，引起气胸。观察肺组织萎缩、胸膜腔内压消失、呼吸运动曲线等的变化情况。

【注意事项】

1. 气管插管时，应注意止血，并将气管分泌物清理干净。气管插管的侧管上的夹子在呼吸运动实验过程中不能更动，以便比较实验前、后呼吸运动和胸膜腔内压曲线的幅度变化。

2. 每项观察项目前均应有正常描记曲线作为对照。每项观察时间不宜过长，出现效应后应立即去掉施加因素，待呼吸运动恢复正常后再进行下一项观察。

3. 经耳缘静脉注射乳酸时，注意不要刺穿静脉，以免乳酸外漏，引起动物躁动。电极刺激迷走神经中枢端之前，一定要调整好刺激强度，以免因刺激强度过强而造成动物全身肌肉紧张，发生屏气，影响实验结果。

4. 插胸内套管时，切口不宜过大，动作要迅速，以免过多空气漏入胸膜腔。如用穿刺针，不要插得过猛过深，以免刺破肺组织和血管，形成气胸和出血过多。如果穿刺针刺入较深而未见压力变化，应转动一下针头或变换一下角度或拔出，看针头是否被堵塞。此法虽简便易行，但针头易被血凝块或组织块所堵塞，应加以注意。

【思考题】

1. 平静呼吸时，如何确定呼吸运动曲线与吸气和呼气运动的对应关系？比较吸气、呼气、憋气时的胸膜腔内压。

2. 缺 O_2、PCO_2 升高和血中氢离子浓度升高对呼吸有何影响？机制如何？

3. 迷走神经在节律性呼吸运动中所起的作用？

实验 14　油酸型呼吸窘迫综合征的发生与治疗

【实验目的】

1. 复制油酸型呼吸窘迫综合征动物模型，初步探讨其发病机制。
2. 观察药物对油酸导致的急性肺损伤的防护作用。
3. 学习肺顺应性、肺系数、肺泡灌洗液表面张力等指标测定方法。

【实验原理】

复制油酸肺水肿导致呼吸衰竭是一个经典实验。化学性因素油酸所致急性肺损伤主要是通过激活补体，产生趋化因子使中性粒细胞与巨噬细胞在肺内聚集、激活，释放大量氧自由基、蛋白酶和花生四烯酸代谢产物等炎性介质，对肺泡-毛细血管膜的损伤，使之发生通透性增高等变化而引起以肺水肿为主要病变的呼吸窘迫综合征（respiratory distress syndrome，RDS）。后者能导致肺泡通气/毛细血管血流量比例失调及肺泡-毛细血管膜的弥散障碍，发生换气功能障碍而引起呼吸衰竭。山莨菪碱（654-2）、二甲基亚砜（DMSO）、维生素 C（Vit C）、维生素 E（Vit E）等均为有效的抗氧化剂，可对抗炎症反应导致的过氧化损伤。在静脉注射油酸前，先给予上述药物，观察其对 RDS 时肺损伤的防护作用。

【实验对象】

家兔。

【实验用品】

1. 实验器材　充气检压装置、显微镜、血细胞计数器、哺乳类动物手术器材 1 套、兔手术台、气管插管、注射器（100ml、10ml 各 1 支）、20ml 量杯、50ml 烧杯 2 个、0.05ml 刻度吸管 2 个、酒精灯、血气分析仪。

2. 实验药品或试剂　生理盐水、20%氨基甲酸乙酯、油酸、山莨菪碱、50%二甲基亚砜、医用液体石蜡。

【实验步骤】

1. 实验分组　取家兔 3 只称重，分别固定于兔台上，耳缘静脉缓慢注射 20%氨基甲酸乙酯 5ml/kg 麻醉。颈部手术作气管插管、颈总动脉插管。观察一般状况和记录呼吸频率及深度。从颈总动脉采血，测定手术后血气各项指标（血 pH、PCO_2、PO_2）。随机将家兔分为 3 组。

（1）油酸 RDS 动物模型组：耳缘静脉注射油酸 0.1ml/kg，30 分钟后观察并记录呼吸的改变，再追加油酸 0.1ml/kg，每 10 分钟观察记录呼吸变化，待呼吸等症状明显时，采血，测定注射油酸后的血气指标。

（2）实验治疗组：可选择 654-2 或 DMSO 治疗。用 654-2 治疗：2mg 654-2 溶于 25ml 生理盐水中，耳缘静脉注射（20 分钟注完），再注射油酸（剂量和程序同"油酸组"）。用 DMSO 治疗：耳缘静脉注射 50% DMSO 10ml/kg，20 分钟后再注射油酸（剂量和程序同

"油酸组"）。

（3）对照组：耳缘静脉注射生理盐水 0.2ml/kg，注射程序同"油酸组"。

2. 观察各组家兔呼吸频率及深度变化、血气指标的变化 待油酸组出现明显症状，如烦躁、呼吸急促，甚至仰头呼吸，鼻腔喷出粉红色泡沫等，立即用针头刺破各组家兔耳缘静脉，取外周血计数白细胞（WBC）。

3. 家兔左肺顺应性的测定

（1）实验装置连接：安装充气检压装置（图 3-18），使水检压计（A）一端侧管与一玻璃三通管（B）相连，一端经橡皮管与气管插管（D）相连，另一端经橡皮管与 100ml 注射器（E）相连。在与注射器相连的皮管中间，再接一三通玻璃管（C），游离的一端接一短皮管。用止水夹控制其启闭，以调节检压系统的压力平衡。做充气用的注射器内涂少量石蜡油，以防漏气。

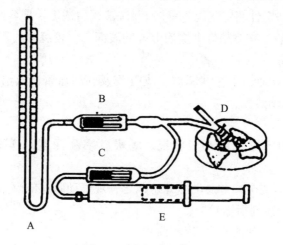

图 3-18 充气减压装置

A. 水检压计；B. 玻璃三通管 1；C. 玻璃三通管 2；D. Y 形气管插管；E. 100ml 注射器

（2）手术：①用铁锤猛击各组家兔枕部使之猝死，仰卧位固定在兔台上。用粗剪刀剪除颈部及胸部正中区域的毛，在颈部正中做 4cm 长的纵行切口，暴露气管。②用止血钳分离气管周围组织，下面穿线备用。在气管甲状软骨下 1cm 做一倒 T 切口，插入直形气管插管并结扎固定。③然后沿胸骨右侧剪开胸壁，再沿气管分离出右主支气管，用止血钳夹闭右主支气管及其肺门血管。④在左侧胸壁选一肋间隙用止血钳钝性分离肋间肌，仔细穿破胸膜造成气胸，使左肺萎陷（注意不要损伤肺）。⑤剪断胸骨两侧的肋骨，除去胸骨，暴露肺。观察各组肺的一般性状。

（3）左肺的压力-容积曲线测定：先把充气检压装置的注射器内吸入 50ml 空气，然后将胶管一端连于家兔之气管插管上，此时注意检压计之液面是否在零位。如不在零位可打开注射器前端之 T 形管侧管，调整水检压计使零点与肺同高，以平衡肺内压。以后缓慢推进注射器向肺内充气，至水检压计读数达 2cm 处，间歇 10 秒，记录充气量。若在间歇期检压计液面有少许下移，可继续充以少量空气，以保持原来压力水平。以同样的方法，依每次递增 $2cmH_2O$ 的肺内压向肺内充气，直到整个肺完全扩张，同时记录每次肺内压增加的肺内充气量。以充气时的压力变量为横坐标，以充气时的容积变量为纵坐标，绘制压力-容积曲线。以同样的原理立即制备抽气时的压力-容积曲线。对照组家兔可在左肺用生理盐水灌洗后（见下），再重复测定压力-容积曲线，比较两者的变化。

4. 左肺支气管-肺泡灌洗、支气管-肺泡灌洗液白细胞计数和蛋白的测定

（1）将充气检压装置的橡皮管从气管插管上取下，用 10ml 注射器抽取生理盐水 8ml，从气管插管注入左肺内，改变家兔体位，尽可能使生理盐水冲洗到每一肺叶，然后将支气管-肺泡灌洗液回抽并倒入 20ml 量杯内。重复以上述方法灌洗左肺 2 次，记录灌洗液的回收量，备用。

（2）血细胞计数仪检测支气管-肺泡灌洗液的 WBC 总数。

（3）用直接烧灼法定性测定支气管-肺泡灌洗液蛋白浓度：把各组家兔的支气管-肺泡灌洗液 3~4ml 注入试管。在酒精灯上烧灼上方的液面，比较混浊的程度。混浊程度越高表示液体的蛋白含量越高。

5. 肺系数测定 沿止血钳上缘剪断右主支气管及肺门血管，取出右肺称重计算肺系数 [右肺重（g^2）/体重（kg）]。

【观察项目】

1. 观察油酸型 RDS 家兔的一般状况、呼吸频率和深度，耳缘静脉取血计算外周血 WBC。

2. 处死动物（最好先分离颈总动脉并切断之，观察动脉血的颜色是否变得暗红，有条件的话，最好测定动脉血气指标）。

3. 按上述方法测定左肺的压力-容积曲线。

4. 按上述方法进行左支气管-肺泡灌洗，右肺做肺系数测定。

5. 按上述方法测定支气管-肺泡灌洗中 WBC 总数和蛋白含量。

【注意事项】

1. 制备无损的气管-肺标本，是实验成败的关键，手术过程要细心，特别要与周围脂肪组织鉴别，因其颜色近似。

2. 实验中要保持肺组织的湿润。

【思考题】

1. 肺顺应性的概念，表达方法及与弹性阻力之间的关系是什么？

2. 肺顺应性大小与肺容积之间有无关系？

3. 比较注气与作支气管肺泡灌洗后再灌气所得两条曲线，可做出什么推论？

4. 耳缘静脉注入油酸后，家兔有何症状出现？为什么？

5. 根据实验所得资料、数据，分析油酸性呼吸衰竭的可能发病机制。

实验 15 消化道平滑肌的生理特性

【实验目的】

1. 学习掌握消化道平滑肌的节律性运动的特点，并了解环境温度、pH、Ca^{2+}浓度等条件变化对消化道平滑肌的影响。

2. 了解肠管平滑肌上受体的分布情况及乙酰胆碱（ACh）、肾上腺素等药物对肠平滑肌的作用原理。

【实验原理】

消化道平滑肌具有较大的伸展性，对牵张刺激、各种化学物质、温度及药物改变等较为敏感，同时消化道平滑肌在离体后，置于适宜的环境、在一定的时间内仍能进行良好的节律性运动。因此，可以通过离体肠平滑肌槽实验，直接观察消化道平滑肌的某些生理特性，并通过改变不同环境条件或给予药物从而直接或间接激动不同的受体，观察各种因素对离体平滑肌收缩和舒张功能变化的影响。

【实验对象】

家兔。

【实验用品】

1. 实验器材 恒温平滑肌槽或麦氏浴槽、生物信号采集系统、张力换能器、酒精灯、温度计、注射器等。

2. 实验药品或试剂 1：10 000 肾上腺素溶液、1：10 000 乙酰胆碱溶液、1：10 000 阿托品溶液、1mol/L HCl 溶液、1mol/L NaOH 溶液、台氏液（1000ml 含 NaCl 8.0g、KCl 0.2g、$NaHCO_3$ 1.0g、$CaCl_2$ 0.2g、NaH_2PO_4 0.05g、$MgCl_2$ 0.1g、葡萄糖 1.0g，充氧）、无钙台氏液。

【实验步骤】

1. 麦氏浴槽或恒温平滑肌槽的准备

（1）麦氏浴槽：将麦氏浴槽置于水浴装置内，水浴装置中水的温度恒定在 38~39℃，在麦氏浴槽内盛 38~39℃乐氏液，温度计悬挂在浴槽内，用以监测温度的变化。氧气瓶经乳胶管缓慢向浴槽底部通氧气，调节乳胶管上的螺旋夹，控制通氧气速度，使氧气气泡一个接一个地通过中心管，为台氏液供氧（图 3-19）。

（2）恒温平滑肌槽：在恒温平滑肌槽的中心管加入台氏液，外部容器中加装温水，开启电源加热，浴槽温度将自动稳定在 38℃左右。将浴槽通气管与氧气瓶相连接，调节橡皮管上的螺旋夹，使气泡一个接一个地通过中心管，为台氏液供氧。

2. 肠平滑肌标本制备 取禁食 24 小时家兔 1 只，用木槌猛击其枕骨部处死，迅速剖腹，自回盲部上端取回肠一段，置于 4℃台氏液中，将肠内容物冲净，并沿肠壁分离去掉肠系膜，然后将小肠剪成 1.5~2cm 长的若干段肠段标本，置于充好氧的 4℃台氏液中备用。

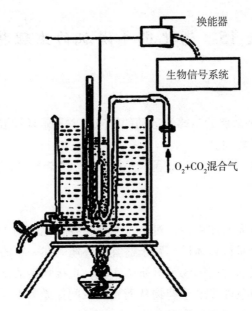

图 3-19　离体肠段灌流装置

3. 肠段的固定　取上述备用肠段标本一段，两端对角处以手术线绑定，一端手术线固定于浴槽的通气管的钩上，将肠段随通气管放入浴槽中；另一端用手术线系于换能器上，调节肠段正好处于浴槽台氏液浸泡中，并使连接肠段与换能器的手术线正好绷紧；将换能器与生物信号采集系统连接。调节控制麦氏浴管内的通气量（以通气管的气泡一个个的逸出为宜）。浴槽内温度控制在38℃左右。

4. 连接实验仪器装置　张力换能器接到生物信号采集处理系统通道1，记录离体小肠平滑肌的收缩曲线。

5. 启动生物信号采集处理系统　打开计算机，进入生物信号采集处理系统主界面，点击菜单"实验模块"，按计算机提示逐步进入消化道平滑肌的生理特性的实验项目。参数设置可根据实验实际情况调整。

【观察项目】

1. 将肠段置于平滑肌槽中，观察记录小肠平滑肌的收缩和舒张曲线。

2. 向灌流浴槽的台氏液中加1:100 000乙酰胆碱溶液2滴，观察肠段的反应，并记录收缩和舒张曲线。

3. 在观察记录到明显效应后，立即放出含有乙酰胆碱的台氏液，再用38℃台氏液冲洗3次，使肠段活动恢复正常。

4. 加入1:10 000阿托品2滴，观察记录肠段的反应，2分钟后再加入1:100 000乙酰胆碱溶液2滴，观察肠段的反应并记录收缩和舒张曲线。重复步骤3。

5. 加入1:10 000肾上腺素2滴，观察肠段的反应并记录收缩和舒张曲线。重复步骤 3。

6. 加入 1mol/L NaOH 2 滴，观察肠段的反应并记录收缩和舒张曲线。重复步骤 3。

7. 加入 1mol/L HCl 2 滴，观察肠段的反应并记录收缩和舒张曲线。重复步骤 3。

8. 用无钙台氏液冲洗 3 次（至少冲洗 3 次，方能将组织中的 Ca^{2+} 洗尽），换上新鲜无钙台氏液，观察小肠自发性收缩的变化，观察肠段的反应并记录收缩和舒张曲线。

9. 加入 1∶10 000 乙酰胆碱 2 滴，观察其反应，如无反应，1 分钟后用含钙台氏液冲洗 3 次，观察自发性收缩能否恢复。

10. 重复步骤 3，观察肠段在含钙台氏液中对乙酰胆碱的反应能否恢复。

11. 整理实验记录，并逐一加以解释。

【注意事项】

1. 重点观察小肠平滑肌收缩曲线的节律、波形、频率和幅度。注意收缩曲线的基线升高，表示小肠平滑肌紧张性升高。相反，收缩曲线的基线下降，表示紧张性降低。

2. 由于肠管平滑肌比较脆弱，在整个实验过程中肠段标本须避免过度拉扯。肠段标本不能在空气中暴露过久。

3. 必须用新鲜蒸馏水配制台氏液，实验前用氧饱和。

4. 加药以前，应先准备好更换用的 38℃ 的台氏液。

5. 上述各药液加入的量为参考数据，效果不明显可以补加，但切不可一次加药过多。

6. 每次实验效果明显后，立即更换浴槽内的台氏液，并冲洗 2～3 次，以免平滑肌出现不可逆反应。

7. 浴槽内温度应保持在 38℃，不能过高或过低。

【思考题】

1. 试比较实验中维持哺乳动物离体肠平滑肌活动和维持离体蛙心活动所需的条件有何不同？为什么？

2. 环境 pH 对哺乳动物离体肠平滑肌活动有何影响？为什么？

3. 结合实验现象试述临床上胃肠道痉挛引起的腹痛可用什么药物治疗？

实验 16　胰液和胆汁分泌的调节

【实验目的】

1. 掌握收集胰液和胆汁的方法。

2. 了解动物胆汁和胰液的分泌，以及神经、激素对它们分泌的调控。

【实验原理】

胰液和胆汁的分泌受神经和体液两种因素的调节。在稀盐酸、蛋白质分解产物和脂肪的刺激作用下，十二指肠黏膜可以产生胰泌素和缩胆囊素，胰泌素主要作用于胰腺导管的上皮细胞分泌水和碳酸盐；而缩胆囊素可引起胆汁的排出和胰酶分泌。此外，胆盐（或胆酸）亦可促进肝分泌胆汁，称为利胆剂。交感神经兴奋时释放去甲肾上腺素抑制胰液和胆汁的分泌；副交感神经兴奋通过末梢释放乙酰胆碱能加强胰液和胆汁的分泌。与神经调节相比较，体液调节更为重要。

【实验对象】

家兔。

【实验用品】

1. 实验器材　兔手术台、哺乳动物手术器械、气管插管、注射器及针头、各种粗细的塑料管（或玻璃套管）、纱布、丝线。

2. 实验药品或试剂　20% 氨基甲酸乙酯、0.5% HCl 溶液、胆囊胆汁、1∶10 000 肾上腺素、1∶1 000 乙酰胆碱。

【实验步骤】

1. 麻醉　家兔称重后，用 20% 氨基甲酸乙酯 5ml/kg 由兔耳缘静脉缓慢注入。

2. 动物固定　将麻醉好的动物仰卧位固定于兔手术台上，颈部放正。

3. 气管插管　用粗剪刀剪去颈部兔毛，于颈部正中做 7~8cm 切口，上至甲状软骨，下至胸骨上端，以血管钳钝性分离皮下组织和气管上方肌肉，暴露气管。分离气管，下方穿粗棉线，于第 2、3 气管环处做倒 T 形切口，插入 Y 形气管插管，结扎并固定。

4. 收集胰液和胆汁方法

（1）于剑突下沿正中线切开腹壁 10cm，拉出胃；双结扎肝胃韧带从中间剪断。将肝上翻找到胆囊及胆囊管；然后，用注射器抽取胆囊胆汁数毫升备用。

（2）胆管插管：通过胆囊及胆囊管的位置找到胆总管，插入胆管插管，并同时将胆总管十二指肠端结扎。

（3）胰管插管：从十二指肠末端找出胰尾，沿胰尾向上将附着于十二指肠的胰液组织用盐水纱布轻轻剥离，在尾部向上 2~3cm 处可看到一个白色小管从胰腺穿入十二指肠，此为胰主导管，分离胰主导管并在下方穿线，尽量在靠近十二指肠处切开，插入胰管插管，并结扎固定。

【观察项目】

1. 观察胰液和胆汁的基础分泌 未给予任何刺激情况下纪录每分钟分泌的滴数。胆汁为不间断地少量分泌，而胰液分泌极少或不分泌。

2. 将十二指肠上端和空肠上段的两端用粗棉线扎紧，而后向十二指肠腔内注入37℃的0.5%HCl 25~40ml，即酸化十二指肠，记录潜伏期，观察胰液和胆汁分泌有何变化（观察时间10~20分钟）。

3. 耳缘静脉注射胆囊胆汁1~2ml，观察胰液和胆汁的分泌量有何变化。

4. 耳缘静脉注射肾上腺素1ml，观察胰液和胆汁的分泌量有何变化。

5. 耳缘静脉注射乙酰胆碱1~2ml，观察胰液和胆汁的分泌量有何变化。

【注意事项】

1. 术前应充分熟悉手术部位的解剖结构。

2. 手术操作应细心，尽量防止出血，若遇大量出血须完全止血后再行分离手术。

3. 剥离胰液管时要小心谨慎，操作时应轻巧仔细。

4. 实验前2~3小时给动物少量喂食，用于提高胰液和胆汁的分泌量。

【思考题】

1. 向十二指肠腔内注入37℃的0.5%HCl溶液，胰液和胆汁分泌有何变化？为什么？

2. 根据上述实验结果，进一步阐述胰液和胆汁分泌的调节机制。

实验 17 小白鼠能量代谢的测定

【实验目的】
了解测小鼠能量代谢的方法。

【实验原理】
体内能量全部来源于物质的氧化分解，依据化学反应的定比定律，机体的耗氧量与能量代谢率成正相关，因此可通过测定一定时间内的耗氧量，间接地计算出能量代谢率。

【实验对象】
小白鼠。

【实验用品】
广口瓶、橡皮塞、玻璃管、橡皮管、弹簧夹、水检压计、10ml 注射器、液体石蜡、计时器、碳酸钠钙（钠石灰）。

【实验步骤】
1. 按图 3-20 连接实验装置 将广口瓶塞用打孔器打两个孔，插入玻璃管，在玻璃管上连接橡皮管，再用橡皮管分别连注射器和水检压计。用石蜡密封可能漏气的接口等处，使该装置连接严密而不漏气（在注射器内也应涂抹少量液体石蜡，以防止漏气）。注射器内装10ml 空气。

2. 实验前将小白鼠禁食 12 小时。将小白鼠称重后放入广口瓶内的小动物笼内，加塞密闭，打开 A、B 两夹。

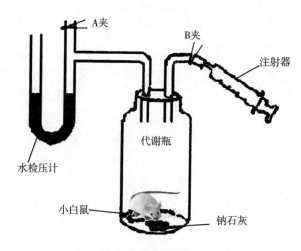

图 3-20 小白鼠能量代谢装置

【观察项目】

1. 测定4分钟的耗氧量　待小白鼠安静后，夹紧A、B两夹，记下时间。观察4分钟内水检压计所示压力的变化。由于小白鼠代谢消耗O_2，而所产生的CO_2又被钠石灰吸收，所以广口瓶内气体减少，因此可见广口瓶一侧的水柱升高。在4分钟末打开B夹，立刻将注射器内空气注入，使水检压计两侧液面相平为止，注入空气量即是4分钟内小白鼠的耗氧量。重复3次取平均值。

2. 计算　假定小白鼠所食为混合食物，呼吸商为0.82，每消耗1L氧所产生的热量为2.02×10^4J（4.825kcal），那么把24小时总耗氧量乘以2.02×10^4J（4.825kcal）即得出24小时的产热量。

【注意事项】

1. 整个管道系统必须严格密闭，防止漏气。
2. 尽量减少对动物的刺激，使动物保持安静。
3. 钠石灰要新鲜干燥。

【思考题】

1. 间接测热法的原理是什么？
2. 影响能量代谢的因素有哪些？对本实验的顺利实施有什么启示？
3. 瓶中放钠石灰的作用是什么？为什么一定要用新鲜干燥的钠石灰？

实验 18 家兔尿生成的影响因素

【实验目的】

学习哺乳动物输尿管插管或膀胱插管技术，观察影响尿生成的因素。

【实验原理】

尿的生成过程包括肾小球滤过、肾小管和集合管重吸收及分泌排泄过程。肾小球滤过作用受滤过膜通透性、肾小球有效滤过压和肾小球血浆流量等因素的影响。肾小管和集合管重吸收受小管液的溶质浓度和血液中血管升压素及肾素-血管紧张素-醛固酮系统等因素的影响。任何影响这些过程的因素都会影响尿量的变化。

【实验对象】

家兔。

【实验用品】

1. 实验器材　哺乳动物手术器械、兔手术台、生物功能实验系统、保护电极、铁支架、试管夹、动脉夹、动脉插管、注射器（1ml、5ml、20ml）及针头、有色丝线、纱布、棉花、膀胱插管、输尿管导管（或细塑料管）。

2. 实验药品或试剂　1∶10 000 去甲肾上腺素溶液、生理盐水、20%氨基甲酸乙酯溶液、50%葡萄糖溶液、垂体后叶素、呋塞米、尿糖试纸。

【实验步骤】

1. 手术

（1）麻醉与固定：用20%氨基甲酸乙酯溶液（1g/kg）将兔麻醉，仰卧位固定于手术台上。

（2）分离颈部神经和血管：在气管两侧辨别并分离颈总动脉、迷走神经，分别在颈总动脉及迷走神经下方穿以不同颜色的丝线备用。分离时特别注意不要过度牵拉，并随时用生理盐水湿润。

（3）插动脉插管：在气管旁分离两侧颈总动脉，静脉注射肝素（1 000U/kg）以抗凝。在左侧颈总动脉的近心端夹一动脉夹，并在动脉夹远心端距动脉夹约3cm处结扎。用小剪刀在结扎线的近侧剪一小口，向心脏方向插入充满肝素生理盐水的动脉插管，用备用的线结扎固定。

（4）输尿管插管法：腹部剪毛，自耻骨联合上缘沿正中线向上做一长约5cm的皮肤切口，再沿腹白线剪开腹壁和腹膜（勿损伤腹腔脏器），找到膀胱，将膀胱向下翻出腹外。暴露膀胱三角，辨认清楚输尿管，并向肾侧仔细地分离两侧输尿管2~3cm。用线将输尿管近膀胱端结扎，然后在结扎上方的管壁处斜剪一小切口，把充满生理盐水的细塑料管向肾脏方向插入输尿管内，用线结扎、固定好。再以同样方法插好另一侧输尿管。两侧的细塑料插管可用Y形管连起来，然后连到记滴器上记滴。此时，可看到尿液从细塑料管中慢慢逐滴流出。手术完毕后，将膀胱与脏器送回腹腔，用温生理盐水纱布覆盖在腹部创口上，以保持腹腔内温度。

也可用膀胱插管法导尿：同上述输尿管插管法，切开腹壁将膀胱轻移至腹壁上。先辨认清楚膀胱和输尿管的解剖部位，用棉线结扎膀胱颈部，以阻断它与尿道的通路，然后在膀胱顶部选择血管较少处剪一纵行小切口，插入膀胱插管（可用一滴管代替），插管口最好正对着输尿管在膀胱的入口处，但不要紧贴膀胱后壁而堵塞输尿管。将切口边缘用线固定在管壁上。膀胱插管的另一端用导管连接至记滴器记滴。此时，可看到尿液从插管中缓慢逐滴流出。手术完毕后，用温热的生理盐水纱布覆盖在腹部的膀胱与脏器上，以保持温度。

2. 连接实验仪器装置　将记滴器的输出线与生物功能实验系统的输入插口相连，打开计算机启动生物功能实验系统，按计算机提示逐步进入影响尿生成的因素的实验项目。

【观察项目】

1. 记录基础尿量（滴/分）　记录实验前动物的基础尿量作为正常对照数据。

2. 注射生理盐水　从耳缘静脉迅速注入 37℃生理盐水 20ml，观察记录尿量的变化。

3. 注射 50%葡萄糖溶液　用尿糖试纸接取 1 滴尿液进行尿糖测定（见附注），然后从耳缘静脉注射 50%葡萄糖溶液 3ml，观察记录尿量的变化。在尿量明显增多时，再用尿糖试纸接取 1 滴尿液进行尿糖测定。

4. 注射垂体后叶素　从耳缘静脉注射垂体后叶素 2 单位，观察记录尿量的变化。

5. 静脉注射呋塞米　从耳缘静脉注射呋塞米（5mg/kg），观察记录尿量的变化。

6. 静脉注射去甲肾上腺素　由耳缘静脉注入 1∶10 000 去甲肾上腺素 0.3ml，观察记录尿量的变化。

7. 电刺激迷走神经　结扎并剪断右侧迷走神经，电刺激其外周端，观察记录尿量的变化。

8. 颈动脉插管放血　松开动脉夹，使动脉血压迅速下降至 80mmHg 以下，观察记录尿量的变化。当停止放血后，继续记录一段时间。

9. 补充循环血量　从耳缘静脉注入 37℃生理盐水以补充循环血量，观察记录尿量的变化。

【注意事项】

1. 为保证动物在实验时有充分的尿液排出，实验前应给家兔多喂青菜，或用橡皮导管向胃灌入清水 40~50ml，以增加其基础尿量。

2. 手术操作要轻柔，腹部切口不可过大，不要过度牵拉输尿管，以免因输尿管挛缩而不能导出尿液。

3. 本实验需多次兔耳缘静脉注射，故需注意保护耳缘静脉，开始注射时应尽量从耳尖部位开始，再逐步向耳根移行，以免造成后期注射困难，或选用小儿头皮针刺入耳缘静脉固定，以便于多次注射使用。

4. 每项实验前均应有对照数据和记录，原则上是前一项药物作用基本消失，尿量基本恢复到正常水平后再进行下一项实验。

5. 无尿流出，先检查尿路是否通畅，如通畅，可用呋塞米利尿，等尿量稳定后进行实验。

【思考题】

1. 注射 50% 葡萄糖前后为什么要做尿糖定性实验？尿糖和尿量之间有何关系？
2. 分析上述各实验结果的原因。

【附注】尿糖实验方法

用"尿糖试纸"测定尿中葡萄糖。取一条试纸，用试纸的天蓝色测试区蘸取 1 滴刚流出的新鲜尿液，观察天蓝色测试区的颜色，若天蓝色测试区转为橙色或褐色，则表示尿糖实验阳性（尿糖含量可经比色卡测知）。若天蓝色测试区颜色不变，则为尿糖阴性（−）。

实验 19 胰岛素的降血糖作用、过量反应及其解救

【实验目的】

1. 掌握哺乳类动物静脉注射或小动物皮下注射药物的方法。

2. 观察过量注射胰岛素诱发动物低血糖抽搐的反应，并掌握其解救方法。

【实验原理】

本实验通过给予家兔、小白鼠过量胰岛素，观察其低血糖抽搐反应，再分别给予葡萄糖和肾上腺素，观察两者对低血糖状态的调整，以了解胰岛素调节机体血糖水平的生理学作用。

胰岛素是由胰腺 B 细胞分泌的激素，是机体唯一降低血糖的激素，它可以调节机体葡萄糖的来源和去路，从而影响机体的血糖水平。它的主要生物学作用是促进机体糖原合成，加速糖有氧氧化，抑制糖原异生和分解，从而降低血糖。当体内胰岛素过量时，可引起机体呈低血糖症状，动物出现惊厥现象。肾上腺素可以使肝糖原分解加强，从而升高血糖水平，因此，它可以缓解机体低血糖状态，并逐步使动物恢复正常。

【实验对象】

家兔或昆明小鼠。

【实验用品】

1. 实验器材 哺乳类手术器械一套、鼠笼、注射器、手术灯、纱布、手术缝合线等。

2. 实验药品 20% 氨基甲酸乙酯溶液、胰岛素溶液（2U/ml）、50% 葡萄糖溶液、0.01% 肾上腺素溶液、0.9% NaCl 溶液。

【实验步骤】

1. 胰岛素引起家兔低血糖反应 取家兔 2 只，称重，于耳缘静脉注射胰岛素 40U/kg，观察并记录动物的抽搐时间及特征。待动物出现低血糖抽搐后，立即给予一只家兔耳缘静脉注射 50% 葡萄糖溶液 15~20ml，另一只家兔皮下注射 0.01% 肾上腺素溶液 0.5ml，观察并记录结果。

2. 胰岛素引起小鼠低血糖反应

（1）取昆明种 4 只小白鼠，称重，随机分为对照组和实验组，每组 2 只，禁食 18~24 小时。

（2）给实验动物腹腔注射胰岛素溶液 0.1ml/10g，给对照组动物注射等量 0.9% NaCl 溶液。

（3）将各组动物放于室温环境中，记录时间，并观察动物的状态、姿势及活动情况。

【观察项目】

1. 观察两组动物出现低血糖的反应特征及时间。

（1）判断低血糖反应的指标：僵直性抽搐、四肢挺直、足趾震颤、唾液增多、出现咀

嚼动作、有阵发性兴奋躁动、角弓反张、乱滚等惊厥反应直至出现低血糖性昏迷。

（2）分别记录动物表现：家兔静脉注射葡萄糖和皮下注射肾上腺素后，动物抽搐停止的时间。注射葡萄糖后可见动物抽搐很快停止，逐步恢复正常；注射 0.01% 肾上腺素溶液 15 分钟左右可缓解低血糖症状。

小白鼠出现惊厥后，观察实验组注射葡萄糖以及对照组未经抢救的活动情况。

【注意事项】

1. 实验前动物应禁食 18~24 小时，并注意保温。

2. 注射胰岛素后应随时观察动物抽搐反应，把握抢救时机。

【思考题】

1. 为什么注射胰岛素后动物会出现不安、抽搐等现象？

2. 为什么出现上述症状时最有效的抢救方法是立即静脉注射葡萄糖溶液？

实验 20 自主神经递质的释放

【实验目的】

学习在体蛙心灌流技术，加深对化学递质学说的理解。

【实验原理】

1921 年，奥托·洛伊维完成了生理学的一个经典实验：将两个蛙心分离出来，第 1 个带有神经，第 2 个不带神经。两个蛙心都装上蛙心插管，并充以少量任氏液，刺激第 1 个心脏的迷走神经几分钟后心跳减慢；随即将其中的任氏液吸出转移到第 2 个未被刺激的心脏内，后者的跳动也慢了下来，正如刺激了它的迷走神经一样。刺激心脏的交感神经，而将其中的任氏液转移到第 2 个心脏，后者的跳动也加速起来。这个实验确凿地证明了冲动传递是过神经末梢释放化学物质（即神经递质）来实现的，后来揭示了这种迷走神经物质实际上是乙酰胆碱。

【实验对象】

蟾蜍或蛙。

【实验用品】

1. 实验器材　生物信号采集系统，蛙板，肌力换能器，保护电极，蛙类手术器械，蛙心夹，特制蛙心插管，特制 T 形管，滴管，螺旋夹，气门芯，500ml 下口抽滤瓶。

2. 实验药品或试剂　任氏液，2×10^{-5} 毒扁豆碱任氏液，10^{-5} 阿托品任氏液。

【实验步骤】

1. 捣毁中枢神经系统　破坏蟾蜍脑和脊髓，将其仰卧固定在蛙板上。

2. 暴露迷走-交感神经混合干　在一侧的下颌角与前肢之间剪开皮肤，分离提肩胛肌并小心剪断，在其深部寻找一血管神经束，内有动脉，静脉和迷走交感神经干，分离神经干穿线备用。

3. 心脏标本的制备　剪开胸骨及心包，暴露心脏，用蛙心夹在心舒张期夹住心尖部，将心脏提起，仔细辨认出出入心脏的 9 条血管。只保留左主动脉和左肝静脉，其余全部结扎。将左肝静脉作输入管，插管后用任氏液灌流，待心脏完全变白后，再行左主动脉插管作输出管。用任氏液灌注并保持灌流系统通畅。

4. 两心脏的连接　将甲蛙心做供递质心，乙蛙心做受递质心，通过特制 T 形管的两侧管及气门芯将甲、乙两心连接起来（图 3-21），T 形管的中间管接一段胶管垂直放置，调节其高度使灌流液不至溢出为度。

5. 连接实验仪器装置　两蛙心分别通过蛙心夹连于张力换能器并输入生物信号采集系统。

6. 信号采集　打开计算机，启动生物信号采集系统，点击菜单"输入信号"，按计算机提示逐步进入记录张力活动的实验项目。参数设置可根据实验实际情况调整。

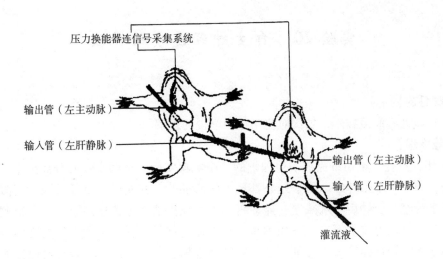

压力换能器连信号采集系统

输出管（左主动脉）

输入管（左肝静脉）

输出管（左主动脉）

输入管（左肝静脉）

灌流液

图 3-21　在体心脏的连接

【观察项目】

1. 记录一段正常心搏（心率和心脏收缩幅度）曲线。

2. 刺激甲蛙迷走神经干，待甲蛙心出现明显效应后，停止刺激，观察乙蛙心搏动的变化。

3. 用 2×10^{-5} 毒扁豆碱（抗胆碱酯酶药）任氏液做灌流液，重复 1 和 2 项实验，观察此溶液对心搏的影响。

4. 用 1×10^{-5} 阿托品任氏液灌流心脏，重复 1 和 2 项实验，观察心搏有何变化。

【注意事项】

1. 选择两个蟾蜍大小、心搏速度、频率尽量一致。

2. 每次给药前要有正常心搏曲线。

3. 各药品的滴管分开使用，不能混淆。

【思考题】

1. 为什么所选用蛙的大小、心搏幅度、频率宜相近，如果不相近会有什么结果？

2. 用不同的频率和电压的刺激作用于迷走神经干，会出现不同效果，可能的原因？

3. 查阅奥托·洛伊维的生平事迹，思考对自己的启示。

实验 21　大脑皮层诱发电位

【实验目的】

1. 学习记录大脑皮层诱发电位的方法。

2. 观察大脑皮层诱发电位的波形。

【实验原理】

大脑皮层诱发电位是指感觉传入系统受到刺激时，在皮层上某一局限区域所引导的电位变化。本实验是以适当的电刺激作用于左前肢的浅桡神经，在右侧大脑皮层的感觉区引导家兔的诱发电位。用这种方法可以确定动物的皮层感觉区，在研究皮层功能定位上起着重要作用。由于大脑皮层随时都存在自电活动，诱发电位经常出现在自发电活动的背景上。为了压低自发电活动，使诱发电位清晰地引导出来，实验时常将动物深度麻醉。

【实验对象】

家兔。

【实验用品】

1. 实验器材　哺乳动物手术器械、颅骨钻、咬骨钳、兔手术台、立体定位仪、刺激器、屏蔽箱、皮层引导电极（直径 1mm 银丝，顶端呈球形）、保护电极、骨蜡、石蜡油。

2. 实验药品或试剂　20% 氨基甲酸乙酯溶液、生理盐水。

【实验步骤】

1. 麻醉　家兔称重后，20% 氨基甲酸乙酯（5ml/kg）耳缘静脉静脉注射，麻醉深度一般以呼吸频率为 20 次/min 为宜，此时皮层自发性电活动较小。

2. 气管插管　在气管下穿线，于甲状软骨下 1~2 个环状软骨间用粗剪刀做横切口，并向下方作一纵切口，使切口呈倒 T 形，插入气管插管后用线固定。

3. 动物的固定　剪去兔头顶部、左前肢桡侧的毛。俯卧位固定在兔台上。

4. 浅桡神经的分离　在左前肢肘部桡侧剪毛，切开皮肤，寻找分离浅桡神经约 3cm，用沾有温热石蜡油（38℃）的药棉包裹保护之，并将皮肤切口关闭备用。

5. 暴露大脑皮层　正中切开头顶部皮肤约 6cm，分离皮下组织，将皮肤展向两侧，刮去右侧颅骨上的结缔组织。于冠状缝稍后，矢状缝向右旁开 4mm，人字缝前 5~10mm 处用颅骨钻钻一小孔（图 3-22），再用咬骨钳扩大孔径 7~10mm。勿伤及正中线血管。骨缝出血可用骨蜡封闭。用针头挑起硬脑膜，用剪刀剪开。滴上少许 38℃ 液体石蜡，以保护皮层，防止皮层干燥和冷却。

6. 仪器的连接与参数的调整　将兔头固定于立体定位仪上。引导电极置于大脑皮层右侧的前肢—感觉区，无关电极放在头部皮肤切口内与组织密切接触。于桡神经上安置保护电极，将电极与微机输出刺激线相连，并固定。参数设置可根据实验实际情况调整。

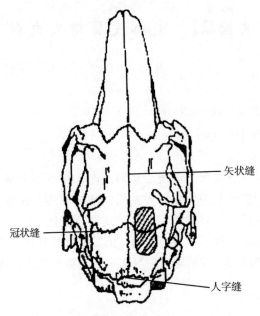

图 3-22　兔颅骨开孔位置

图中阴影部位为开孔处

【观察项目】

　　刺激前先记录麻醉状态时的大脑皮层自发脑电，如果自发脑电电位较大，表示麻醉深度不够，可适当追加麻醉剂，但剂量一般不超过规定量的 10%。

　　以单个脉冲刺激浅桡神经，可见同侧肢体轻微抖动，并在荧光屏上出现刺激伪迹。逐渐增加刺激强度，可在伪迹后观察到诱发电位。皮层诱发电位组成有两部分：主反应（PR）和后发放（AD）。主反应潜伏期较固定，电位时相先正后负。注意观察诱发电位的潜伏期、主反应与后发放的时程，以及主反应的相位与振幅（图 3-23）。

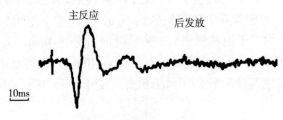

图 3-23　兔皮层诱发电位

【注意事项】

1. 实验需在屏蔽室或屏蔽箱内进行，以防干扰。

2. 皮层诱发电位对温度十分敏感，在剪开脑膜后，要经常更换温热石蜡油。

3. 皮层引导电极以轻触皮层为佳，不可过分压迫皮层，以免影响观察。

4. 动物麻醉适当深些，使自发脑电波抑制，诱发电位才会明显地显示出来。

【思考题】

1. 皮层诱发电位包括哪些波形成分？

2. 皮层诱发电位是怎样产生的？躯体感觉系统的传入通路如何？

实验 22　兔大脑皮层运动区的刺激效应及去大脑僵直

【实验目的】

1. 学会大脑皮层运动区功能定位的方法及去大脑僵直动物模型制备。

2. 观察大脑皮层运动区对躯体运动的调节作用及去大脑僵直现象，理解中枢对肌紧张的调节作用原理。

【实验原理】

正常机体即使在安静时，人和动物的骨骼肌也存在一定的肌紧张。肌紧张发生的基础是脊髓的骨骼肌牵张反射，它既是维持躯体姿势最基本的反射，又是其他姿势反射的基础。但它时刻受着高位中枢的调节。高位中枢对肌紧张具有易化和抑制双重调节作用。正常情况下，这两种作用协调而平衡，使骨骼肌保持适当的紧张度，维持着机体的正常姿势。抑制肌紧张的中枢部位有：大脑皮层运动区、纹状体、小脑前叶蚓部、延髓网状结构抑制区；易化肌紧张的中枢部位有：前庭核、小脑前叶两侧部及脑干网状结构易化区。在中脑四叠体（上、下丘）之间横断脑干的动物称去大脑动物。这种动物出现肌紧张过度增强现象，尤其是伸肌紧张明显亢进，表现为四肢伸直，头尾昂起，脊柱挺硬，因这种姿势为去大脑后所特有，故称为去大脑僵直。这是由于切断了大脑皮层运动区和纹状体等部位与网状结构抑制区的功能联系，造成抑制区活动减弱而易化区活动增强，使易化区的活动占明显优势，从而导致肌紧张过度增强的表现。

【实验对象】

家兔。

【实验用品】

1. 实验器材　手术器械一套、颅骨钻、咬骨钳、电子刺激器、银丝电极、兔手术台、脱脂棉、纱布、骨蜡、烧杯。

2. 实验药品或试剂　生理盐水、20%氨基甲酸乙酯（乌拉坦）溶液。

【实验步骤】

1. 家兔麻醉、固定　家兔耳缘静脉注射20%乌拉坦溶液（5ml/kg）进行麻醉，然后将其仰卧位固定于兔手术台上。

2. 颈部手术　将兔仰卧位固定于手术台上后，剪去颈部及头顶的毛，切开颈部皮肤，钝性分离颈部肌肉及膜组织，游离出双侧颈总动脉，穿线以备结扎，行气管插管。

3. 开颅手术　将兔转为俯卧位，四肢固定。把头固定于头架，从两眉连线中点上方至枕部沿矢状线纵行切开皮肤及骨膜，用刀柄向两侧剥离肌肉并刮去颅顶骨膜。兔头水平放置，在旁开矢状缝0.5mm左右的颅顶处用骨钻开孔，再以咬骨钳将创口扩大，暴露整个大脑上表面。颅顶手术区见图3-24。手术过程中，若颅骨出血可用骨蜡止血，特别是向对侧扩展时，要注意勿伤及颅骨内壁的矢状窦，以免大出血。

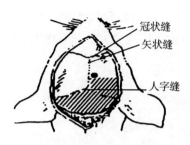

图 3-24 颅顶手术区示意图

黑点表示钻开颅骨的位置

4. 暴露大脑皮层 用注射器针头或探针挑起硬脑膜，小心剪去创口部位的硬脑膜，暴露出大脑皮层。解开家兔固定绳，先将无关电极固定于家兔的皮肤上，再用刺激电极接触皮下肌肉，调节刺激强度，观察躯体肌肉活动反应。然后用刺激电极（每次刺激5~10秒，每次刺激间隔1分钟）逐点依次刺激大脑皮层不同区域，观察躯体的运动反应，并将结果标记在大脑半球侧面观的示意图上。

5. 去大脑僵直手术 用小咬骨钳将所开的颅骨创口迅速扩展至枕骨结节，暴露双侧大脑半球后缘，同时结扎双侧颈总动脉。将动物的头托起，用竹刀从大脑半球后缘轻轻翻开枕叶即可见到四叠体（上丘较大，下丘较小），在上、下丘之间略向前倾斜以竹刀向颅底横切，将脑干完全切断。几分钟后观察结果。兔去大脑僵直状（图3-25）。

图 3-25 兔去大脑僵直状

【观察项目】

1. 观察逐点依次刺激大脑皮层不同区域躯体的运动反应。

2. 观察去大脑僵直现象。

【注意事项】

1. 麻醉不能过深。

2. 刀片插入前，要按住兔身，以防兔挣扎使进刀位置偏移，而影响实验效果。

3. 切断脑干处的定位要准确，若切割部位太低，可损伤延髓呼吸中枢，引起呼吸停止；反之，横切部位过高，则可能不出现去大脑僵直现象。

【思考题】

1. 分析产生去大脑僵直的机制。

2. 去大脑僵直实验对临床神经反射检查有何启示？

实验 23 小鼠学习与记忆及其影响因素的观察

【实验目的】

1. 学习采用避暗自动测试仪测定小鼠学习与记忆的方法。

2. 了解对神经系统有潜在破坏作用的药物或电刺激对小鼠学习与记忆能力的影响。

【实验原理】

避暗实验根据小鼠喜暗的生活习性，观察并自动记录小鼠第一次进入暗箱前的潜伏期和进入加有电刺激暗箱的总次数（被电击次数），以考察小鼠的学习与记忆能力。

【实验对象】

成年昆明小鼠。

【实验用品】

0.2%亚硝酸钠，20%乙醇、BA-200 小鼠避暗仪、生物信号采集处理系统、刺激电极、1ml 注射器、记号笔等。

【实验步骤】

1. 动物驯化 取 4 只小鼠分别标记（1 号、2 号、3 号、4 号）后放入避暗仪活动箱明室，尾部靠向暗室方向，打开明暗室之间的隔板门，由于小鼠喜暗室的习性，小鼠将进入暗室（图 3-26），让小鼠在暗室中适应一段时间即驯化。

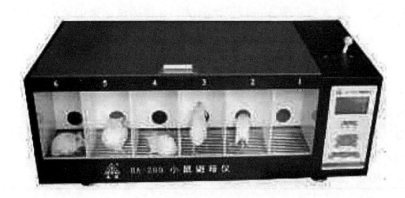

图 3-26 BA-200 小鼠避暗仪

2. 标记小鼠 驯化结束后，从避暗仪中取出小鼠，将小鼠进行标记。

3. 学习测试

（1）将避暗自动测试仪电击电压设置为"36V"，测试时间设置为"10min"。

（2）关闭明暗之间的隔板门，将小鼠按照对应标号分别放入活动室明室，尾部靠向暗室方向。

（3）启动"启/停"按钮开始测试，与此同时打开明暗室之间的隔板门，小鼠如果进入暗室并被电击，仪器将自动记录潜伏期以及电击次数，该数据反映。小鼠的学习能力。结果记入表3-3。

表 3-3　未经处理小鼠的避暗自动测试仪记录结果统计表

小鼠编号	潜伏期（s）	被电击次数
1 号		
2 号		
3 号		
4 号		

4. 记录结果　学习测试完成后，取出小鼠放置30分钟后进行以下实验处理并实验观察记录结果。

【观察项目】

1. 将1号、2号、3号、4号小鼠分别做以下处理。

（1）1号电击处理：在头部施加7mA电流持续1秒。

（2）2号亚硝酸钠：皮下注射0.2%亚硝酸钠0.15ml造成脑部缺氧。

（3）3号乙醇处理：灌胃20%乙醇0.2ml。

（4）4号正常对照组：不做任何处理。

2. 处理完成后，按实验步骤3进行记忆测试。并将测试结果记录到表3-4。

表 3-4　经处理小鼠的避暗自动测试仪记录结果统计表

小鼠编号	潜伏期（s）	被电击次数
1 号电击		
2 号注射亚硝酸钠		
3 号灌胃乙醇		
4 号对照		

【注意事项】

1. 实验前先了解BA-200小鼠避暗仪的性能，并学会操作。

2. 捉拿小鼠时注意不要使小鼠受到惊吓或伤害，将小鼠尾端轻轻提起小鼠即可。

3. 避暗测试结束取出小鼠后随即将每只小鼠的潜伏期及被电击次数等数据记录下来。

4. 小鼠编号要清晰。

【思考题】

1. 机体哪些结构跟学习与记忆有关?
2. 如果进行科学研究，对各组的实验小鼠样本数有何要求?

实验 24　耳蜗微音器电位和听神经动作电位

【实验目的】

1. 学习豚鼠耳蜗微音器电位的实验记录方法。

2. 观察豚鼠耳蜗微音器电位和听神经动作电位的特征及关系。

【实验原理】

耳蜗是听觉系统的感音换能部位，接受声波刺激以后，可由置于耳蜗及其附近的电极引导出一系列电位波动，主要包括耳蜗微音器电位和听神经复合动作电位。微音器电位实际是耳蜗内的毛细胞将声波刺激的机械能转换为听神经冲动过程中所产生的感受器电位，其特点是其波形、频率、位相等均与刺激的声波一致，电位的幅度随声音刺激的强度而升高，无潜伏期，无不应期，不易发生疲劳和适应。听神经动作电位是继微音器电位后出现的一组双向电位波动，是众多听神经的复合动作电位，其幅度随声音刺激强度而增高。其电位大小能反应被兴奋的神经纤维数目的多少。

【实验对象】

豚鼠。

【实验用品】

哺乳类动物手术器械、电子秤、耳机、探针、引导电极（涂有绝缘层的针灸针或银球电极）、参考电极与接地电极（用针灸针代替）、蛙板、注射器、电子刺激器、温热生理盐水、20%氨基甲酸乙酯溶液、纱布、棉球、生物信号采集系统。

【实验步骤】

1. 麻醉　取体重约 350g 的健康豚鼠 1 只，用 20%氨基甲酸乙酯溶液（6ml/kg）腹腔注射麻醉。麻醉后，剪去一侧耳郭四周的毛，腹位固定于解剖台上。

2. 手术　沿耳郭根部的后上缘切开皮肤，做钝性分离，先找到顶间骨、颞骨与枕骨粗隆。再沿枕骨外缘下行，边钝性分离，边刮净颞骨乳突部的肌肉，充分暴露颞骨乳突部。此乳突部位在枕骨粗隆下方约 1.5cm、外耳道口后方约 0.5cm 处。用探针在乳突根部钻一小孔，再仔细扩大为直径 3~4mm 的骨孔，孔内即为鼓室。打开鼓室，暴露耳蜗，可见耳蜗呈淡黄色，尖端向下，在其底转上方有圆窗，窗口朝向外上方（图 3-27）。

3. 安放电极　将豚鼠头部侧握于左手，用右手把银球电极前端稍稍弯曲，并将电极从骨孔插向深部，轻轻地安放在圆窗膜上（在骨孔前内侧壁有一直径约 0.2cm 的小孔，其上封闭的膜即为圆窗膜），使银球与圆窗膜相接触，并用胶泥固定，参考电极置于手术切口肌肉或皮肤上，接地电极插入动物前肢。

4. 连接实验设备　将电极（引导、参考、接地电极）与生物信号采集系统的某一通道接口相连（红色夹子夹引导电极，白色夹子夹参考电极，黑色夹子夹接地电极），刺激输出端与耳塞相连。

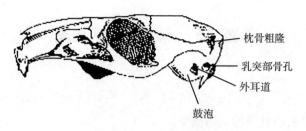

枕骨粗隆

乳突部骨孔

外耳道

鼓泡

图 3-27　手术位置示意

5. 启动生物信号采集系统　打开计算机，进入生物信号采集系统主界面，点击菜单"实验模块"，按计算机提示逐步进入记录耳蜗微音器电位的实验项目。选择相应的采样参数和刺激参数进行实验。

【观察项目】

1. 语音刺激　直接对着豚鼠外耳道说话或唱歌，用监听器监听说话或唱歌声，采用连续采样方式采样，在屏幕上可见到与所给声音的频率和振幅相应的电位变化。

2. 短声刺激　将耳机对准动物外耳道，启动刺激器输出，调节幅度，给予动物适当的短声刺激。在屏幕上可看到刺激伪迹后的微音器电位，以及在它后面的听神经动作电位。反转刺激器输出的极性或交换耳机两端的接线改变声音的相位，可看到微音器电位的相位倒转 180°，而听神经动作电位的相位没有变化。

【注意事项】

1. 挑选豚鼠时可击掌测试其反应，选取听觉灵敏度较好的动物。

2. 在整个实验过程中，要注意保持豚鼠耳蜗的湿度和温度。

3. 在手术过程中，若实验动物挣扎，可适量补充麻药，但不可过量；否则影响听神经动作电位的记录。

4. 手术时间不宜过久，否则会使微音器电位的幅值下降，影响记录。

5. 耳蜗在钻孔时，孔径不宜过大，以刚好能插入电极，并能堵住小孔为度，以防耳蜗中的淋巴液外溢。

6. 颈外动脉有分支在颞骨乳突部外侧经过，切勿伤及。

【思考题】

1. 耳蜗微音器电位和听神经动作电位是如何产生的？

2. 比较耳蜗微音器电位和听神经动作电位的异同。

3. 为什么实验动物选用豚鼠作为研究对象？

实验 25　急性右心衰竭

【实验目的】

1. 学习复制急性右心衰竭的动物模型。

2. 掌握右心衰竭的发生机制。

【实验原理】

心力衰竭是由于心肌收缩和/或舒张功能障碍，使心脏泵血功能障碍，导致心输出量降低，不能满足机体组织代谢需要的一种病理过程或综合征。心力衰竭的常见病因有：①压力或容量负荷过度。②原发性心肌收缩、舒张功能障碍。

心力衰竭可根据发生速度、发病部位、病情严重程度、心输出量的高低或发病机制进行分类。根据发病部位，心力衰竭可分为左心衰竭、右心衰竭或全心衰竭。左心衰竭主要是左心室搏出功能障碍，多由严重心肌损害和左心负荷过重引起，常见于二尖瓣关闭不全、冠心病、心肌病、高血压等，突出的表现是肺淤血、肺水肿、心源性呼吸困难和动脉系统供血不足。右心衰竭主要是右心室搏出功能障碍，多由急慢性肺源性心脏病和肺动脉瓣、三尖瓣病变所致，主要表现是体循环静脉系统淤血、静脉压升高、下肢或全身水肿。全心衰竭多由心肌炎、心肌病、心包炎、严重贫血等引起，也可由一侧心力衰竭发展演变而来，左心衰竭、右心衰竭的表现皆有。

本实验通过家兔耳缘静脉注射栓塞剂（液体石蜡）造成家兔急性肺小血管栓塞，引起右心室压力负荷增加，然后再通过短时间内给动物输入大量液体从而引起右心容量负荷增加，由于右心前、后负荷的过度增加，造成右心室收缩和舒张功能降低，从而导致动物出现急性右心衰竭。

【实验对象】

家兔。

【实验用品】

1. 实验器材　BL-420S 生物功能采集系统、电子秤、恒温水浴箱、压力换能器、兔台、哺乳类手术器械一套、动脉夹、气管插管、动脉插管、静脉插管、连接三通 100℃ 温度计、手术缝合线、注射器（50ml、10ml、5ml、2ml）、输液器。

2. 实验药品　1% 肝素钠生理盐水溶液、0.01% 肝素钠生理盐水溶液、0.25% 利多卡因、0.9%NaCl 溶液、液体石蜡、20% 氨基甲酸乙酯溶液。

【实验步骤】

1. 麻醉固定　取家兔 1 只，称重。抽取 20% 氨基甲酸乙酯溶液（5ml/kg）经耳缘静脉注入，麻醉家兔后，将家兔仰卧固定在兔台上。

2. 颈部手术

（1）备皮：用粗剪刀剪去家兔颈部被毛。

（2）局部麻醉：沿家兔颈部正中线注射 0.25% 利多卡因 2~3ml，局部麻醉。

（3）气管插管：用左手拇指和示指撑平皮肤，右手持手术刀，沿颈部正中线做一长约 5cm 的切口。用止血钳钝性逐层分离，暴露气管后，用玻璃分针从气管下穿入，并在其下方穿根线备用。在甲状软骨下方第 3~4 个软骨环上做一⊥形切口，插入 Y 字形气管插管，用线结扎固定。

（4）颈外静脉插管：用玻璃分针分离右侧颈外静脉，在其下方穿 2 根线备用。排净压力换能器和静脉插管内的空气，在静脉插管内充满 0.9% NaCl 溶液。将静脉远心端结扎，近心端用眼科剪剪一 V 形切口，插入静脉插管，用线固定，连接压力换能器，监测中心静脉压的变化。

（5）颈总动脉插管：用玻璃分针分离左侧颈总动脉，并在其下穿 2 根线备用。用 0.01% 肝素钠生理盐水溶液排净压力换能器和动脉插管内的空气，将颈总动脉远心端结扎，近心端用动脉夹夹住，然后在靠近上方绳结处用眼科剪剪一 V 形切口，插入动脉插管，用线固定，连接压力换能器，监测血压的变化。

（6）全身肝素化：用 1% 肝素钠生理盐水溶液按 1ml/kg 经颈外静脉三通管处注入动物体内行全身肝素化。

3. 心电导线的连接　用大头针分别插入家兔的右前肢、左后肢和右后肢的皮下，然后将心电导线中白色电极连接入右前肢的大头针上，红色电极连接入左后肢的大头针上，而黑色电极则连接于右后肢的大头针上。

4. 呼吸描记　在胸廓起伏最明显处剪掉小块皮肤，用弯针钩住肌肉并与张力换能器相连接。调整张力换能器高度并通过 BL-420S 生物功能采集系统描记呼吸运动曲线，观察动物的呼吸频率与深度。

5. 复制右心衰竭模型　自家兔耳缘静脉缓慢注射液体石蜡（加温至 37℃）0.5ml/kg。观察中心静脉压及血压的变化，如前者明显升高或后者明显下降时则终止注射。待血压，呼吸稳定后，再以 60 滴/分的速度快速输入 0.9% NaCl 溶液，直至血压下降至 60mmHg 以下。

6. 尸检　待动物死亡后，暴露胸腔和腹腔，观察动物有无胸腔积液，腹水出现，并仔细观察肠系膜血管充盈程度及其他脏器水肿情况。

【注意事项】

1. 麻醉药量要适宜，并在麻醉过程中，仔细观察动物的呼吸、心率等生命体征。麻醉剂量过大，可致动物死亡；麻醉剂量不足，动物在手术操作中会挣扎。

2. 颈外静脉管壁较薄，行静脉插管时，需小心谨慎，如插管不顺利，不能强行插入，可将插管轻微旋转或适当后退，然后再重新插入静脉内，切勿将血管壁插破，影响输液及中心静脉压的测定。

3. 液体石蜡因黏滞度较高，需适当加温，从而使其注入血液后能形成微小栓子。

4. 实验中，若给动物输液量超过 200ml/kg，而各项指标变化仍不明显，可适当补充注射栓塞剂。

【思考题】
　　1. 本实验中急性右心衰竭模型的形成机制是什么？
　　2. 本实验中各项指标的变化机制是什么？

实验 26　高钾血症及其抢救

【实验目的】

1. 学习家兔高钾血症模型的复制方法。
2. 掌握高血钾时动物心电图的改变。
3. 了解高钾血症产生的原因、机制和解救措施。

【实验原理】

我国健康成人血清中钾离子浓度的参考值为 3.5~5.5mmol/L。若某种原因导致血钾浓度低于 3.5mmol/L 时，称为低钾血症；反之，若致血钾浓度高于 5.5mmol/L 时，则称为高钾血症。

1. 高钾血症产生的原因和机制

（1）肾排出的 K^+ 的量减少。

（2）细胞内 K^+ 转移到细胞外。

（3）机体的 K^+ 量过多。

2. 高钾血症对心脏活动的影响

（1）心肌兴奋性先升高后降低，其机制是轻度高钾血症时，细胞内外 K^+ 浓度差减小，静息电位负值变小，与阈电位的差距减小，故兴奋性升高；重度高钾血症时，静息电位负值过小，当接近或等于阈电位时，钠通道失活，兴奋性极度降低。

（2）心肌的传导性下降，其机制是：静息电位负值变小，与阈电位间差距小，则动作电位 0 期去极化的速度减慢，幅度变小，兴奋传导速度减慢，故传导性降低。

（3）心肌自律性降低，其机制是心肌细胞膜对 K^+ 的通透性增高，使动作电位 4 期 K^+ 衰减减慢，延缓了 4 期净内向电流的自动去极化效应，故自律性降低。

（4）心肌收缩力减弱，其机制是心肌细胞膜对 K^+ 的通透性增高，故复极 2 期 K^+ 外流增强抑制了 Ca^{2+} 内流，使心肌细胞内 Ca^{2+} 浓度降低，兴奋-收缩耦联减弱或发生障碍，心肌收缩性降低。

3. 高钾血症时心电图的变化　由于心肌细胞动作电位的复极 2、3 期 K^+ 外流加速，心电图出现 T 波高尖、QT 间期缩短、P 波电压降低、P 波幅度增宽或消失，PR 间期延长；严重高钾血症时，QRS 波与后面的 T 波相接形成正弦波，这常常是心室颤动、心脏停搏的先兆。

4. 高钾血症的抢救措施

（1）静脉输入钙盐，以对抗高钾对心肌的损害。Ca^{2+} 可使静息电位绝对值变小，由于心肌细胞膜的静息电位与阈电位距离接近正常，故兴奋性恢复正常；此外，Ca^{2+} 还可使心肌收缩性增强。

（2）静脉内输入碱性含钠溶液（$NaHCO_3$）提高血液的 pH，促使 K^+ 向细胞内转移；此外，Na^+ 还可使心肌传导性增强。

（3）静脉内输入葡萄糖-胰岛素溶液，促使 K^+ 向细胞内转移，以降低高钾对心肌的毒性作用。

【实验对象】

家兔。

【实验用品】

1. 实验器材　BL-420 生物功能采集系统、电子秤、离心机、兔台、哺乳类动物手术器械一套、一次性使用头皮静脉针、注射器、5ml 抗凝试管、离心管、大头针。

2. 实验药品　20%氨基甲酸乙酯溶液、1%肝素钠生理盐水溶液、0.01%肝素钠生理盐水溶液、4%KCl 溶液、10% KCl 溶液、血钾浓度测定试剂盒、10% $CaCl_2$ 溶液、4% $NaHCO_3$ 溶液、葡萄糖-胰岛素溶液、0.9% NaCl 溶液。

【实验步骤】

1. 称重、麻醉　取家兔 1 只，称重。取 20%氨基甲酸乙酯溶液，按 5ml/kg 经耳缘静脉注射麻醉动物，然后将动物仰卧位固定于兔台上。

2. 颈部手术

（1）备皮：用粗剪刀剪去家兔颈部被毛。

（2）局部麻醉：沿家兔颈部正中线注射 0.25%利多卡因 2~3ml，局部麻醉。

（3）气管插管：用左手拇指和示指撑平皮肤，右手持手术刀，沿颈部正中线做一长约 5cm 的切口。用止血钳钝性逐层分离，暴露气管后，用玻璃分针从气管下穿入，并在其下方穿根线备用。在甲状软骨下方第 3~4 个软骨环上做一⊥形切口，插入 Y 字形气管插管，用线结扎固定。

（4）颈外静脉插管：用玻璃分针分离右侧颈外静脉，在其下方穿 2 根线备用。排净压力换能器和静脉插管内的空气，在静脉插管内充满 0.9% NaCl 溶液。将静脉远心端结扎，近心端用眼科剪剪一 V 形切口，插入静脉插管，用线固定，连接输液装置。

（5）颈总动脉插管：用玻璃分针分离左侧颈总动脉，并在其下穿 2 根线备用。用 0.01%肝素钠生理盐水溶液排净压力换能器和动脉插管内的空气，将颈总动脉远心端结扎，近心端用动脉夹夹住，然后在靠近上方绳结处用眼科剪剪一 V 形切口，插入动脉插管，用线固定，以备动脉取血。

3. 测定血钾浓度　在颈总动脉插管处采血 2ml，储存于离心管内，为防止血液凝固，在离心管内滴加 0.01%肝素钠生理盐水溶液 1~2 滴。将离心管放入离心机中，配平后，按 1 000r/min 离心 10 分钟。取上层血清测定血钾浓度。

4. 连接实验仪器　将心电连接线与 BL-420S 生物功能采集系统的 CH1 相连，并用大头针分别插入颈部皮下、心尖搏动处皮下和右下肢皮下，其中白色电极接颈部，红色电极接心尖搏动处，黑色电极接右下肢。

打开计算机，进入 BL-420S 生物功能采集系统，在菜单栏中选择"输入信号"模块，设置相应通道为"心电"。点击菜单上的"启动"项目。

5. 高钾血症模型复制　由颈外静脉缓慢滴注 4% KCl 溶液（15~20 滴/min），密切观察心电图变化。当心电图上出现 P 波低平增宽，QRS 波群低电压，波形变宽和高尖 T 波时，即形成高钾血症模型。此时在颈总动脉插管处采血 2ml，按步骤 3 中内容测定血钾浓度。

6. 实施抢救　立即停止滴注 4% KCl 溶液，于颈外静脉插管处推注 10% $CaCl_2$ 溶液（2ml/kg）或 4% $NaHCO_3$ 溶液 10ml 或葡萄糖–胰岛素溶液。待心室扑动或颤动波消失，心电图基本恢复正常时，再次于颈总动脉插管处采血 2ml，测定血钾浓度。

7. 复制严重高钾血症模型　由颈外静脉滴注 10% KCl（8ml/kg）溶液，边注射边观察动物心电图波形的改变，当出现室颤时，快速打开胸腔观察心室颤动及心脏停搏情况。

【注意事项】

1. 实验过程中，采血步骤动作应轻柔，以防止发生溶血，否则会导致红细胞内的 K^+ 逸出细胞，影响测定结果。

2. 静脉滴注 4% KCl 溶液的速度要适宜，不可太快。

3. 输入 10% $CaCl_2$ 溶液抢救时，速度要快，若 10 秒内无法输入药物，则将影响结果。

【思考题】

1. 试述高钾血症对动物心电图有何影响？其发生机制是什么？

2. 试述高钾血症的解救措施有哪些？其作用机制是什么？

实验 27   急性失血性休克及其抢救

【实验目的】

1. 复制失血性休克的动物模型，观察休克发生发展过程中血压和微循环血流等的变化，加深对于"休克发病的关键不在于血压，而在于血流"的理论认识。

2. 通过对急性失血性休克动物的抢救，加深对休克防治原则及所用药物药理作用的理解，培养独立分析问题、解决问题的能力。

【实验原理】

导致休克发生的始动环节是血容量降低、急性心功能障碍和血管容量迅速扩大。本实验通过给家兔放血，复制失血性休克的动物模型。家兔的血容量可按体重（g）乘以 8% 来估算（ml）。当急性出血的出血量在血容量的 10% 以下，机体通过代偿机制可不表现症状；出血量达 20%～30%，动物发生休克；出血量达 50%，动物死亡。抢救休克的原则是去除病因、扩容、纠酸、适当使用血管活性物质、保护细胞的药物以及防止器官衰竭。依据上述原理，按照实验指导对实验动物实施抢救。

【实验对象】

家兔。

【实验用品】

1. 实验器材   BL-420 生物信号采集与处理系统、压力换能器（血压、呼吸）、兔手术台、哺乳动物手术器械 1 套、静脉输液及中心静脉压测量装置 1 套、连接放血、储血和压力换能器装置 1 套、膀胱插管及计滴器装置 1 套、注射器、小烧杯、丝线（黑色、白色粗线）若干。

2. 实验药品或试剂   20% 氨基甲酸乙酯溶液、生理盐水、625U/L 肝素、1：10 000 去甲肾上腺素、山莨菪碱（654-2）粉剂。

【实验步骤】

1. 麻醉   动物称重、耳缘静脉注射 20% 氨基甲酸乙酯溶液（5ml/kg），固定。

2. 颈部手术

（1）气管插管：颈部剪毛，在正中央切开皮肤约 7cm，用止血钳钝性分离覆盖于气管上的胸骨舌骨肌和侧面斜行的胸锁乳突肌，暴露出气管，再分离开气管两侧及食管之间的结缔组织，使气管游离开来，气管下穿一较粗的线备用，在甲状软骨下 2～3cm 处做一呈倒 T 字形切口，将 Y 形气管插管由切口向肺端插入气管腔内，结扎固定。

（2）颈外静脉插管：颈部正中央切开皮肤后，皮下可见一粗大静脉即为颈外静脉，其远心端可见由颌内支和颌外支汇合而成。用止血钳沿右侧颈外静脉钝性分离出 3～4cm，穿 2 线备用。结扎远心端，提起线端，用眼科剪在近心端剪一 V 形小切口，向近心端插入连接输液装置和中心静脉压测量装置的细塑料管（预先充满生理盐水并排气，最好缓慢插入

5~6cm）。缓慢滴入生理盐水（5~10滴/分），保持插管通畅。

（3）颈总动脉插管：钝性分离覆盖于气管上的胸骨舌骨肌和侧面斜行的胸锁乳突肌，在气管两侧深处，可见到与其平行的左右颈总动脉，在气管左侧钝性分离出一段至少长3~4cm的颈总动脉，穿2条线备用。结扎远心端，在近心端上用动脉夹（二者应有2~3cm距离用以插管）夹闭。提起远心线端，用眼科剪向着近心端方向剪一V字形小口，插入预先灌满肝素的动脉插管，丝线结扎、固定。

（4）全身肝素化：经耳缘静脉注射肝素（625U/ml），剂量为1ml/kg，此后每隔1小时注射1ml维持。打开动脉夹和三通管，记录血压。

3. 下腹部手术

（1）膀胱分离及插管：下腹部剪毛，在耻骨联合上1.5cm沿正中线切开皮肤约3cm。分离结缔组织，沿腹白线切开腹壁和腹膜。暴露出膀胱并翻出腹腔，分离双侧输尿管并在其下方穿线，扎紧尿道和膀胱的其他组织（输尿管除外）。在膀胱顶部血管较少处剪一小口（注意剪破膀胱壁全层）并插入预先充满生理盐水的膀胱插管，结扎固定，盖以生理盐水纱布。

（2）股动脉及插管：在后肢腹股沟部切开皮肤3~5cm，用血管钳分离皮下组织及筋膜，可看到股神经、股静脉和股动脉，股动脉的位置在中间偏后，恰被股神经和股静脉所遮盖。小心分离出股动脉2~3cm，穿线备用。用两个动脉夹分别夹闭末梢端和近心端，在两个动脉夹之间剪一斜口，向近心端方向插入股动脉插管，并结扎固定；插管所连导管的末端置于量杯中（为防止血液凝固，可在量杯中加入少许肝素）。

4. 调整仪器　将连接颈总动脉插管的压力换能器插入BL-420生物信号采集与处理系统通道1端口，调整好计算机参数选择输入通道1，选择压力，记录血压曲线。将连接气管插管的压力换能器插入BL-420生物信号采集与处理系统通道2端口，调整好计算机参数选择输入通道2，选择压力，记录呼吸曲线。

【观察项目】

1. 记录以下指标

（1）皮肤黏膜血管：观察眼球结膜和耳壳（对光透视）的血管口径和血流。

（2）尿量：膀胱插管接入计滴器中央小孔，用导线连接通道3，调好参数，便可记录尿量（若正常时无尿，可适当补液，最好在失血前尿量为6~8滴/分）。

（3）中心静脉压：关闭颈外静脉输液管，打开水检压计，液面随后下降，至再不下降可视为中心静脉压（$1cmH_2O \approx 0.1kPa$）。

（4）呼吸：观察记录呼吸的深度、呼吸频率。

（5）血压：观察记录正常血压的变化。

2. 失血性休克模型的制作及实验观察

（1）少量失血：经股动脉（或颈总动脉）放血，使血液（约10ml）流入预先注有10ml粗制肝素的储血瓶。观察皮肤黏膜血管、血压、中心静脉压、呼吸、尿量等指标的变化。

（2）大量失血：待家兔血压恢复正常，再经股动脉（或颈总动脉）放血，使血液缓慢地流入储血瓶，要求失血量达全血量 20%～25%，血压下降至 4～5.32kPa（30～40mmHg）左右。如果血压回升，可再放一定量的血，使血压维持在 30～40mmHg 水平，即失血性休克状态。稳定 20 分钟后，观察上述指标的变化。

3. 失血性休克的抢救

（1）去甲肾上腺素：取 1：10 000 去甲肾上腺素 2ml 静脉缓慢注射，观察上述指标变化。

（2）生理盐水：输等量的生理盐水，观察上述指标的变化。

（3）输血：把从动脉放出的血液全部倒入输液瓶内，快速输回，观察上述指标的变化。

（4）654-2：将 654-2 2mg 溶于 25ml 生理盐水中，静脉滴注（20 分钟输完）。观察上述指标的变化。

4. 将以上实验结果分别记录到表 3-5 内。

表 3-5　家兔失血性休克及其抢救过程中各项指标的变化

施加因素	BP（mmHg）	CVP（cmH₂O）	心率（次/分）	呼吸次/分深度	尿量（滴/分）	兔耳、肠系膜血管		
						流速	口径	毛细血管数
实验前								
放血①								
放血②								
NE								
生理盐水								
全血								
654-2								

【注意事项】

1. 保护耳缘静脉，注射时应从耳尖部进针，如不成功，再向耳根部移位。

2. 血管分离时要尽可能剔除脂肪和结缔组织；在整个实验过程中，均需保持动脉静脉插管与血管平行，以免刺破血管。

3. 排空后的膀胱壁较厚，应选择血管最少的部位剪开插管，插管前一定要把膀胱壁各层（浆膜、肌层、黏膜下层和黏膜）剪破。

4. 本实验手术操作多，应尽量减少手术性出血和休克。如手术过程中失血过多时可先插颈外静脉输液。

5. 动脉插管前，要将家兔肝素化。插管前最好把插管先充满一定量肝素的液体，排出气泡；静脉插管一经插入，应立刻缓慢滴注生理盐水，以防凝血。

6. 注意分工合作，保持实验台面整洁。

【思考题】

1. 休克为什么要观察尿量？

2. 10ml 血液约占家兔血容量百分之几？根据什么说明家兔发生了失血性休克？处在什么期？为什么？

3. 根据实验所见指标能否完全阐明关于休克发生机制的现代理论？为什么？

4. 根据什么原理对休克动物或患者补充血容量？结合实验理解抗休克药的作用机制。

实验 28　缺氧模型的复制及其影响因素的探讨

【实验目的】

1. 学习复制乏氧性缺氧、CO 中毒性缺氧、肠源性缺氧的动物模型，了解缺氧的分类及特点。

2. 观察缺氧时动物的呼吸、皮肤、内脏、血液颜色等的变化。

3. 了解几种缺氧疾病的基本致病机制、发生、发展和转归过程。

【实验原理】

缺氧是各种原因导致机体供氧不足或用氧障碍时，引起的组织代谢、功能和形态结构发生异常变化的病理过程。机体对外界氧的摄取、结合、运输和利用等环节中任何一环节发生障碍，均可造成机体缺氧。根据机体缺氧发生的原因和血氧变化特点，可分为以下几类：乏氧性缺氧、血液性缺氧、循环性缺氧和组织性缺氧。

由于吸入气体氧分压降低而使肺泡氧分压降低，导致血液从肺摄取的 O_2 减少而引起的供氧不足，称为乏氧性缺氧。乏氧性缺氧时，动脉血的氧分压、氧含量和血氧饱和度均降低，皮肤、黏膜呈现青紫色，称为发绀。

亚硝酸盐等氧化剂可将红细胞内血红蛋白中的二价铁（Fe^{2+}）氧化成高铁血红蛋白。当 Fe^{2+} 变成 Fe^{3+} 后，因与羟基牢固结合而失去携氧能力，加上血红蛋白分子的四个 Fe^{2+} 中有一部分氧化为 Fe^{3+} 后还能使剩余的 Fe^{2+} 与氧的亲和力增高，即通过变构效应使氧解离曲线左移。此时，由于血红蛋白结合和释放的 O_2 量减少，导致组织缺氧。高铁血红蛋白呈棕褐色，故亚硝酸盐中毒时，机体的皮肤、黏膜呈现类似发绀的青紫色，称为肠源性发绀。

一氧化碳（CO）与血红蛋白的亲和力远远大于 O_2 与血红蛋白的亲和力，因此当大量血红蛋白与 CO 结合形成碳氧血红蛋白时，血红蛋白失去了携带氧的能力。另一方面 CO 和血红蛋白的结合可使氧解离曲线左移，释放 O_2 减少，加重组织缺氧。因碳氧血红蛋白为鲜红色，故 CO 中毒时，机体皮肤、黏膜呈现樱桃红色。

【实验对象】

昆明小鼠，体重 18~22g，雌、雄均可。

【实验用品】

1. 实验器材　电子秤、一氧化碳发生装置、组织剪、眼科镊、干燥器、橡皮管、弹簧夹、温度计、天平、酒精灯、缺氧瓶（100ml 带塞锥形瓶）。

2. 实验药品　5%亚硝酸钠溶液、1%亚甲蓝溶液、甲酸、浓硫酸、钠石灰（NaOH·CaO）、0.9%氯化钠注射液、20%氨基甲酸乙酯溶液、1ml 和 5ml 注射器，2ml 刻度吸管，凡士林，250ml 烧杯。

【实验步骤】

1. 乏氧性缺氧

（1）复制乏氧性缺氧模型：取小白鼠1只，称重，将其置入含5g钠石灰的缺氧瓶内。观察记录小白鼠的呼吸频率、深度及口唇的颜色。

（2）观察动物状态：取橡皮塞密闭瓶口（橡皮塞周围可涂一层凡士林或水以防止漏气），记录密闭起始时间，以后每5分钟重复观察动物呼吸频率、深度及口唇颜色，直至动物死亡，记录动物死亡时间。

（3）动物尸体解剖：小白鼠死亡后，尽快打开腹腔，观察其血液和肝颜色。

2. 一氧化碳中毒性缺氧

（1）复制CO中毒性缺氧模型：取小白鼠1只，称重，将其放入广口瓶中，观察动物呼吸频率、深度及口唇颜色。连接CO发生装置，见图3-28。取甲酸3ml放入试管内，塞紧橡胶塞，并将浓硫酸2ml加入连接装置内，塞紧橡胶塞，用酒精灯加热，加速CO的产生，但不可过热，以免液体沸腾，而过快产生大量CO，致动物迅速死亡。见反应式3-1。记录时间，注意观察小白鼠呼吸频率、深度及口唇颜色。待小白鼠死亡后，记录动物死亡时间。

（2）动物尸体解剖：动物死亡后，尽快打开腹腔，观察其血液和肝颜色。

$$HCOOH \xrightarrow{\triangle} CO \uparrow + H_2O \qquad （反应式3-1）$$

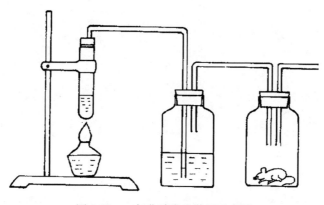

图 3-28　一氧化碳发生装置示意图

3. 肠源性缺氧

（1）肠源性缺氧模型的复制：取体重接近的小白鼠2只，观察两只动物呼吸频率、深度及口唇颜色。然后，两只动物均采用腹腔注射法注射5%亚硝酸钠（$NaNO_2$）溶液0.3ml，复制肠源性缺氧模型。

（2）抢救：一只动物采用腹腔注射法注射1%亚甲蓝溶液0.3ml，进行抢救；另一只动物采用腹腔注射法注射0.9% NaCl溶液0.3ml。

（3）观察动物状态：比较两只小白鼠症状出现情况及存活时间。

（4）动物尸体解剖：动物死亡后，尽快打开腹腔，观察其血液和肝颜色。

【注意事项】

1. 缺氧瓶一定要密闭，必要时可于瓶口涂抹凡士林或将瓶塞沾水以加强密封效果。

2. 小白鼠腹腔注射时，注射部位应位于下腹部，并注意回抽有无血液和分泌物，以避免将药液注入膀胱或肠腔。

3. 浓硫酸具有强腐蚀性，加液时要小心！

4. CO 为有毒气体，实验中应注意通气，注意安全。

5. 小白鼠死亡后要立即解剖。

【思考题】

1. 本次实验复制了哪些类型的缺氧，其发生机制是什么？

2. 不同类型缺氧小白鼠皮肤黏膜颜色变化有何不同？为什么？

实验 29 家兔实验性酸碱平衡紊乱

【实验目的】

1. 学习制备单纯性酸碱平衡紊乱的疾病动物模型。

2. 观测酸碱平衡紊乱时，动物的血气指标及呼吸的变化。

【实验原理】

机体对酸碱负荷有很大的缓冲能力和有效的调节功能，但许多因素可以引起酸碱负荷过度或调节机制障碍，导致体液酸碱度稳定性被破坏，这种稳定性被破坏称为酸碱平衡紊乱。根据血液 pH 的高低，可将酸碱平衡紊乱分为两大类：pH 降低称为酸中毒，pH 升高称为碱中毒。

本实验采用通气限制与通气过度方式制备呼吸性酸、碱中毒的动物模型，采用静脉直接输入乳酸和碳酸氢钠的方法制备单纯性代谢性酸、碱中毒的动物模型，通过血气分析及电解质含量的测定，观察各型酸碱平衡紊乱的特点及其对呼吸功能的影响。

【实验对象】

家兔。

【实验用品】

1. 实验器材　BL-420 生物功能采集系统、血气分析仪、生化分析仪、动物呼吸机、电子秤、兔台、哺乳类手术器械一套、动脉插管，注射器（5ml、1ml）、试管、试管架。

2. 实验药品　20%氨基甲酸乙酯溶液、0.25%利多卡因、0.9% NaCl 注射液、蒸馏水、4%乳酸溶液、2%碳酸氢钠溶液、0.01%肝素钠生理盐水溶液、1%肝素钠生理盐水溶液。

【实验步骤】

1. 称重、麻醉　取家兔 1 只，称重。取 20%氨基甲酸乙酯溶液，按 5ml/kg 经耳缘静脉注射麻醉动物，然后将动物仰卧位固定于兔台上。

2. 颈部手术

（1）备皮：用粗剪刀剪去家兔颈部被毛。

（2）局部麻醉：沿家兔颈部正中线注射 0.25%利多卡因 2~3ml，局部麻醉。

（3）气管插管：用左手拇指和示指撑平皮肤，右手持手术刀，沿颈部正中线在做一长约 5cm 左右切口。用止血钳钝性逐层分离，暴露气管后，用玻璃分针从气管下穿入，并在其下方穿根线备用。在甲状软骨下方第 3~4 个软骨环上做一⊥形切口，插入 Y 字形气管插管，用线结扎固定。

（4）颈外静脉插管：用玻璃分针分离右侧颈外静脉，在其下方穿 2 根线备用。排净压力换能器和静脉插管内的空气，在静脉插管内充满 0.9% NaCl 溶液。将静脉远心端结扎，近心端用眼科剪剪一 V 形切口，插入静脉插管，用线固定，连接输液装置。

（5）颈总动脉插管：用玻璃分针分离左侧颈总动脉，并在其下穿 2 根线备用。用

0.01%肝素钠生理盐水溶液排净压力换能器和动脉插管内的空气，将颈总动脉远心端结扎，近心端用动脉夹夹住，然后在靠近上方绳结处用眼科剪剪一 V 形切口，插入动脉插管，用线固定，以备动脉取血。

3. 记录正常血气指标及呼吸变化　用 1ml 注射器抽取少量 0.01%肝素溶液，冲洗注射器后，自颈总动脉采血 0.6~0.8ml 测各项血气指标。

呼吸描记：在胸廓起伏最明显处剪掉小块皮肤，用弯针钩住肌肉并与张力换能器相连接。调整张力换能器高度并通过 BL-420S 生物功能采集系统描记呼吸运动曲线，观察动物的呼吸频率与深度。

4. 酸中毒

（1）呼吸性酸中毒模型：将狭窄的套管置于气管插管 6 分钟，取动脉血 0.6ml 测血气指标，将套管取下，恢复自主呼吸，10 分钟再从颈总动脉取血，测定上述血气指标并观察呼吸变化。

（2）代谢性酸中毒模型：静脉滴入 4%乳酸溶液（10ml/kg），20~30 滴/分，滴完后，取动脉血，测血气指标，同时注意观察动物的呼吸频率与深度。

5. 碱中毒

（1）呼吸性碱中毒模型：将气管插管与呼吸机连接，调节呼吸机频率为 75 次/分，造成通气过度 6 分钟，取动脉血 0.6ml 测血气指标；将连接断开，恢复自主呼吸 10 分钟，再从颈总动脉取血测定上述血气指标并观察呼吸变化。

（2）代谢性碱中毒模型：静脉滴入 2%碳酸氢钠溶液（10ml/kg），20~30 滴/分，滴完后，取动脉血，测血气各指标及生化指标，同时注意观察动物的呼吸频率与深度。

【注意事项】

1. 实验动物避免饥饿与剧烈运动，以免体内酸性物质增多，影响实验结果。

2. 注意控制麻醉深度，麻醉过深将使 pH 偏低，麻醉过浅则使 pH 偏高。

3. 气管插管前一定注意把气管内清理干净。先插气管插管，后做颈总动脉插管，动脉插管小心操作。

4. 取血时注意使血液与空气隔绝，如注射器内有小气泡要立即排除，以免结果不准确。

【思考题】

1. 试述呼吸性及代谢性酸、碱中毒血气指标有何改变？其改变的机制是什么？

2. 试述呼吸性及代谢性酸、碱中毒时呼吸变化有何不同？其不同的原因是什么？

实验 30 家兔实验性弥散性血管内凝血

【实验目的】

1. 学习家兔弥散性血管内凝血（DIC）模型的复制方法。

2. 观察并掌握 DIC 的病理生理学改变，探讨其发生机制。

【实验原理】

弥散性血管内凝血（DIC）是指在某些致病因子的作用下，大量促凝物质入血，凝血因子和血小板被激活，使凝血酶增多，微循环中形成广泛的微血栓，继而因凝血因子和血小板被大量消耗，并使纤溶系统的功能继发性增强，从而导致机体出现以止血和凝血功能障碍为特征的病理生理过程。其主要临床表现为：出血、休克、多器官功能障碍和微血管病性溶血性贫血。DIC 的发生机制为：组织因子释放，启动外源性凝血系统，血管内皮细胞损伤，凝血、抗凝系统调控失调，血细胞大量破坏，血小板被激活，促凝物质进入血液等。

兔脑组织浸液中含有丰富的组织因子，注入家兔体内可激活外源性凝血系统，从而诱发 DIC，本实验采用通过在动物的耳缘静脉缓慢注入兔脑粉浸液的方法来复制 DIC 动物模型。

【实验对象】

家兔。

【实验用品】

1. 实验器材 BL-420S 生物功能采集系统、BI-2000 医学图像分析系统、显微镜、压力换能器、张力换能器、电子秤、气管插管、兔台、哺乳类手术器械一套、小试管、5cm 长塑料插管、大头针、注射器、秒表、载玻片、一次性无菌纱布方等。

2. 实验药品 20%氨基甲酸乙酯溶液，0.25%利多卡因溶液、1%肝素钠生理盐水溶液、0.01%肝素钠生理盐水溶液、兔脑粉浸液、0.9% NaCl 溶液。

【实验步骤】

1. 称重、麻醉、固定 取家兔 1 只，称重。于耳缘静脉注射 20%氨基甲酸乙酯溶液（5ml/kg）麻醉动物，然后固定于兔台上。

2. 手术

（1）备皮：用粗剪刀剪去家兔颈部被毛。

（2）局部麻醉：沿家兔颈部正中线用注射 0.25%利多卡因 2~3ml，局部麻醉。

（3）气管插管：用左手拇指和示指撑平皮肤，右手持手术刀，沿颈部正中线在作一长约 5cm 左右切口。用止血钳钝性逐层分离，暴露气管后，用玻璃分针从气管下穿入，并在其下方穿根线备用。在甲状软骨下方第 3~4 个软骨环上做一⊥形切口，插入 Y 字形气管插管，用线结扎固定。

（4）颈外静脉插管：用玻璃分针分离右侧颈外静脉，在其下方穿 2 根线备用。排净压力换能器和静脉插管内的空气，在静脉插管内充满 0.9% NaCl 溶液。将静脉远心端结扎，近心端用眼科剪剪一 V 形切口，插入静脉插管，用线固定，连接输液装置。

（5）颈总动脉插管：用玻璃分针分离左侧颈总动脉，并在其下穿 2 根线备用。用 0.01%肝素钠生理盐水溶液排净压力换能器和动脉插管内的空气，将颈总动脉远心端结扎，近心端用动脉夹夹住，然后在靠近上方绳结处用眼科剪剪一 V 形切口，插入动脉插管，用线固定，连接压力换能器监测血压变化。

（6）股动脉插管：分离一侧动物股动脉，插入灌满 0.01%肝素钠生理盐水溶液的插管，并用动脉夹夹闭插管，以备采血。

（7）肠系膜微循环的观察：沿左侧腋中线打开腹腔，游离一段较大的小肠襻，将该段轻轻拉出腹腔，置于微循环恒温灌流盒内，使肠系膜均匀铺在有机玻璃凸形观察台上，压上固定板，注入 37℃的台氏液，使液面刚好没过肠系膜，选择毛细血管清晰的视野观察并记录血流情况。

3. 复制实验性动物 DIC 模型　从动物耳缘静脉缓慢注入兔脑粉浸液 2ml，复制 DIC 动物模型，并观察记录动物的病理生理变化。

【观察项目】

1. 分别于注入兔脑粉浸液后 5 分钟、10 分钟、20 分钟、30 分钟、45 分钟、60 分钟、90 分钟、120 分钟时取血测定其凝血时间。取干净小试管 1 支，从股动脉插管处放血 1ml（先将插管内的血液弃掉），立即用带有 7 号针头的注射器抽取血液少许，滴在干净玻片上，血滴直径约 5mm，同时开始计时。每隔 10 秒用大头针朝一个方向挑拨载玻片上的血滴，待有明显细丝出现时停止计时，记录凝血时间。

2. 从注射试剂开始，观察肠系膜毛细血管的微循环状况。

3. 待家兔死亡后，解剖检查，特别注意观察肺、肠、肠系膜以及皮下组织的异常。

【注意事项】

1. 挑动血液时，不要多方向挑动，以免出现血液不凝的假象。

2. 微循环观察视野，一经选定不要移动，以防造成人为的出血性损伤。

3. 颈总动脉插管要固定好，防止滑脱；插管内要充满肝素溶液，防止凝血阻塞插管。

【思考题】

1. 试述 DIC 的发生与哪些因素有关。

2. 试分析 DIC 的发生机制是什么。

实验 31 呼吸运动调节及急性实验性肺水肿的表现及治疗

【实验目的】

1. 掌握气管插管术及颈部神经、血管分离术。

2. 观察血液中化学因素（PCO_2、PO_2和［H^+］）的改变对家兔呼吸运动的影响，并分析机制；观察迷走神经在家兔呼吸运动调节中的作用，初步探讨其机制。

3. 复制家兔实验性肺水肿动物模型。

4. 初步探讨研究实验性肺水肿的药物治疗方案。

【实验原理】

呼吸运动是呼吸中枢节律性活动的反映。在不同生理状态下，呼吸运动所发生的适应性变化有赖于神经系统的反射性调节，包括化学感受器的反射性调节以及肺牵张反射的调节。当血液中 PCO_2、PO_2和［H^+］三因素发生改变时可通过化学感受性调节，引起呼吸运动的变化。肺扩张反射的传入神经是迷走神经。因此，体内外各种神经、体液因素发生改变时，可以直接通过作用于不同的感受器反射性地影响呼吸运动。

肺水肿是指肺血管内液体渗入肺间质和肺泡，使肺血管外液量增多的病理状态。发生机制为：①肺毛细血管血压增高；②血浆胶体渗透压降低；③肺毛细胞血管通透性增加；④肺淋巴回流受阻；⑤肺间质负压增加；⑥其他：如神经源性肺水肿、高原性肺水肿。本实验先用生理盐水扩充血容量，再静脉注射大剂量肾上腺素复制家兔肺水肿模型，其原理是肾上腺素可引起交感活性增强，导致体循环外周阻力增高，大量血液从体循环转移到肺循环，而左心未能及时适应，引起肺毛细血管血压明显上升，导致有效滤过压增大时，肺血管内液体渗入肺间质和肺泡，发生肺水肿。

【实验对象】

家兔。

【实验用品】

1. 实验器材 婴儿秤、兔手术台、捕绑固定用绳、哺乳类动物手术器械一套、呼吸换能器、生物信号采集处理系统、Y 形玻璃气管插管、球胆、橡胶管、注射器、静脉导管及静脉输液装置。

2. 实验药品或试剂 生理盐水、20%氨基甲酸乙酯溶液、3%的乳酸、0.1%盐酸肾上腺素注射液、0.1%呋塞米（1%呋塞米注射液自配）、1%盐酸消旋山莨菪碱注射液（654-2）、20%甘露醇溶液（自配）、0.6%地塞米松。

【实验步骤】

1. 麻醉、固定及颈部手术 参见综合性实验 13 的实验步骤 1、2、3、4。或参见多媒体教学录像。

2. 连接实验仪器装置 先将呼吸换能器输出线连接于 BL-420F 生物信号采集处理系统

第 1 通道（亦可选择其他通道），然后将呼吸换能器固定于铁支柱上，家兔呼吸运动记录装置见图 3-29。

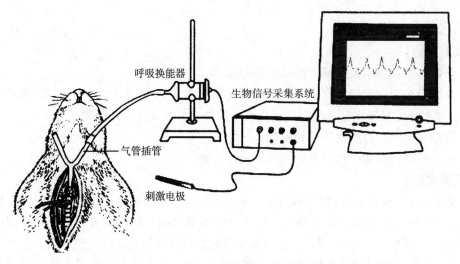

图 3-29　家兔呼吸运动记录装置

3. 家兔呼吸运动的调节实验

（1）观察正常呼吸运动曲线。

（2）观察 CO_2 对呼吸运动的影响：挤压 CO_2 球胆，将 CO_2 缓慢挤入气管插管进气口。

（3）观察增大无效腔对呼吸运动的影响：把 1 根 50cm 长的橡皮管连接在气管插管的进气口上，使无效腔增大。

（4）观察 $[H^+]$ 对呼吸运动的影响：耳缘静脉注射 3% 的乳酸 2ml。

（5）观察迷走神经对呼吸运动的影响：先切断一侧迷走神经，再切断另一侧迷走神经。

4. 复制家兔实验性肺水肿动物模型，并实施抢救

将 8 只雌性，体重相近（2.2~2.3kg）的家兔进行随机编号分组：1 号为正常对照组；2 号为模型组；3~8 号为药物治疗组。

（1）将正常对照组家兔，耳缘静脉注射 20% 乌拉坦（5ml/kg）进行麻醉，行气管插管术，观察家兔正常呼吸运动及各因素对呼吸运动的影响后，注射过量麻药处死家兔，立即小心解剖取肺，观察正常肺的大小、形状和颜色，计算肺系数。肺系数计算公式如下：

$$\frac{肺重量(g)}{家兔体重(kg)}$$

（2）模型组家兔按照步骤：观察正常呼吸运动及各因素影响后，耳缘静脉输入生理盐水，输入总量按 100ml/kg，输液速度按 150~200 滴/分，待点滴接近完毕时，立即向输液瓶中加入肾上腺素 0.5ml/kg，继续输液，制备肺水肿模型，观察给药后家兔症状，记录死

亡时间。家兔死亡后立即解剖取肺，观察肺的大小、形状和颜色，计算肺系数。

（3）药物治疗组家兔按步骤：复制肺水肿模型，输液完毕，在刚出现气急时，立即实施抢救方案，观察疗效后，过量麻药处死家兔后，立即小心解剖取肺，观察肺的大小、形状和颜色，计算肺系数。

【观察项目】

1. 观察各因素对呼吸运动的影响

（1）描记正常呼吸曲线，辨认曲线上吸气、呼气的波形方向（呼气曲线向上，吸气曲线向下）。

（2）观察并记录增大无效腔后，呼吸运动曲线。

（3）观察并记录增加吸入气中 PCO_2 后，呼吸运动曲线。

（4）观察并记录增加血液中的 [H^+] 后，呼吸运动曲线。

（5）分别观察并记录切断一侧迷走神经和切断两侧迷走神经后，呼吸运动曲线。

2. 观察正常对照组家兔呼吸运动的变化 观察并记录正常对照组家兔呼吸运动曲线，观察肺的大小、形态和颜色，计算肺系数。

3. 观察模型组家兔呼吸运动的变化 观察并记录实验组家兔呼吸运动曲线，肺的大小、形态和颜色，计算肺系数。

4. 观察药物治疗组家兔呼吸运动的变化 观察并记录各药物治疗组家兔呼吸运动曲线，观察肺大小、形态和颜色，计算肺系数。

（1）3、4 号家兔静注 0.1% 注呋塞米 1ml/kg。

（2）5、6 号家兔静注 1% 山莨菪碱 1.5ml/kg。

（3）7 号家兔静脉缓慢推注 20% 甘露醇溶液 60.0ml。

（4）8 号家兔静脉缓慢推注 0.6% 地塞米松（3mg/kg）。

【注意事项】

1. 保护好耳缘静脉。

2. 所有家兔的输液速度应一致，输液不要太快，输液过程中需将抢救药物准备好，用药量应准确，以备随时抢救。

3. 解剖取肺时，注意勿损伤肺表面和挤压肺组织，以防止水肿液流出，影响肺系数。

【思考题】

1. 分别吸入 CO_2、增大无效腔和注射乳酸溶液，呼吸运动有何变化？

2. 试比较吸入气中 CO_2 浓度增加，家兔呼吸运动的频率和幅度变化的差异，分别说明它们各通过何种途径发挥作用。

3. 切断迷走神经后，家兔呼吸运动的频率和幅度变化，讨论切断迷走神经后呼吸运动发生变化的机制。

4. 静注 0.1% 呋塞米后，家兔呼吸运动的频率和幅度有何变化，讨论呼吸运动发生变化的机制。

实验 32　药物剂量对药物效应的影响

【实验目的】

1. 观察不同剂量的戊巴比妥钠对小鼠作用的差异。

2. 理解药物剂量与药物效应的关系。

3. 掌握小鼠给药方法的基本操作。

【实验原理】

药物的量效关系是指在一定剂量范围内药物剂量与药物效应之间的关系。戊巴比妥钠为镇静催眠药，随着用药剂量的增加，其中枢抑制效应逐渐增强，相继表现为镇静、催眠、抗惊厥和麻醉。本实验旨在通过给予小鼠不同剂量的戊巴比妥钠，理解药物剂量与药物效应的关系，即药物的量效关系。

【实验对象】

昆明小鼠，18~22g，雌、雄均可。

【实验用品】

1. 实验器材　电子秤、1ml 注射器、钟罩、鼠笼。

2. 实验药品　1.2%戊巴比妥钠溶液、0.6%戊巴比妥钠溶液、0.3%戊巴比妥钠溶液、苦味酸溶液。

【实验步骤】

1. 取小白鼠 6 只，称重、编号，随机分为 3 组，每组 2 只，观察其给药前的一般活动情况、翻正反射和痛觉反应。

2. 给药

（1）①②号小鼠：腹腔注射 0.3%戊巴比妥钠，30mg/kg。

（2）③④号小鼠：腹腔注射 0.6%戊巴比妥钠，60mg/kg。

（3）⑤⑥号小鼠：腹腔注射 1.2%戊巴比妥钠，120mg/kg。

3. 观察给药前后每只小鼠的一般活动、翻正反射、痛觉反应等情况，自制表格，并做记录。

【注意事项】

1. 腹腔注射应规范化操作。左手固定小鼠，使动物呈头下腹上位，脏器移向横膈处。右手将注射器的针头，在腹正中线与腹股沟连线左上象限避开内角，以小于 45°角刺入，针头刺入约 1/3，回抽有无液体、血液和分泌物，如无上述情况，再将药液注射入腹腔内。

2. 戊巴比妥钠为中枢抑制药，小白鼠给药后抑制的强弱顺序表现为镇静（活动减少）、催眠（翻正反射消失）、麻醉（痛觉消失）、麻痹死亡。

【思考题】

1. 通过本次实验结果，思考药物的剂量与药物效应之间的关系。
2. 试述戊巴比妥钠的中枢抑制作用机制是什么。

实验 33　给药途径对药物作用的影响

【实验目的】

1. 观察不同给药途径对小鼠的影响。

2. 理解给药途径对药物效应的影响。

3. 掌握小鼠给药方法的基本操作。

【实验原理】

给药途径是影响药物吸收速度和程度的重要因素，不同的给药途径，会影响药物效应的速度和强度，甚至产生完全不同的效应。如硫酸镁，可因给药途径的不同而产生完全不同的药理效应。

口服给药时，由于不被胃肠道所吸收，具有导泻和利胆作用。注射给药时，则因与 Ca^{2+} 相互拮抗，具有抑制骨骼肌收缩，从而产生肌肉松弛、呼吸抑制作用；松弛血管平滑肌，从而产生降低血压的作用；抑制中枢神经系统，从而使感觉和意识产生障碍，因此，该药具有抗惊厥、降压等作用。局部给药时，则具有改善循环，消炎镇痛作用。

【实验对象】

昆明小鼠，体重 18~22g，雌、雄均可。

【实验用品】

1. 实验器材　电子秤、1ml 注射器 1 支、小鼠灌胃针头（12 号）、钟罩、鼠笼。

2. 实验药品　10% 硫酸镁溶液、苦味酸。

【实验步骤】

1. 取小鼠 4 只，称重、编号，随机分为两组。

2. 给药

（1）①②号小鼠：腹腔注射 10% 硫酸镁 0.5g/kg。

（2）③④号小鼠：灌胃 10% 硫酸镁 0.5g/kg。

3. 观察不同给药途径给药后小鼠的一般活动、翻正反射、痛觉反应等情况，自制表格，并做记录。

【注意事项】

1. 灌胃时，操作应谨慎，避免插入气管致死。

灌胃要求：左手持小鼠，使头朝上，颈部拉直，右手持灌胃器从口角插入口腔，紧贴上颚进入食管。若遇阻力，应退出后再插。切不可用力过猛，防止损伤或误入气管导致动物死亡。

2. 注射后，作用发生较快，需注意观察。

【思考题】

通过实验理解不同给药途径对药物效应的影响。

实验 34 药物对小鼠在体小肠运动的影响

【实验目的】

1. 掌握小肠推进运动实验的方法。

2. 熟悉胆碱酯酶抑制药和 M 受体阻断药对小肠蠕动的影响。

【实验原理】

新斯的明是易逆性抗胆碱酯酶药，注射给药后新斯的明可与 ACh 竞争和 AChE 结合，形成二甲氨基甲酰化胆碱酯酶，甲酰化胆碱酯酶水解慢（＞ 2 小时），可使 AChE 暂时失去活性，导致胆碱能神经末梢释放的 ACh 代谢减少，突触间隙 ACh 浓度增高，激动 M 和 N 受体，表现 M 样和 N 样作用。新斯的明对胃肠和膀胱平滑肌兴奋作用较强，对骨骼肌兴奋作用最强。

阿托品是 M 胆碱受体的阻断药，可竞争性拮抗 ACh 或其他胆碱受体激动药对 M 胆碱受体的激动作用。阿托品在解除内脏平滑肌痉挛时，其作用强度取决于平滑肌的功能状态和不同平滑肌对阿托品的敏感性。阿托品对过度活动或痉挛性胃肠道有明显松弛作用。

【实验对象】

昆明小鼠，体重 18~22g，雌、雄均可。

【实验用品】

1. 实验器材　电子秤、小鼠灌胃器、组织剪、无齿镊、1ml 注射器、直尺、钟罩、鼠笼。

2. 实验药品　注射用 0.9% NaCl 溶液、0.05%硫酸阿托品溶液、0.002%甲硫酸新斯的明溶液、2%亚甲蓝溶液、苦味酸溶液。

【实验步骤】

1. 取禁食 24 小时的小鼠 6 只，称重并编号，随机平均分为三组：0.9%NaCl 组、阿托品组、新斯的明组。

2. 给药

（1）0.9% NaCl 组：①②号小鼠腹腔注射 0.9%NaCl（剂量 10ml/kg）；10 分钟后，给动物灌胃 2%亚甲蓝 20ml/kg。

（2）阿托品组：③④号小鼠腹腔注射 0.05%硫酸阿托品（剂量 5mg/kg）；10 分钟后，给动物灌胃 2%亚甲蓝 20ml/kg。

（3）新斯的明组：⑤⑥号小鼠腹腔注射 0.002%甲硫酸新斯的明（剂量 0.2mg/kg）；10 分钟后，灌胃 2%亚甲蓝 20ml/kg。

3. 灌胃亚甲蓝 20 分钟后，采用颈椎脱臼法处死小鼠。

4. 处死小鼠后，打开其腹腔，剪取上端自幽门，下端至回盲部的肠管，置于铺有干净纸张的实验台上，轻轻将小肠拉直，测量肠管长度作为"小肠总长度"（cm），从幽门到亚甲蓝前沿的距离为"亚甲蓝推进距离"（cm）。用公式计算亚甲蓝推进率：

$$亚甲蓝推进率（\%）= 亚甲蓝推进距离/小肠总长度×100\%$$

5. 记录实验室各组所得的亚甲蓝推进率，对其进行统计学分析：求平均值和标准差，并作 t 检验（P 值）。

【注意事项】

1. 取离体小肠时动作要轻，以免扯断小肠。

2. 给药结束至处死动物的时间把握准确，以免造成误差。

【思考题】

掌握新斯的明、阿托品对小肠平滑肌的作用机制。

实验 35　　氯丙嗪和阿司匹林对小鼠体温的调节

【实验目的】

1. 掌握氯丙嗪对小鼠体温调节中枢的影响。

2. 掌握氯丙嗪和阿司匹林的降温特点，比较其不同点。

【实验原理】

恒温动物有完善的体温调节机制。外界环境温度改变时，体温调节中枢通过调节产热和散热过程维持体温的相对恒定。体温调节中枢主要在下丘脑，其调定点相对稳定，当体温偏离调定点时，反馈系统会将偏离信息输送到控制系统，经过对受控系统的调整来维持体温的恒定。

氯丙嗪是吩噻嗪类抗精神病药物的代表药，为中枢多巴胺受体阻断剂。氯丙嗪可通过抑制下丘脑体温调节中枢而使体温调节失灵，从而使机体体温随环境温度变化而升降。由于氯丙嗪对正常体温也有作用，即能使正常体温下降，故临床上以氯丙嗪配合某些中枢抑制药进行人工冬眠疗法，用于严重感染、中毒性高热、甲状腺危象等危急病症的辅助治疗。氯丙嗪的降温作用与环境温度明显相关，环境温度越低其降温作用越明显。因此，如与物理降温同时应用，其作用更明显。

阿司匹林属于解热镇痛药，主要通过抑制中枢前列腺素的合成，增加散热，使发热的体温恢复至正常水平，而对正常体温无影响，常用于发热患者的退热。

氯丙嗪和阿司匹林两者均能降温，但对体温的影响在机制、作用和应用上均有所不同。

【实验对象】

昆明小鼠，体重 18~22g，雌、雄均可。

【实验用品】

1. 实验器材　　BL-420S 生物功能采集系统、温度换能器、钟罩、电子秤、记号笔、注射器（1ml）、冰箱、鼠笼。

2. 实验药品　　0.2%氯丙嗪溶液、0.9% NaCl 溶液、注射用精氨酸阿司匹林（0.5g）、液体石蜡、苦味酸溶液。

【实验步骤】

1. 取小鼠 6 只，称重并编号，观察各鼠一般活动情况，用液体石蜡涂于温度换能器的前端，轻轻将其插入小鼠肛门约 0.5cm，每次插入肛门深度应一致，待体温不变化为准，每只小鼠测定 2 次，取平均值。

2. ①②号小鼠腹腔注射 0.2%氯丙嗪溶液 20mg/kg，③④号小鼠腹腔注射 0.9% NaCl 溶液 10ml/kg，⑤⑥号小白鼠腹腔注射阿司匹林 0.1ml/10g。

3. 各组小鼠中均随机选取 1 只小鼠置于冰箱中，另外 1 只小鼠置于室温环境中，40 分钟后，采用同样方法测体温 1 次，并观察其活动。

4. 比较各小鼠组间和组内体温的变化。

【注意事项】

1. 室温影响实验结果，因此本实验应在 30℃ 以下进行实验。

2. 每只小鼠最好固定用同一个温度传感器，且实验过程中要固定好小鼠，勿使其过度骚动。运动过度也会影响体温。

3. 温度传感器末端需涂少许液体石蜡，以防损伤动物肛门，温度传感器每次插入肛门深度应一致。

【思考题】

1. 试述氯丙嗪对体温调节作用的机制。

2. 假设温度升高，试分析在高热环境中，氯丙嗪对动物体温有何影响。

3. 试述阿司匹林的解热特点。

4. 氯丙嗪和阿司匹林均能降温，试分析两者对体温的影响在机制、作用和应用上有何不同。

实验 36　热板法观察药物的镇痛作用

【实验目的】

1. 掌握热板法筛选镇痛药的方法。
2. 熟悉哌替啶与罗通定的镇痛作用。
3. 比较哌替啶与罗通定的镇痛效价。

【实验原理】

痛觉是由伤害性刺激所引起的不愉快感觉和情感性体验，是一种复杂的生理心理现象。引起痛觉的刺激方法包括物理性（热、电、机械）和化学性两大类。

哌替啶和罗通定均具有镇痛作用。哌替啶是中枢性镇痛药，它主要通过激动脊髓胶质区、丘脑内侧、脑室及导水管周围灰质的阿片受体而发挥强大的镇痛作用，临床主要用于强烈的疼痛和心源性哮喘的治疗。罗通定为防己科植物华千金藤提取的主要生物碱左旋四氢帕马汀，其镇痛机制目前尚未完全清楚，可能通过抑制脑干网状结构上行激动系统、阻滞脑内多巴胺受体的功能有关。罗痛定的镇痛作用弱于哌替啶，但较解热镇痛药强，且因该药无明显的成瘾性，故临床主要用于慢性钝痛的治疗。

【实验对象】

昆明小鼠，体重 18~22g，雌性。

【实验用品】

1. 实验器材　电子秤、注射器（1ml）、秒表、智能热板仪、钟罩、鼠笼。
2. 实验药品　0.9% NaCl 溶液、0.2%盐酸哌替啶溶液、0.2%硫酸罗通定溶液、苦味酸溶液。

【实验步骤】

1. 动物筛选

（1）将热板仪调至（50±0.5）℃，将小鼠置于热板上，密切观察小鼠反应，以小鼠舔后足作为痛觉敏感指标。

（2）采用秒表记录动物从置于热板上到舔后足的时间，共两次，每次间隔5分钟，取其平均值作为该鼠的痛阈值，用此法筛选痛阈值在30秒以内的小鼠供实验用。

（3）剔除痛反应过敏（跳跃、逃窜或痛阈值小于10秒）或痛反应迟钝（痛阈值大于30秒）的小鼠。各实验组筛选合格小鼠6只，称重编号。

2. 分组及给药

（1）分组：取筛选出的小白鼠6只，称重并编号，随机平均分为：0.9% NaCl 溶液组、哌替啶组和罗通定组。

（2）测量各组小鼠的痛阈值，测三次求平均值。

（3）给药：哌替啶组小鼠腹腔注射 0.2%盐酸哌替啶溶液（剂量 20mg/kg），罗通定组腹腔注射 0.2% 硫酸罗通定溶液（剂量 20mg/kg），0.9% NaCl 溶液组小鼠腹腔注射 0.9% NaCl 溶液（剂量 10ml/kg）。

【观察项目】

1. 观察各组动物在给药 15 分钟、30 分钟和 45 分钟后其表现，并依次测定各小鼠的痛阈值，测 3 次求平均值，如小鼠在 60 秒内仍无产生疼痛反应，应立即取出不再刺激，按 60 秒计算。

2. 记录给药前后小鼠平均痛阈值，并进行统计学分析（求 P 值）。

【注意事项】

1. 热刺激强度应控制在 45~55℃，低于此范围不会产生明显的疼痛反应，高于 55℃ 则有可能灼伤动物。

2. 不同个体对热板刺激反应存在一定的差异，多数小鼠表现为舔足，有些动物表现为跳跃。舔足反应为保护反应，而跳跃则为逃避反应，故实验中宜只选其中之一作为观察指标。常以舔后足出现的时间作为痛阈值。实验前动物应首先进行筛选，正常痛阈值 ≤30 秒、≤10 秒，若痛阈值 ≥60 秒以及喜跳跃小鼠应弃用。

3. 热板法应选用雌性小鼠，因雄性小鼠受热后阴囊松弛下坠，与热板接触时，阴囊皮肤对痛敏感，故影响实验结果。

4. 动物体重对结果有影响，小鼠的体重以 20g 左右为宜。

5. 室温以 18℃ 左右为宜，此温度小鼠对痛刺激的反应较稳定。

6. 测痛阈值时，若 60 秒无反应，应立即取出，以免烫伤足部，其痛阈值按 60 秒计。

【思考题】

试分析哌替啶和罗通定两种药物的镇痛作用和临床应用。

实验 37 化学刺激法观察药物的镇痛作用

【实验目的】

1. 掌握扭体法筛选镇痛药的方法。

2. 比较哌替啶与罗通定的镇痛作用和镇痛效价。

【实验原理】

许多刺激性化学物质（如强酸、强碱、K^+、辣椒素等）接触皮肤黏膜或注入体内时，均可引起疼痛反应。腹膜上分布有广泛的感觉神经，把某些化学刺激物质注入腹腔时，可刺激动物腹膜的痛觉感受器，从而引起动物出现疼痛反应，主要表现为动物腹部两侧内陷、腹壁下贴、躯体扭曲、后肢伸展、臀部抬高等现象，称为扭体反应，该反应在腹腔注射后15分钟内出现频率较高，故可以注射后15分钟内动物发生扭体反应的数量或扭体次数作为疼痛的定量指标，从而筛选镇痛药物。

【实验对象】

昆明小鼠，体重 18~22g，雌雄不限。

【实验用品】

1. 实验器材 电子秤、注射器、秒表、钟罩。

2. 实验药品 0.6% 冰醋酸溶液、0.9% NaCl 溶液、0.2% 盐酸哌替啶溶液、0.2% 硫酸罗通定溶液。

【实验步骤】

1. 取小鼠 6 只，称重、编号，随机平均分成 0.9% NaCl 溶液组、哌替啶组和罗通定组。

2. 观察每组小鼠的活动情况。

3. 给药

（1）哌替啶组小鼠腹腔注射 0.2% 盐酸哌替啶溶液（剂量 20mg/kg），罗通定组小鼠腹腔注射 0.2% 硫酸罗通定溶液（剂量 20mg/kg），0.9% NaCl 溶液组小鼠腹腔注射 0.9% NaCl 溶液（剂量 10ml/kg）。

（2）给药 30 分钟后，各组小鼠分别腹腔注射 0.6% 冰醋酸（剂量 60mg/kg）。

【观察项目】

1. 观察并记录各组小鼠 15 分钟内出现扭体反应的次数。

2. 汇总实验室内所有实验小组的实验结果，进行统计学分析（求 P 值）。

【注意事项】

1. 冰醋酸应新鲜配制，以免挥发后，浓度不准确，作用减弱。

2. 哌替啶给药剂量要准确，剂量过多会造成动物呼吸减弱，剂量太少则镇痛效果不明显。

3. 室温最好稳定于 20℃，当温度过低时，动物扭体次数减少，将影响实验结果。

4. 小鼠应选择体重约 20g，体重太轻时，动物扭体反应出现率较低，将影响实验结果。

【思考题】

试从本实验及热板法的实验结果，讨论热板法和化学刺激法筛选镇痛药物的区别。

实验 38　药物半数致死量（LD_{50}）的测定

【实验目的】

1. 掌握药物的半数致死量（LD_{50}）测定的意义及其与治疗指数的关系。

2. 学习改良寇氏法测定半数致死量（LD_{50}）的方法、步骤和计算过程。

【实验原理】

半数致死量（50% lethal dose，LD_{50}）是指某一药物能引起 50% 的实验对象死亡的剂量，它是衡量药物急性毒性大小的重要指标。LD_{50} 是根据动物实验结果经统计学处理后求得的计算值，剂量-反应关系比较灵敏，容易测得，且准确性高、误差小。

LD_{50} 的数值与药物的毒性呈反变关系，即 LD_{50} 数值愈小，表明该药的毒性愈大；反之，LD_{50} 数值愈大，表明该药的毒性愈低。同样，也可用半数有效量（ED_{50}）来衡量药物的药效强弱。同一种动物、同一给药方法求得 LD_{50} 与 ED_{50} 之比称为治疗指数，可用来评价该药物的安全性。治疗指数越大，则药物越安全。测定 LD_{50} 与 ED_{50} 的实验方法基本相同。

LD_{50} 可通过量效关系的实验测得。Clark 证实，剂量对数值与质反应之间的量-效关系曲线为对称的 S 形曲线，为便于数学回归分析，需要将 S 形曲线转化为直线。Bliss 提出了剂量对数值与死亡概率单位之间的量-效关系为一直线，即以剂量的对数值为横坐标，死亡概率单位为纵坐标作图，找出死亡 50% 的相应剂量；也可通过剂量对数值与死亡概率单位直线回归求出 LD_{50}。

硫酸镁，注射给药时，因与 Ca^{2+} 相互拮抗，具有抑制骨骼肌收缩，从而产生肌肉松弛、呼吸抑制作用、松弛血管平滑肌等作用，同时具有抑制中枢神经系统功能，从而使感觉和意识产生障碍，因此，该药具有抗惊厥、降压等作用。过量时，可使血镁浓度升高，将引起呼吸抑制、血压骤降、心搏骤停而致死。

【实验对象】

昆明小鼠，体重 18~22g，雌雄各半。

【实验用品】

1. 实验器材　BL-420 生物功能采集系统、电子秤、注射器（1ml）、鼠笼、计时器、钟罩。

2. 实验药品　10% 硫酸镁。

【实验步骤】

1. 预备实验

（1）探索剂量范围：根据经验或文献，通过实验找出 100% 死亡的最小剂量及零死亡的最大剂量。此即上下限剂量（D_m，D_n）。

（2）确定组数、计算各组剂量

1）组数（n）：6 组。

2）按公式求公比：$r = 1.11$。

3）按公比求各组剂量：D_1，D_2，$\cdots$，D_n，其中 $D_1 = D_n =$ 最小剂量、$D_2 = D_1 \cdot r$，$\cdots$，$D_n = D_{n-1} \cdot r$，$D_m =$ 最大剂量。

（3）预试中 $D_m = 167\,mg/kg$，$D_n = 92\,mg/kg$。

2. 正式实验

（1）分组编号：取小白鼠 60 只，随机分成 6 组，每组 10 只，雌雄各半。

（2）称重给药：根据预实验结果确定剂量经腹腔注射给药。

（3）观察记录：记录小白鼠给药后反应，记录死亡时间，统计死亡数，填入自制表格。

（4）数据处理：按 Bliss 法的要求输入组数、各组剂量、各组动物数和各组死亡数，进行统计，得出 LD_{50}。

（5）计算 LD_{50} 及其 95% 可信限。

【注意事项】

1. 实验过程中，应保持药液配制、药物注射等环节准确无误。

2. 实验动物应禁食 12 小时，但饮水不限。

3. 实验动物应随机分组，使各组动物体重尽可能一致。

4. 实验过程中，给药后应仔细观察动物状态。

【思考题】

1. 试述 LD_{50} 的药理学概念及意义是什么。

2. 试述 LD_{50} 与治疗指数的关系是什么。

3. 试述 LD_{50} 在新药研究中的作用是什么。

【附】

采用 Bliss 法程序计算各参数步骤：

1. 运行 BL-420S 生物功能采集系统，进入其数据处理选项，再进入半数致死量选项。

2. 一次输入各组剂量、动物总数、动物死亡数等相关数据。

3. 单击"计算"按钮，计算 LD_{50} 等参数。

实验39 硫酸镁的中毒及解救

【实验目的】

1. 观察硫酸镁急性中毒时动物的症状。

2. 掌握钙盐解救硫酸镁急性中毒的作用机制。

【实验原理】

硫酸镁注射给药时可产生中枢抑制、抗惊厥和降压作用。因此，给动物注射大剂量硫酸镁时和/或注射速度过快时，可抑制动物延髓呼吸中枢和心血管中枢等的活动，从而导致动物呼吸抑制、血压降低和心脏停搏，最终导致动物死亡。

【实验对象】

昆明小鼠，18~22g，雌雄均可。

【实验用品】

1. 实验器材 鼠笼、1ml注射器3支、电子秤、钟罩。

2. 实验药品 0.9% NaCl溶液、10%硫酸镁、5%氯化钙溶液。

【实验步骤】

1. 取小鼠6只，称重，编号，随机平均分为两组。

2. 给药

①②号小鼠：腹腔注射10%硫酸镁，1.0g/kg（0.1ml/10g）。③④号小鼠：腹腔注射10%硫酸镁，1.0g/kg（0.1ml/10g）。给药后观察各小鼠活动情况和肌张力。

3. 解救

当小鼠出现活动减少，行动困难，呼吸困难，低头卧倒时，进行解救。

①②号小鼠：腹腔注射5%氯化钙，抢救后可能再次出现麻痹，可再次给钙剂，给药量为0.05ml/10g。

③④号小鼠：腹腔注射0.9% NaCl溶液，10ml/kg。

4. 观察给药前后小鼠活动及反应情况，并记录。

【注意事项】

过量注射药物可引起动物死亡。因此，实验过程中给药剂量要准确。

【思考题】

1. 试述硫酸镁引起动物中毒的机制是什么。

2. 试述氯化钙抢救硫酸镁中毒的机制是什么。

实验 40　地西泮的抗惊厥作用

【实验目的】

1. 学习复制小鼠惊厥模型的方法。

2. 掌握地西泮抗惊厥作用的机制。

【实验原理】

惊厥是指由于中枢神经系统器质性或功能性异常而导致的全身骨骼肌的不自主单次或连续强烈收缩，呈强直性或阵挛性抽搐。常见于小儿高热、子痫、破伤风、癫痫大发作和中枢兴奋药中毒等。

尼可刹米是中枢兴奋药，大剂量应用时，可吸收入血，以至于出现兴奋、抽搐、惊厥。

地西泮是中枢神经系统抑制药，大剂量应用时，具有明显的抗惊厥作用，其作用机制与加强或易化 γ-氨基丁酸（GABA）的抑制性神经递质有关，通过与受体相互作用，可增强 GABA 与 GABA 受体的结合力，增加 Cl^- 通道的开放频率，从而使细胞的活动产生超极化，引起中枢神经各个部位突触前和突触后电位抑制，因而产生抗惊厥作用。

【实验对象】

昆明小鼠，18~22g，雌雄均可。

【实验用品】

1. 实验器材　1ml 注射器、鼠笼、电子秤、一次性使用医用棉签。

2. 实验药品　2.5%尼可刹米溶液、0.5%地西泮溶液、0.9%NaCl 溶液、苦味酸溶液。

【实验方法与步骤】

1. 取小鼠 4 只，称重，编号，随机分为地西泮组、0.9%NaCl 溶液组，每组 2 只动物。

2. 给药

（1）①②号小鼠：腹腔注射 0.5%地西泮溶液（剂量 0.1ml/10g）。

（2）③④号小鼠：腹腔注射 0.9%NaCl 溶液组（剂量 0.1ml/10g）。

3. 观察 4 只小鼠给药后反应。

4. 给药 10 分钟后，4 只小鼠分别腹腔注射 2.5%尼可刹米溶液（剂量 0.2~0.3ml/10g），观察各组动物的反应并记录。

【注意事项】

1. 尼可刹米引起小鼠惊厥的特点是后肢伸直，尾巴上翘，跳跃。

2. 腹腔注射尼可刹米时，注意给药剂量，以免过量引起动物死亡。

【思考题】

试述常用抗惊厥药有哪几种，其作用机制及临床应用有何不同。

第四部分 虚拟仿真实验

虚拟仿真是一项综合集成技术。该技术集成了计算机图形技术、计算机仿真技术、人工智能、传感技术、显示技术、网络并行处理等技术的最新发展成果，是一种由计算机技术辅助生成的高技术模拟系统。

虚拟仿真实验主要针对部分真实实验不具备或难以完成的教学功能，以及涉及高危或极端的环境、不可或不可逆的操作，高成本、高消耗、大型或综合训练等实验项目时，按照"虚实结合、相互补充、能实不虚"的原则提供可靠、安全和经济的实验项目，依托虚拟现实、多媒体、人机交互、数据库和网络通信等技术构建高度仿真的虚拟实验环境和实验对象。学生在虚拟环境中开展实验，可达到理想的实验教学效果。

实验1　影响家兔尿生成的因素

【实验目的】

1. 学习家兔气管插管术、神经血管分离术、膀胱插管技术和尿量记录实验方法。

2. 理解迷走神经、循环血量、去甲肾上腺素、抗利尿激素、呋塞米（速尿）对尿生成的影响机制，渗透性利尿的概念及机制。

3. 观察神经、体液因素及药物对家兔尿生成的影响。

【实验原理】

尿生成的过程包括肾小球的滤过、肾小管和集合管的选择性重吸收及分泌三个基本环节。凡能影响上述过程的因素，都可以影响尿的生成，从而引起尿的质或量发生改变。

【实验对象】

家兔，体重2~3kg，雌雄兼用。

【实验用品】

1. 实验器材　哺乳动物手术器械一套、微机生物信号采集处理系统、兔手术台、保护电极、注射器（20ml、10ml、5ml、2ml、1ml）、纱布、粗/细棉线。

2. 实验药品或试剂　30g/L戊巴比妥钠溶液、温热生理盐水、20%葡萄糖溶液、0.01%去甲肾上腺素溶液、1U/ml垂体后叶素溶液、1%呋塞米（速尿）溶液、1 000U/ml肝素钠溶液。

【实验步骤】

1. 启动系统　在Windows桌面上双击快捷键"🔬"，鼠标左键点击窗口进入系统窗口界面。

2. 进入虚拟实验　鼠标点击"虚拟实验"进入实验目录窗口，再点击实验项目名称"尿生成的影响因素"即可进入相应的实验场景。

3. 播放手术操作视频　家兔耳缘静脉注射戊巴比妥钠溶液麻醉，仰卧固定于手术台上，颈部手术分离左颈总动脉与右侧迷走神经，行动脉插管。在播放颈总动脉插管录像后，仪器记录动脉血压。腹部手术游离膀胱，行膀胱插管，插管另一端用导管连至记滴器，记录尿量。

【观察项目】

1. 观察并记录正常尿量值。

2. 测定生理盐水对尿量的影响　找到虚拟仿真实验界面左侧的方形白色手术器械盘，把器械盘中的注射器用鼠标左键按住并拖动至家兔耳部处释放，向输入框输入20ml，点击确定，药品从家兔耳缘静脉注入并自动打标记。观察注射药品后的尿量变化。

3. 测定20%葡萄糖（5ml）对尿量的影响　操作方法同2。注射新药物必须等待上一次干预措施对尿生成的影响作用消失（即尿量恢复正常）后，才可进行。

4. 测定 0.01% 去甲肾上腺素（0.3ml）对尿量的影响　操作方法同 2。注射新药物必须等待上一次干预措施对尿生成的影响作用消失（即尿量恢复正常）后，才可进行。

5. 测定 1% 呋塞米（5mg/kg）对尿量的影响　操作方法同 2。注射新药物必须等待上一次干预措施对尿生成的影响作用消失（即尿量恢复正常）后，才可进行。鼠标放在家兔身上即可在电脑显示器界面上出现家兔体重。

6. 测定垂体后叶素（2U）对尿量的影响　操作方法同 2。注射新药物必须等待上一次干预措施对尿生成的影响作用消失（即尿量恢复正常）后，才可进行。

7. 测定电刺激迷走神经对尿量的影响　在生物信号采集处理系统示波界面的工具栏开启刺激器，将鼠标移至刺激电极上方按住左键并拖动至家兔颈部（出现颈部气管、颈总动脉及神经画面），刺激电极图标在迷走神经处释放，即呈现刺激神经画面，记录刺激神经后自动打标记录尿量。

【注意事项】

1. 每一个观察项目开始之前必须等待上一次干预措施对尿生成的影响作用消失（即尿量回复正常）后，才可进行。

2. 本实验若为真实的动物实验，则每进行一个观察项目之前，均应先等尿量基本恢复正常，以排除其他因素对实验干扰。

3. 本实验若为真实的动物实验，则因为需要多次进行耳缘静脉注射，静脉穿刺应从耳尖开始，逐步移向耳根。

4. 本实验若为真实的动物实验，手术操作要轻柔，避免引起损伤性尿闭；腹部切口不可过大，应避免损伤内脏。

【思考题】

1. 列表记录给予各种干预措施后，尿量的变化（写出具体数据）。

2. 静脉快速滴注 20ml 生理盐水时，尿量有何变化？为什么？

3. 静脉注射 20% 葡萄糖（5ml）时对尿量的影响如何？为什么？

4. 静脉注射 0.01% 去甲肾上腺素（0.3ml）时对尿量的影响如何？为什么？

5. 静脉注射 1% 呋塞米（5mg/kg）时对尿量的影响如何？为什么？

实验 2　离子和药物对蛙心脏活动的影响

【实验目的】

1. 学习斯氏（Straub）离体蛙心灌注法。

2. 理解 Na^+、Ca^{2+}、K^+、肾上腺素、乙酰胆碱对心脏活动的影响及机制。

3. 观察内环境中某些因素的改变和药物对心脏收缩的影响。

【实验原理】

作为蛙心起搏点的静脉窦能按一定节律自动产生兴奋。因此，只要将离体失去神经支配的蛙心保持在适宜的环境中，在一定时间内仍能产生节律性兴奋和收缩活动；另一方面，心脏正常的节律性活动有赖于内环境理化因素的相对稳定，所以改变灌流液的成分，则可以引起心脏活动的改变。

【实验对象】

蛙。

【实验用品】

1. 实验器材　蛙类手术器械一套（包括探针、粗剪、手术剪、眼科剪、镊子、玻璃分针、蛙板、小木槌、大头针）、斯氏插管、玻璃棒、铁支架、蛙心夹、张力换能器、瓷碗、培养皿、恒温水浴锅、微机生物信号采集处理系统。

2. 实验药品或试剂　任氏液、无钙任氏液、0.65% NaCl 溶液、3% $CaCl_2$ 溶液、1% KCl 溶液、0.01% 肾上腺素溶液、0.001% 乙酰胆碱溶液。

【实验步骤】

1. 启动系统　在 Windows 桌面上双击快捷键"🔳"，鼠标左键点击窗口进入系统窗口界面。

2. 进入虚拟实验　鼠标点击"虚拟实验"进入实验目录窗口，再点击实验项目名称"离子和药物对离体蛙心脏活动的影响"即可进入相应的实验场景。

3. 点击实验操作录像观看离体蛙心制备　取蛙 1 只，毁脑和脊髓。将其仰卧固定于蛙板上，暴露心脏，在主动脉根部剪一小口，插入斯氏插管至左心室并固定，游离出心脏，反复用任氏液灌洗离体蛙心脏，直至斯氏插管内无血液残留为止。

4. 点击实验操作录像观看线路连接　蛙心尖用蛙心夹夹住，蛙心夹所系棉线与张力换能器相连，换能器与生物信号采集处理系统第 1 通道相连，记录心脏收缩曲线，启动生物信号采集处理系统。

【观察项目】

1. 描记并观察正常的蛙心脏搏动曲线　注意观察心跳频率、心室的收缩和舒张幅度。

2. 观察 Na^+ 对蛙心脏活动的影响　找到虚拟仿真实验界面左侧的一排 EP 管，鼠标左键按住并拖动移液器至装有 0.65% NaCl 溶液的 EP 管处，虚拟仿真实验系统自动将 NaCl 溶液加入斯氏插管内,并在生物信号采集系统示波界面自动打标记。观察注射溶液后蛙心脏收缩舒张幅度及心率的变化。

3. 观察 Ca^{2+} 对蛙心脏活动的影响　待心脏活动变化稳定后,找到虚拟仿真实验界面左侧的一排 EP 管,鼠标左键按住并拖动滴灌至装有任氏液的 EP 管处,虚拟仿真实验系统自动将任氏液加入到斯氏插管内进行清洗。当前一个项目的溶液被清洗干净后,操作方法同2,给心脏施加 3%$CaCl_2$溶液。

4. 观察 K^+ 对蛙心脏活动的影响　操作方法同3。给心脏施加 1%KCl 溶液。

5. 观察肾上腺素对蛙心脏活动的影响　操作方法同3。给心脏施加 0.01%肾上腺素溶液。

6. 观察乙酰胆碱对蛙心脏活动的影响　操作方法同3。给心脏施加 0.001%乙酰胆碱溶液。

【注意事项】

1. 每一个观察项目开始等到心脏活动不再变化之后才可以用任氏液进行清洗,清洗至心脏活动恢复正常后,才可进行下一个观察项目。

2. 本实验若为真实的动物实验,制备蛙心脏标本时,勿伤及静脉窦。

3. 本实验若为真实的动物实验,上述各实验项目,一旦出现作用应立即用新鲜任氏液换洗,以免心肌受损,而且必须待心跳恢复正常后方能进行下一步实验。

4. 本实验若为真实的动物实验,吸新鲜任氏液和吸斯氏插管内溶液的吸管应区分专用,不可混淆使用,同时吸管不能接触斯氏插管壁,以免影响实验结果。

【思考题】

1. 描绘或打印出蛙心脏搏动曲线,并标记出各种相应的干预措施。

2. 1%KCl 溶液灌注蛙心脏后,心搏曲线有何变化,为什么?

3. 3% $CaCl_2$溶液灌注蛙心脏后,心搏曲线有何变化,为什么?

4. 0.01%肾上腺素溶液,0.001%乙酰胆碱溶液灌注蛙心脏后,心搏曲线各有何变化,为什么?

实验 3　神经干动作电位、传导速度和不应期测定及药物的影响

【实验目的】

1. 学习离体神经干动作电位的记录方法。

2. 了解蛙类坐骨神经干的单相、双相动作电位的记录方法，并能判别、分析神经干动作电位的基本波形，测量其潜伏期、幅值及时程。

3. 了解坐骨神经干动作电位及其兴奋性的规律性变化。

4. 了解神经干动作电位传导速度及其不应期的测定方法。

5. 观察分析局麻药对蟾蜍坐骨神经干动作电位、传导速度及不应期的影响。

【实验原理】

具有兴奋性的组织和细胞，可对适宜刺激表现出兴奋。刺激要引起组织细胞发生兴奋，必须使以下三个参数达到某一临界值：刺激的强度、刺激的作用时间以及刺激强度对时间的变化率。神经纤维受到足够强度的电刺激后，在静息电位的基础上神经纤维会发生一次膜两侧电位的快速而可逆的翻转和复原，这种电位变化被称为动作电位，它是神经兴奋的客观标志。阈强度一般可作为衡量细胞兴奋性的基本指标，它与兴奋性之间呈反比例关系，即阈强度越大，细胞的兴奋性越低；反之，则表示细胞的兴奋性越高。

单根神经的动作电位是呈"全或无"的。但由于神经干是由粗细不等、兴奋性不同的多根神经纤维共同组成，其动作电位是复合动作电位，该复合动作电位幅度在一定范围内可随刺激强度的增大而增大。当神经干中所有神经纤维均兴奋后，此时复合动作电位的幅度将不再继续增加。动作电位可沿细胞膜做不衰减性的传导，因此，在神经干的一端给予适当的电刺激，可在另一端记录到神经干的复合动作电位。值得注意的是，此实验记录到的复合动作电位，并不是神经纤维细胞内外的电位差，而是由于神经纤维细胞产生的动作电位在传导时引起膜电位的变化，导致两个记录电极之间产生的电位差。记录的方法不同，记录到的动作电位也存在双相和单相之分。

如果将两个引导电极置于正常完整的神经干表面，兴奋波将先后通过两个电极，便可引导出两个方向相反的电位波形，称为双相动作电位。如果两个引导电极之间的神经纤维完全损伤，兴奋波只通过第 1 个引导电极，不能传至第 2 个引导电极，则只能引导出一个方向的电位偏向波形，称为单相动作电位。

神经纤维的功能是传导兴奋（即动作电位），动作电位在神经纤维的传导是以局部电流的形式来传导，其传导速度受神经纤维的直径大小、有无髓鞘等因素的影响。一般情况下，可采用电生理的方法测定神经纤维的传导速度。测定神经冲动在神经上传导的距离 (s) 与通过这些距离所需要的时间 (t)，即可根据 $v = s/t$ 而求出神经冲动的传导速度。蛙类坐骨神经干传导的速度为 $35 \sim 40\text{m/s}$。

　　神经纤维在一次兴奋过程中，其兴奋性可发生周期性变化，包括绝对不应期、相对不应期、超常期和低常期。本实验采用双脉冲刺激测定神经干的兴奋性变化。首先给予一个适宜的阈上刺激，在神经发生兴奋后，按不同的时间间隔内给予参数完全相同的两个刺激不产生动作电位，当两刺激间隔增加达到一定值时，此时第 2 个刺激刚好能引起一极小的动作电位，这时两刺激间隔时间即为绝对不应期。继续增大两个刺激的时间间隔，这时由第 2 个刺激产生的动作电位逐渐增大，当两刺激间隔达到某一值时，由第 2 个刺激产生的动作电位的幅度刚好和由第 1 个刺激产生的动作电位相同，这时两刺激间隔时间即为相对不应期。继续增大刺激间隔，此时由两刺激脉冲产生的动作电位将始终保持完全一致。

　　局麻药溶液只有同时存在不带电荷的碱基和阳离子时才能发挥较好的麻醉效果。阳离子不能通过神经膜，当不带电荷的脂溶性碱基通过神经膜后，处于水相状态又可解离，使阳离子能迅速与轴膜结合而阻滞神经传导。随局麻药浓度的增加，将降低神经去级化速度与程度，同时降低复极化的速度与传导速度，使不应期延长，直至去极化无法达到阈电位而呈完全阻滞状态。

【实验对象】

蟾蜍或蛙。

【实验用品】

1. 实验器材　功能实验虚拟实验系统、BL-420S 生物功能采集系统、张力换能器、蛙类手术器械一套、神经标本屏蔽盒、刺激电极、引导电极、纱布、滤纸、滴管。

2. 实验药品　任氏液、2%普鲁卡因溶液。

【实验步骤】

1. 启动系统　在 Windows 桌面上用鼠标左键双击快捷键"功能虚拟实验系统图标"，进入系统窗口界面。

2. 进入虚拟实验　鼠标左键单击"虚拟实验"进入实验科目选择窗口，然后点击"生理学实验"选项进入生理学虚拟实验，依次在下拉式对话框中点击实验项目"神经干动作电位的引导项目""神经兴奋传导速度的测定""神经干兴奋不应期的测定"，以及"药理学实验"目录下的"普鲁卡因的传导麻醉作用"四个项目，即可进入相应的实验场景。

3. 依次播放该虚拟项目下相关模块　鼠标左键依次单击"简介""模拟""波形""视频"等模块学习相关内容。

【观察项目】

1. 神经干动作电位的记录及其传导速度的测定

（1）观察不同刺激强度对神经干动作电位的影响：逐渐增大刺激强度，观察动作电位波形的变化。找出刚能引起微小的神经干动作电位的刺激强度（阈强度）和引起最大动作电位幅度的最小刺激强度（最适刺激强度）。

（2）观察双相动作电位的波形：读出最大刺激时双相动作电位上下相的幅度和整个动作电位持续的时间数值。

（3）调换神经干标本放置的方向，观察双相动作电位的波形：将神经干标本放置的方向倒换后，观察双相动作电位的波形有无变化。

（4）动作电位传导速度的测定：给予神经干最大刺激强度，可观察到先后形成的两个双向动作电位波形。测量两个动作电位起点的间隔时间 t。测量标本屏蔽盒中两对引导电极之间的距离 s（即测定 $r_1 \sim r_2$ 的间距）。根据公式 $v = s/t$，求出神经冲动的传导速度。

（5）观察单相动作电位　用镊子将两个引导电极 r_1、r_2 之间的神经夹伤，再刺激时呈现的即是单相动作电位。读出最大刺激时单相动作电位的振幅值和整个动作电位持续的时间数值。

2. 神经兴奋不应期的测定　取另一制备好的坐骨神经干置于神经标本盒中。调节刺激强度至最大刺激强度，引导出双相动作电位。调节刺激连续单次刺激的间隔时间，使屏幕上出现两个独立的双相动作电位波形。逐渐下调间隔，使后一个动作电位波形逐渐向前一个融合。当后者波幅突然变小时，此点为 T_2，表示已进入前一次动作电位的相对不应期；继续下调间隔，当后者突然消失时，此点为 T_1，表示已进入前一次动作电位的绝对不应期。从刺激伪迹开始到 T_1 之间这一时期即为绝对不应期，T_1 到 T_2 之间这一时期即为相对不应期。

找出波宽为某一数值时的阈上刺激刺激范围，并记下阈刺激、最大刺激的数值。打印双相与单相动作电位波形，测出其最大幅值及持续时间。计算神经冲动的传导速度：$v = s/(t_2 - t_1)$。打印神经干兴奋不应期变化过程的波形，标出神经干动作不应期。

3. 观察局麻药对神经干动作电位的阻断作用　在两个引导电极之间的神经用 2% 普鲁卡因阻断或用镊子夹伤后观察神经干动作电位波形有何变化。

【注意事项】

本实验若为实体动物实验，实验时应注意以下几点：

1. 在分离蟾蜍或蛙的坐骨神经干过程中切勿损伤神经组织，以免影响实验结果。

2. 离体坐骨神经干标本应尽可能长，最好在 8cm 以上，并在实验过程中经常用任氏液湿润神经干以保持其良好的兴奋性。

3. 应保持神经干预刺激电极、引导电极和接地电极均接触良好，以免影响实验结果。

4. 两对引导电极间的距离应尽可能大。

【思考题】

1. 试述神经干动作电位是如何产生的？它符合"全或无"规律吗？为什么？

2. 试述神经干双相动作电位是如何产生的。

3. 试分析为什么在由双相动作电位做单相动作电位时，有时候动作电位的下降相消除不干净。

4. 试分析能否在人体上测定运动传出纤维的冲动传导速度。

5. 试述刺激伪迹和动作电位如何区分。

实验 4   强心苷对离体蛙心的影响

【实验目的】

1. 学习斯氏离体蛙心灌流法。

2. 观察强心苷对离体蛙心收缩强度、频率和节律的影响以及强心苷和钙离子的协同作用。

【实验原理】

作为蛙心起搏点的静脉窦能按一定节律自动产生兴奋。因此，只要将离体的蛙心保持在适应的环境中，在一定时间内仍能产生节律性兴奋和收缩活动。

心脏正常的节律性活动需要一个适宜的理化环境，离体心脏也是如此。离体心脏脱离了机体的神经支配和全身液因素的直接影响，可以通过改变灌流液的某些成分，观察其对心脏活动的作用。

强心苷是一类选择性作用于心脏的药物，它能抑制心肌细胞膜上的 Na^+-K^+-ATP 酶，调控离子通道，使邻近心肌膜处的细胞内 Na^+，Ca^{2+} 交换机制促进钙内流，导致细胞内 Ca^{2+} 增加，从而使心肌收缩力增加，表现为正性肌力和负性频率的作用。从而低钙环境中，心脏心肌收缩力和去极化过程均受到影响。本实验即利用低钙环境造成心功能不全，从而观察强心苷类药物对离体蛙心的作用。

【实验对象】

蟾蜍。

【实验用品】

1. 实验器材   功能学虚拟实验系统、BL-420 生物功能实验系统、蛙板、探针、蛙心插管、蛙心夹、张力换能器、计算机、双凹夹、长柄木夹、铁支架、滴管、丝线。

2. 实验药品   任氏液、低钙任氏液、5%洋地黄溶液（0.1%毒毛花苷溶液）、1%氯化钙溶液。

【实验步骤】

1. 启动系统   在 Windows 桌面上用鼠标左键双击快捷键"功能虚拟实验系统图标"，进入系统窗口界面。

2. 进入虚拟实验   鼠标左键单击"虚拟实验"进入实验科目选择窗口，然后点击"药理学实验"选项进入生理学虚拟实验，依次在下拉式对话框中点击实验项目"强心苷对离体蛙心的影响"项目，即可进入相应的实验场景。

3. 依次播放该虚拟项目下相关模块   鼠标左键依次单击"简介""模拟""波形""视频"等模块学习相关内容。

【观察项目】

1. 观察离体蛙心正常收缩曲线的波形。

2.　在蛙心套管内滴加低钙任氏液后，观察离体蛙心收缩曲线的变化。

3.　在蛙心套管内滴加 5% 洋地黄溶液后，观察离体蛙心收缩曲线的变化。

4.　在蛙心套管内滴加 1% $CaCl_2$ 溶液后，观察离体蛙心收缩曲线的变化。

【注意事项】

本实验若为实体动物实验，实验时应注意以下几点：

1.　在制备离体蛙心标本时，勿伤及静脉窦。

2.　蛙心插管的尖端在实验前要进行检查，不可过于尖锐锋利，否则易损伤血管及心脏组织。

3.　在固定张力换能器时，应稍向下倾斜，以免自心脏滴下的液体流入换能器内。

4.　每次换灌流液时，插管液面均应保持相同的高度。

5.　随时滴加任氏液于心脏表面使其保持湿润状态。

【思考题】

试述强心苷对心脏作用的机制。

实验 5　消化道平滑肌的生理学特性

【实验目的】

1. 学习离体肠实验方法。

2. 观察哺乳动物胃肠平滑肌的一般特性。

3. 观察药物对离体肠管平滑肌的作用及其机制。

【实验原理】

在整个消化道中，除口、咽、食管上端和肛门外括约肌是骨骼肌外，其余部分均是由平滑肌组成的。消化道平滑肌的特性与骨骼肌不同，其兴奋性较骨骼肌为低，具有自动节律性、较大的伸展性，对牵张、温度和化学刺激比较敏感。胃肠道平滑肌的收缩主要由副交感神经控制。肌细胞膜上富含 M 胆碱能受体，M 受体激动剂和拮抗剂均可明显影响其收缩反应。乙酰胆碱（acetylcholine，ACh）可激动胃肠道平滑上 M 受体，从而使胃肠平滑肌的收缩力加强；阿托品（atropine）是 M 受体拮抗药，它可竞争拮抗乙酰胆碱对 M 受体的激动作用；肾上腺素可作用于小肠平滑肌上的 β 受体，从而使小肠舒张。

在一定时间内，离体的小肠平滑肌在适宜的环境中仍可保持其生理功能。本实验将小肠平滑肌置于模拟内环境中，观察当模拟内环境因素发生变化时，离体小肠平滑肌运动的变化。

【实验对象】

家兔。

【实验用品】

1. 实验器材　功能学虚拟实验系统、BL-420 生物功能实验系统、HW-200 数字恒温平滑肌槽、张力换能器、哺乳类手术器械一套、铁支架、温度计、烧杯、滴管、培养皿、注射器等。

2. 实验药品　0.001%乙酰胆碱、0.01%肾上腺素、0.01%阿托品溶液、0.01%去甲肾上腺素、台氏液等。

【实验步骤】

1. 启动系统　在 Windows 桌面上用鼠标左键双击快捷键"功能虚拟实验系统图标"，进入系统窗口界面。

2. 进入虚拟实验　鼠标左键单击"虚拟实验"进入实验科目选择窗口，然后点击"生理学实验"选项进入生理学虚拟实验，依次在下拉式对话框中点击实验项目"消化道平滑肌的生理学特性"项目，即可进入相应的实验场景。

3. 依次播放该虚拟项目下相关模块　鼠标左键依次单击"简介""模拟""波形"和"视频"等模块学习相关内容。

【观察项目】

1. 观察离体小肠平滑肌的正常收缩曲线。

2. 在台氏液滴加 0.01% 肾上腺素溶液后，观察离体小肠平滑肌收缩曲线的变化。待效应出现后，用新鲜台氏液清洗标本。

3. 在台氏液滴加 0.001% 乙酰胆碱溶液后，观察离体小肠平滑肌收缩曲线的变化。待效应出现后，用新鲜台氏液清洗标本。

4. 在台氏液滴加 0.01% 阿托品溶液后，观察离体小肠平滑肌收缩曲线的变化。

5. 在上述台氏液滴加 0.001% 乙酰胆碱溶液后，观察离体小肠平滑肌收缩曲线的变化。待效应出现后，用新鲜台氏液清洗标本。

【注意事项】

1. 本实验若为实体动物实验，实验动物先禁食 24 小时，于实验前 1 小时喂食，然后敲昏动物，取出小肠，小肠运动效果更好。

2. 本实验若为实体动物实验，制备离体小肠平滑肌标本时，动作要轻柔，不可用手捏，以免损伤肠壁。离体小肠平滑肌标本也不宜在空气中暴露过久，以免影响其活性。

3. 本实验若为实体动物实验，标本安装好后，应在新鲜 37℃ 台氏液中稳定 5~10 分钟，有收缩活动时即可开始实验。

4. 本实验若为实体动物实验，每个观察项目结束后，应立即用 37℃ 台氏液冲洗，待肠段活动恢复正常后，再进行下一个实验项目。

5. 本实验若为实体动物实验，滴加药物的滴管应专用，不能混用，以免影响效果。

【思考题】

1. 试分析加入阿托品后，离体小肠平滑肌的运动有何变化？为什么？

2. 试述小肠平滑肌具有哪些生理特性。

第五部分　创新设计性实验

　　通过前面对基础性实验、综合性实验和虚拟仿真实验的训练，取得了扎实的基本技能知识，结合培养创新性人才的需要。本部分首先要求掌握创新设计性实验的定义、特征与类型，以及创新设计性实验的实施要求与程序；其次认真学习并依照本部分所列出的创新设计性实验的范例和选题指导，自行完成创新设计性实验的各个环节。

　　创新设计性实验要求学生综合运用多门学科的知识和各种实验原理来设计实验方案并加以实现的实验。开设创新设计性实验的目的在于激发学生学习的主动性和创新意识，培养学生独立思考、综合运用知识和文献的能力，提出问题并善于解决复杂问题的能力。

第1章 概 述

一、创新设计性实验的定义与特征

（一）创新设计性实验的定义

创新设计性实验又称探索性实验。系指采用科学的逻辑思维配合实验方法和技术，对拟定研究的目的（或问题）进行的一种有明确目的的探索性研究。由学生自己提出实验目的，自行设计实验方案，合作完成实验，整理、处理实验结果，最后完成论文撰写。

创新设计性实验不但要求学生综合多门学科的知识和各种实验原理来设计实验方案，而且要求学生能充分运用已学的知识去发现问题、解决问题。开设创新设计性实验目的是让学生在实践中将相关的基础知识、基本理论得以实践、融会贯通，培养其独立发现问题、解决问题的能力，以最大限度发挥学生学习的主动性，相对于综合性实验而言，要求更高、难度更大。因而创新设计性实验的开设一般在学生经过基础和综合性实验训练之后，可由相对简单逐步增加难度和深度循序渐进进行。

（二）创新设计性实验的特征

1. 学生学习的主动性 设计性实验在给定实验目的和实验条件的前提下，学生在教师的指导下自己设计实验方案，选择实验器材，制定操作程序，学生必须运用自己掌握的知识进行分析、探讨。在整个实验过程当中，学生处于主动学习的状态，学习的目的非常明确，独立思维，特别是创造性思维比较活跃，学生主动学习的积极性可得到调动。

2. 实验内容的探索性 设计性实验的实验内容一般尚未为学生所系统了解，需要学生通过实验去学习、去认识，打破实验依附理论的传统教学模式，恢复了实验在人们认识自然、探索科学发现过程当中的本来面目，让实验教学真正成为学生学习知识、培养能力的基本方法和有效途径。

3. 实验方法的多样性 设计性实验是给定实验目的和实验条件，由学生在教师的指导下自行设计实验方案并加以实现的实验。在实验过程中，实验目的是明确的、唯一的，但实验条件是可以选择的，是可以变化的。因此，学生往往可以通过不同的途径和方法达到实验目的，从根本上改变了千人一面的传统教学模式，有利于创新人才的培养，体现了以人为本的教学思想。

二、创新设计性实验的类型

创新设计性实验一般以急性动物实验为主，根据其应满足的条件，创新设计性实验主要的类型有：

1. 补充型　学生对实验教材的某个实验方案进行补充，增加新的有创意的实验方法。

2. 改进型　学生对原有的实验方案进行改良，完善或改进原有实验方案。

3. 有限性　教师给出一个实验范围或基本要求，学生自行命题，自定所需材料、器械、动物等，自行设计实验方案。

4. 扩展型　在教师指定的实验平台条件下，学生进行多学科扩展性设计实验，完成从实验设计、实验操作到结果分析与论文撰写的全过程。

5. 完全型　由学生自选内容、材料、器械、动物等，自行设计实验方案。

学生依据专业要求的不同，自身知识的掌握程度不同及个人能力的差异，因此可以选取不同类型的实验。选择的设计性实验类型不同，操作的难易程度不同，评判尺度的宽严不同等因素的影响，对设计性实验评价和考核不能采取一般实验的考核模式。

三、创新设计性实验应遵循的原则

1. 创新性原则　创新设计性实验不是验证性实验，是以培养学生创新能力和综合素质为目标的一种教学模式。立题必须具有创新性，包括提出新规律、新技术、新方法或对原有规律、技术、方法的补充和改进。开展实验选题必须注重创新，创新必须要有新思路。

2. 科学性原则　科学性是创新设计性实验的首要原则，从选题、设计实验方案及实验的开展，所涉及的实验步骤、操作程序和方法必须与所学理论和实验方法相一致。

3. 可行性原则　可行性是指学生实施设计实验必须是可行的，包括实验步骤和方法可行，仪器、设备，动物和药品可行，时间安排可行等多个方面。

4. 实用性原则　设计性实验要符合客观实际，以解决实际问题为思路，通过设计实验来解决科学发展和社会生活中的某些实际问题。

第2章　创新设计性实验的实施要求与程序

创新设计性实验目的在于使学生通过对实验命题的设计，熟悉进行实验验证所必需的基本要求与一般程序。

一、基本原则

1. 设立对照组或对照实验　可用同一个体实验前后对照，也可以同一群体随机分成对照组和实验组；对照组与实验组除检验的某一种施加因素不同外，所有其他条件都应相同。

2. 实验中对检验因素本身条件必须前后一致　例如实验所用的刺激强度、剂量、剂型、批号等，若随意改变，可能会有未受控制的因素干扰实验结果。从而造成"假象"和分析实验结果上的困难。

3. 观察实验的全过程　从每一次引进欲检因素之前的基础功能水平，一直观察到加入（或撤除）欲检因素之后产生变化的终结（或恢复到正常），都不能中止观察（对于缓慢地变化可以做定时的或有规律的观察、记录）。特别要注意实验中的变化时程。要精确记录引入欲检因素的时间、出现变化的时间以及恢复到正常水平的时间等。

4. 注意实验的可重复性　避免因偶然事件导致的错误结论。

5. 有明确的结果判定标准　实验结果有无变异，变异是否有显著的意义，必须有客观的严格的标准，不能有丝毫主观、模棱两可的因素。如果实验结果是描记的曲线，则曲线必须附有纵、横坐标的标尺。

6. 注意尽可能地从多方面进行同样的实验　如检查某一神经因素的作用，不仅用刺激的方法，也可用切断、拮抗药物、受体阻断等方法加以证明。如果结论一致，则这样的结论才是可信的，具有普遍意义的。

7. 对实验数据进行统计学处理　结合统计学知识，正确理解均数、标准差、标准误的含义及如何判别组内结果的差异显著性等。

二、一般程序

实施创新设计性实验的基本步骤。

选题→实验方案设计→实验准备→预实验→正式实验→实验结果讨论及分析→书写实验报告或撰写论文。具体步骤如下：

1. 选题　实验以3~4人为一组，由教师命题或自行命题，查阅资料文献，灵活运用所学知识和技能设计实验（教师应介绍实验室所具备的实验条件，明确选题的范围，指导学生选题）。

2. 完成实验设计方案　查阅资料文献后，以小组为单位讨论，题目均应尽量明确，写出实验设计方案，交教师审阅、修改、完善（实验方案要在实验前 2~3 周交给老师审阅）。

3. 创新设计性实验内容　包括实验目的、实验原理、实验对象、实验用品、实验步骤（实验测试手段要建立在自己的认知水平上）及观察项目等。列明实验的理论依据，拟采用的方法，实验项目或观察的内容指标，每一步实验可能出现的结果等。

4. 设计报告可行性论证　采取小组讨论、教师审批及全班答辩相结合等方式来进行。按照实验设计方案和操作步骤认真进行预实验。根据预实验中出现的问题进行修改。按照修改的实验设计方案和操作步骤认真进行正式实验。

5. 按方法步骤完成实验　根据实验设计，进行实验准备工作，包括试剂的配制、实验器具和实验材料的准备（本人难以解决的实验材料可在实验前与教师商量解决）。按实验设计的方法步骤，完成实验的全过程，并做实验记录。

6. 完成实验报告或撰写论文　各实验小组对实验数据进行讨论、归纳和处理，书写实验报告。实验报告的内容应包括：实验题目、实验目的、实验原理、实验对象、实验用品、实验步骤、观察项目、实验结果以及分析讨论等。实验性论文撰写根据不同杂志要求，有不同格式。大体内容包括：论文题目、前言、实验材料及实验方法、实验结果、分析讨论、参考文献等。

三、注意事项

学生在创新性地确定课题后进行实验设计需要注意以下事项。

1. 科学性　是指在设计生理科学实验时必须有充分的科学根据，这就要求学生设计时要以前人的实验或自己的实验为基础，而不是凭空设想。如温度对肌肉收缩的影响这个课题，必须通过查阅资料了解温度对肌肉收缩有无影响，对哪些指标有影响（包括收缩的快慢、强弱，潜伏期、收缩期和舒张期的长短等），以及为什么会有这些影响，以此为依据，便可设计出观察指标明确、选材准确、有的放矢、科学性强的实验。使实验结果能明确地回答所提出的问题。

2. 严谨性　欲证实某器官、系统的生理特征，必须注意实验设计中的严谨性，使要说明的问题无懈可击。如在生理科学实验中要设置对照实验（包括某一处理前的正常对照或对照组），这样便于实验前后对比或组间比较，得出明确的结论。如观察某因素对动脉血压的影响时，必须记录施加某因素前的正常血压，而在撤除某因素后又须使血压恢复至正常水平。

3. 实验条件的一致性　在生理科学实验中，除欲处理因素以外，其他诸实验条件必须保持前后一致，不能在实验过程中随意变动。如观察某因素对心肌细胞电活动的影响时，必须严格控制实验条件，包括灌流液的流速、温度、刺激频率、强度与波宽；如使用药物，则须控制药物浓度、剂型与批号等。只有在实验条件完全一致的情况下，才能显示出处理因素对实验结果的影响，否则可能有未被控制的因素干扰实验结果。

4. 可重复性　重复、随机和对照是保证实验结果正确性的三大原则，多年来为研究者所公认。因此，在生理科学实验中也必须注意实验的可重复性。任何实验都必须有足够的实验次数，才能判断结果的可靠性，不能只进行 1~2 次实验便作为正式结论。但由于本设计实验还不是系统的科学研究，在具体实验时，应力求在更少的人力、物力和时间的条件下，得到精确的结果。

5. 实验动物的选择　在生理科学实验中，动物及标本的选择是十分重要的。首先需要考虑动物的类别，因为某种动物可能对某些生理反应较为敏感，而另一些种类的动物则可能容易造成某种病理模型。如猫的呕吐反应较为敏感，而大白鼠则缺乏这种反应，如选用大白鼠来研究呕吐反应，是注定要失败的。在动物的种类确定之后，有时还需考虑动物的品种。如有些作者认为普通大白鼠不易造成声扰性高血压，而野生大鼠则容易形成。因此，在选择动物时，需要参考前人的经验，查阅有关文献。

此外，在设计离体组织器官的急性实验时，应注意标本的选择。这需根据实验的特点、获得标本的难易等因素决定。如进行神经-肌肉接点阻滞剂的实验，以蛙类的坐骨神经-腓肠肌标本最为合适。而在观察心电综合向量的变化时，则蛙类心脏应作为首选材料。

6. 指标的选择　生理指标的选择应注意客观性、合理性与特异性。客观性是指该指标是客观存在的、不受人的意识左右、可以用一定的方法观察或记录出来，如心率、血压、体温、呼吸频率等。在观察指标时，还应考虑客观的方法，如用光电换能记录小白鼠的自发活动是一种比较客观的记录方法，因其记录的数字不决定于研究者的主观愿望。合理性是指该指标是否代表所研究的现象。合理指标的选择有时是容易的，有时则是困难的。如选用小白鼠试验某种药物是否有避孕作用，如果选用小白鼠的性周期变化作为该药避孕效果的指标是不合理的，因为性周期可能不受影响而仍具有避孕效果。如果选用怀孕率作为指标就合理得多、特异得多了。

第3章　创新设计性实验的评价与考核

一、实验评价

创新设计性实验对提高学生的综合素质、培养创新能力有重要的作用。设计性实验的评价应强调评价主体和评价过程的多元化，重视评价实验的动态变化，注重个性化和差异性评价。

（一）评价目标

对创新设计性实验进行评价，主要包含认知领域、技能领域和情感领域三方面目标，具体目标如下：

1. 认知领域目标　通过设计性实验，掌握相应的实验知识，并将之运用迁移。
2. 技能领域目标　掌握实验的基本过程和方法及规范的进行实验操作；合理选择仪器、设计实验思路，拟定实验步骤、明确注意事项；对实验结果进行判断分析，得出合理结论。
3. 情感领域目标　通过开展创新设计性实验研究，培养学生对生理学习的兴趣与热情，培养其崇尚科学、实事求是的科学态度及坚忍不拔的意志品格等。

（二）评价内容

1. 实验原理的理解　能否根据实验课题，运用已掌握的生理学知识阐明实验的理论根据，其中包括仪器设备的工作原理、实验设计思路及理论依据。
2. 实验器材的选用　根据实验对象及各测量项目确定实验所需的器材及数量，其仪器的选用是否恰当，选配仪器的布局是否合理等。
3. 实验步骤的设计和编排　根据实验对象，实验目的及选用的仪器设备，设计编排的实验步骤及设计思路是否科学有序，实验过程的设计是否科学合理，技术细节是否严密可行，方法是否恰当。
4. 实验操作的熟练程度　实验操作是否规范熟练，对实验现象的观察是否准确，数据记录是否正确，表格设计是否简明清晰，处理偶发事件和排除故障是否机动灵活。
5. 实验数据处理和结论分析　能否根据实验现象和数据找出普遍特征，能否分析实验数据判断出合理的结论，恰当地用文字或数字表述和报告实验结果。
6. 实验误差的分析和实验方法的研究　能否分析测量工具和测量过程中的误差及产生

原因，找出影响测量准确性的因素，能辨析和纠正一些不规范的操作。

二、考核方法

创新设计性实验的考核方法应做到经常性考核和设计性考核相结合。经常性考核以实验报告和平时参加实验的具体情况而定；设计性考核采用教师跟组考评记分的方式。经常性考核包括实验报告、个别提问和实验操作等，由带教老师在平时的实验教学中具体完成；设计性实验考核由教研室全体教师跟组考评，最后带教教师把平时提问、实验报告、实验操作等平时实验成绩与设计方案、实验准备、实验操作等设计性实验成绩综合算出实验总成绩。

创新设计性实验考评重点内容如下：

1. 实验设计质量　重点考评实验设计的科学性、操作可行性、设计创新性、注意事项及结果预测。

2. 实验结果评价　重点考评所获结果的可靠性、准确性，实验结果获得的难度。

3. 实验报告评价　重点考评实验报告格式的规范性与完整性，结果分析的合理性，实验结论归纳性。

4. 创新能力　包括最新资料收集、方案设计、器械改进、处理问题能力等。

第4章　创新设计性实验范例

　　创新设计性实验的目的是能充分调动学生的学习主动性、积极性和创造性，并且能把所学的基础医学知识应用于实验的选题设计。通过自主和创造性设计一种实验，在一定的实验条件和范围内，完成从实验设计到亲自动手操作全过程。第3章已经介绍了创新设计性实验的基本步骤，本章列举几个实例，让同学们加深对创新设计性实验的理解。首先要简要写出立题依据、实验内容、实验路线与检测指标、实验用品、预期实验结果。进行预试后，按照实验报告的要求写出完整的实验。

例1　证明肾上腺皮质能提高机体对有害刺激的抵抗力

　　1. 立题依据与实验内容（提出课题的目的、理由及内容）　　肾上腺皮质是维持生命所必需的。肾上腺皮质能释放糖皮质激素。糖皮质激素参与体内糖、蛋白质和脂肪的代谢调节，并能增强机体对有害刺激的耐受能力。肾上腺皮质萎缩的动物可表现出血清中糖皮质激素急剧减少，肾上腺皮质功能失调的现象，同时抗炎、抗过敏能力下降及对有害刺激的耐受力下降。本研究探讨摘除大鼠肾上腺皮质后，检测动物的体重、进食情况、活动情况和肌肉紧张度的变化及死亡率等。

　　2. 实验路线与检测指标

　　（1）实验动物：大白鼠20只。

　　（2）实验指标：检测体重、进食情况、活动情况和肌肉紧张度的变化及死亡率。

　　（3）实验路线：实验组：摘除肾上腺。对照组：手术操作与实验组相同，但不摘除肾上腺。

　　3. 实验用品　常用手术器械、小动物手术台、台秤、棉球、注射器、鼠笼、生理盐水、乙醚、1%NaCl溶液、75%酒精等。

　　4. 预期实验结果　实验大鼠食欲下降，低血压、肌无力和肾衰竭等，同时也表现出抗炎、抗过敏能力下降及对有害刺激的耐受力下降。

　　5. 统计学处理　对实验数据进行统计分析，并得出相应结论。

　　以下是本研究的完整实验。

肾上腺皮质与机体对有害刺激耐受力的影响

【目的要求】

1. 学习用摘除法造成功能缺损，以了解研究内分泌腺功能的方法。

2. 观察肾上腺皮质激素对机体的水盐代谢及应激能力等方面的作用。

【基本原理】

肾上腺皮质是维持生命所必需的。肾上腺皮质释放盐皮质激素、糖皮质激素和少量性激素。糖皮质激素参与体内糖、蛋白质和脂肪的代谢调节，并能增强机体对有害刺激的耐受能力；盐皮质激素则参与水盐代谢的调节。摘除肾上腺的动物可迅速表现出肾上腺皮质功能失调的现象，例如食欲下降，低血压、肌无力和肾衰竭等，同时也表现出抗炎、抗过敏能力下降及对有害刺激的耐受力下降。

【动物与器材】

成熟的雄性大白鼠（或小白鼠）20 只。常用手术器械、小动物手术台、台秤、酒精棉球、注射器、鼠笼、生理盐水、乙醚、1%NaCl 溶液、75%酒精。

【方法与步骤】

1. 动物分组　动物的分组选择健康而体重相近（150g 左右）的雄性大白鼠 20 只，称重和编号，分为 4 组，每组 5 只。各组动物的体重和健康情况应大致相似。第 1、2、3 组动物为摘除肾上腺的实验组，第 4 组为对照组。

2. 动物手术　肾上腺摘除术用乙醚麻醉大白鼠，腹位固定于小动物手术台上。剪去动物背部的被毛，用 75%酒精消毒手术部位和手术者的双手。手术器械也应用 75%酒精浸泡10 分钟。在背部正中线做一长约 3cm 的皮肤切口，用镊子夹住皮肤边缘，将切口牵向左侧。分离两侧肌肉。在左肋骨下缘将腹壁剪一约 1cm 切口，以小镊子夹盐水棉球轻轻推开腹腔内的脏器和组织，即可在肾的上方找到淡黄色的肾上腺，直径 2~4mm，周围被肾脂肪囊所包裹。用小镊子紧紧夹住肾上腺与肾之间的血管和组织，再用眼科剪或小镊子将肾上腺摘除。然后按上法摘除右侧肾上腺。摘除肾上腺后，依次用线缝合肌层和皮肤的切口，用酒精棉球消毒皮肤的缝合口。手术后，各组动物应在同样条件下饲养。对照组手术操作与实验组相同，但不摘除肾上腺。

【观察项目】

1. 肾上腺摘除对动物水盐代谢和存活率的影响手术后，第 1 组（去肾上腺）和第 4 组动物只饮清水；第 2 组（去肾上腺+盐水）动物饮 1%NaCl 溶液；第 3 组（去肾上腺+可的松）动物除饮清水外，每天灌服可的松两次，每次 50μg。连续观察 1 周，每天记录动物的体重、进食情况、活动情况和肌肉紧张度及死亡率等。实验结果可列表进行比较。

2. 肾上腺摘除对动物应激功能的影响进行这项实验的前两天，对存活的实验组（去肾上腺）动物和对照组动物都停止喂食，全部只饮用清水（即不再给予盐水和可的松）。实验时，在每组中各取 2 只动物进行观察，比较它们在禁食 2 天后，在姿势、活动情况和肌肉紧张度等方面与禁食前有何变化？各组间的变化有何差异？将动物移入 2℃冷室中，停止给药，保证动物饮水和食物，每日观察 1 次，记录其死亡情况。以存活率为纵坐标，日数为横坐标，做图表示。

【注意事项】

1. 动物应编号，以免混淆，编号的方法可用黄色的苦味酸稀溶液在背部写上号码；亦可用细铝丝穿过耳郭，悬挂一个有号码的小铝牌。

2. 摘除肾上腺动物对有害刺激的抵抗力降低，动物应尽可能分笼单独饲养，以免互相残杀。而且要喂以高热量和高蛋白的饲料。室温最好保持在 20~25℃。

【思考题】

1. 根据实验结果，比较分析肾上腺摘除后的效应和各组间效应不同的机制。

2. 动物实验中，为什么要进行对照试验？应怎样考虑和设计对照试验？

例2　头期对胃液分泌的影响

1. 立题依据与实验内容（提出课题的目的、理由及内容）　消化生理中论述，动物在消化时胃液分泌的调节包括头期、胃期和肠期三个时期。头期对胃液分泌的调节，是指动物看见食物、闻其气味、食物在口腔中咀嚼或相关的条件刺激等，都能引起胃液的分泌。本实验用假饲实验来证明头期对胃液分泌的影响。即在动物食管中上部切开食管，喂食时，动物吞下的食物由食管切开处漏出，并未进入胃内，经一定时间后仍能引起胃液的分泌，此为非条件反射性分泌。另外，如果只让动物观看食物，不让其进食，也能引起胃液分泌，此为条件反射性分泌或心理性分泌。

2. 实验路线与检测指标

（1）实验动物：鸭或鹅。

（2）实验指标：检测胃液分泌的量及其 pH。

（3）实验路线：对实验家禽进行食管和胃造瘘术，再行假饲实验。

3. 实验用品　鸭或鹅。常用手术器械、消毒手术巾、鸟体固定台、假饲实验架、假饲固定衣、消毒纱布、药棉、缝针、缝线、食盘等。

4. 预期实验结果　假饲实验时，家禽胃液分泌增加，且 pH 低。

5. 统计学处理　对实验数据进行统计分析，并得出相应结论。

以下是本研究的完整实验。

家禽的食管切开术与假饲实验

【目的要求】

1. 学习家禽食管切开术的实验方法。

2. 学习假饲的实验方法，观察胃腺分泌的调节。

【基本原理】

动物在消化时胃液分泌的调节包括三个时期：头期、胃期和肠期。假饲实验充分证明了头期的胃液分泌。假饲时，虽然动物吞下的食物由食管切开处漏出，并未进入胃内，经一定时间后仍能引起胃液的分泌，此为非条件反射性分泌。另外，如果只让动物观看食物，不让其进食，也能引起胃液分泌，此为条件反射性分泌或心理性分泌。这两种胃液分泌的刺激均来自头部，故称为头期。

【动物与器材】

鸭或鹅。常用手术器械、止血钳、蚊式止血钳、布巾钳、消毒手术巾、鸟体固定台、鸟头固定夹、假饲实验架、假饲固定衣、消毒纱布、药棉、缝针、缝线、食盘、远心分离管、20%氨基甲酸乙酯溶液、任氏液。

【方法与步骤】

1. 食管切开术　选用健康鸭，在一天前进行腺胃瘘手术，第 2 天再进行食管切开术（亦可同时进行）。术前先腹腔注射 20%氨基甲酸乙酯溶液（1g/kg）麻醉。背位固定在手术台上，将头部固定，用湿纱布将颈部羽毛润湿，在颈中线分开羽毛露出一条无羽毛线可直接露出皮肤。在此线上用碘酒棉球消毒皮肤，再用 75%酒精脱碘。覆盖手术巾。沿颈中线将已消毒的皮肤切开长 3.5~4cm 的切口（不同鸟类切口长度不一、鸭 3.5~4cm、鹅 4~4.5cm、鸡 3~3.5cm），用蚊式止血钳分离皮下结缔组织和纵走向的胸骨舌骨肌，即可看到气管。在气管右侧下部找出食管，并用止血钳再分离周围的结缔组织，然后用左手示指钩住食管，将其提到胸舌骨肌的外面，随后将食管下部的两条胸骨舌骨肌并在一起用间断缝合法缝合。缝合时，先缝合食管下部两端，并将食管后壁连同胸骨舌骨肌缝在一起（缝合线只能穿过肌层不能穿透食管黏膜层）。这样便可以将已提出来的一段食管固定在胸骨舌骨肌层上。在外露的食管腹面正中线切开 2/3 周的切口，将食管内壁的黏膜外翻，然后将切口的边缘部肌层与皮肤切口对齐，做连续缝合。缝合后用红汞棉球擦拭以防感染。

2. 术后护理　术后会从食管瘘口流失一定量黏液，为防止机体丧失水分，可在手术当日向血液内注入 5%葡萄糖液 40ml。术后第 2 天开始，每天要从食管瘘口向食管下压送粥状或稍干的食物 2 次，并放在笼内由专人管理。

3. 假饲实验

（1）实验前一天禁食。

（2）给动物穿上固定衣，并缚于假饲固定架。

（3）从固定衣上的瘘管引出孔处将胃瘘管引出，用远心分离管或玻璃试管套入其上，以便收集胃液。

（4）先在食盘上放置青菜与饲料，打开胃瘘管。只让动物看到饲料，但不让其进食，观察有无胃液分泌。记录胃液分泌的时间，每分钟的分泌量，并测定胃液的 pH。

（5）休息 30 分钟后，开始假饲实验。让动物吃食，食物由食管切开处漏出，观察此时胃液的分泌。记录分泌时间，每分钟分泌量及胃液的 pH。

【思考题】

1. 只看到食物，并未进食为什么能引起胃液分泌？讨论其生理机制。

2. 假饲为什么能引起胃液分泌？通过哪些途径？你能否进一步设计 1~2 个实验加以证实呢？

例 3　条件反射的建立、分化与消退

1. 立题依据与实验内容（提出课题的目的、理由及内容）　条件反射的建立要求在时间上把某一无关刺激与非条件刺激结合多次，一般条件刺激要先于非条件刺激而出现。条件反射的建立与动物机体的状态有很密切的关系，例如处于饱食状态的运动则很难建立食物性条件反射，动物处于困倦状态也很难建立条件反射。一般来说，任何一个能为机体所感觉的动因均可作为条件刺激，而且在所有的非条件刺激的基础上都可建立条件反射，例如食物性条件反射、防御性条件反射等。条件反射建立之后，如果反复应用条件刺激而不给予非条件刺激强化，条件反射就会逐渐减弱，最后完全不出现。这称为条件反射的消退。本实验以小鼠为研究对象，制作条件反射箱，给予一定的条件刺激（电流）与无关刺激（反光镜、光照）相结合，建立条件反射。条件反射建立之后，给予 180 次/分节拍器的条件刺激，并伴有强化。而用 40 次/分的节拍器作为分化刺激，单独作用 15 秒，不予强化。这样，两种不同性质的刺激物交替使用。最初，由于条件反射的泛化，小鼠对分化刺激也出现运动反应。随着对比实验次数的增加，动物只对条件刺激发生反应，而对分化刺激则无反应，此时条件反射的分化相已经形成。条件反射建立之后，只光照，而不给予电刺激，开始会出现条件反射，反复多次后，条件反射消失。

2. 实验路线与检测指标

（1）实验动物：小白鼠。

（2）实验指标：小鼠从小动物条件反射箱的一室逃往另一室。

（3）实验路线：建造小动物条件反射箱，将小白鼠放入箱内，使其适应环境。调节调压变压器，逐渐加强电刺激，使动物产生防御性运动反射，从一室逃到另一室。每隔 1~2 分钟重复 1 次，直至小白鼠受到刺激时能顺利地逃入另一室为止。然后再进行防御条件反射的建立、分化与消退实验。

3. 实验用品　小白鼠。小动物条件反射箱、节拍器（或电铃、电灯）、调压变压器、秒表、换向电钥。

4. 预期实验结果　小鼠条件反射建立，小鼠条件反射的分化和消退。

5. 统计学处理。

以下是本研究的完整实验。

小白鼠电防御条件反射的建立、分化与消退

【目的要求】

1. 学习用动物建立条件反射的基本实验方法。

2. 通过小白鼠条件反射的建立、分化与消退，了解条件反射活动的基本规律与生物学意义。

【基本原理】

各种无关刺激（如声音或光等）与非条件刺激（如电流、食物等）先后作用于动物，

并重复一定次数后，大脑皮层上相应的两个兴奋灶之间，由于兴奋的扩散，在功能上逐步形成了暂时性接通。此时，无关刺激就成为具有信号意义的条件刺激，它能代替非条件刺激引起机体相应的反射活动，此即条件反射的建立。条件反射的巩固需要非条件刺激的不断强化，否则，条件刺激的信号作用就逐渐消退。消退是大脑皮层上的兴奋过程转化为抑制过程的结果，称为消退抑制。分化也是抑制过程的发展。由于大脑皮层对刺激具有高度的分辨能力，阳性刺激在皮层产生兴奋过程，而相近似的阴性刺激则产生抑制过程，这种抑制称为分化抑制，对大脑皮层的分析功能具有重要的意义。

【动物与器材】

小白鼠。小动物条件反射箱、节拍器（或电铃、电灯）、调压变压器、秒表、换向电钥。

【方法与步骤】

1. 小动物条件反射箱的结构　小白鼠条件反射箱为一长 46cm、宽 16cm、高 23cm 的木制箱子，箱盖可为一活动的玻璃盖，也可为两层，下层为玻璃盖，上层是镜框，内嵌镜子。将镜框打开一定角度，可通过镜子的反射观察动物在箱内的活动情况。箱中间装有隔板，分左右两个小室。隔板中央下方有小门，动物可通过小门来往于左、右两室。箱底装有平行排列的金属片，单数金属片与电源的一极相接，而双数金属片与电源的另一极相连。电源需经调压变压器与金属片连接。如条件反射箱无刺激开关，变压器与金属片之间应串联换向电钥。通电时，当小白鼠踏在两条相邻的金属片上，动物的身体把相邻的两条金属片接通，电流就会通过身体而发挥刺激作用，引起动物防御性运动反射。在箱的左、右两壁，各装有两个开关，上面为灯光开关，下面为电刺激开关。有些条件反射箱的左、右两壁下方中央各开一个小门，通过小门可将动物放进或取出。

2. 动物的训练　先将小白鼠放入箱内，使其适应环境。调节调压变压器（10～40V），逐渐加强电刺激，使动物产生防御性运动反射，从一室逃到另一室。每隔 1～2 分钟重复 1 次，直至小白鼠受到刺激时能顺利地逃入另一室为止。注意：刺激强度应适中，过弱不能引起动物的反应；过强也会引起不良反应。调节变压器时，应以能引起小白鼠运动反射的最小刺激强度为佳。

3. 条件反射的建立　先给予 180 次/分节拍器刺激，或按下动物所在一室的灯光开关（用灯光刺激时，室内光线不宜过强），检查能否引起动物的反应。如不能引起运动反射，说明这种刺激为无关刺激。然后开动节拍器 5 秒，或给予灯光 2～3 秒，再按下电刺激开关，给予非条件刺激强化，并使两者重合 10～15 秒，至动物逃入另一室时，两种刺激同时停止。这样，每隔 1～2 分钟重复进行 1 次。经 20～30 次结合之后，休息 5 分钟，重复上述步骤，直至单独给予节拍器或灯光刺激，动物就逃入另一室为止，说明条件反射已经形成。再重复上述步骤以巩固新形成的条件反射。实验过程中，随时将实验结果填入表 4-1 中。

表 4-1　小白鼠条件反射的形成、分化与消退实验记录表

实验时间	条件刺激物	分化刺激物	强化情况		潜伏期	条件反射情况
			强化	不强化		

4. 条件反射的分化　在条件反射形成以后，给予 180 次/分节拍器的条件刺激，并伴有强化。而用 40 次/分的节拍器作为分化刺激，单独作用 15 秒，不予强化。这样，两种不同性质的刺激物交替使用。最初，由于条件反射的泛化，小白鼠对分化刺激也出现运动反应。随着对比实验次数的增加，动物只对条件刺激发生反应，而对分化刺激则无反应，此时条件反射的分化相已经形成。

5. 条件反射的消退　继续用 180 次/分的节拍器作为刺激，但不再给予强化。最初，小白鼠还会出现条件反射，重复几次后，潜伏期逐渐延长，最后反射消失，此时条件反射已经消退。

【注意事项】

1. 用节拍器作为条件刺激时，实验室内需保持安静，否则条件反射形成困难。如有条件，最好分室进行实验。

2. 实验过程中，应防止触电事故。捉拿动物时，应事先关闭电源。

【思考题】

根据实验结果，小结条件反射的形成、分化和消退的条件。它们有何生物学意义？

第 5 章　创新设计性实验选题指导

创新设计性实验可供选择的课题是多方面的，可以包括验证基本理论、实验技术的革新以及解决生理科学实验中存在的某些问题等。由于各校实验室条件不一，科学研究方向有别，难以将各科课题一一列出，以下列举的实验，供参考。

实验 1　观察葡萄糖、ATP 对骨骼肌收缩性的影响

问题的提出：骨骼肌收缩一段时间后，因能量的消耗而发生疲劳，分别补充葡萄糖、ATP 能否改善肌肉的收缩能力？

提示：骨骼肌收缩的直接能源是 ATP，ATP 的合成需要葡萄糖。实验方法参见基础性实验 5 "骨骼肌的单收缩与强直收缩"。但刺激电极应直接刺激腓肠肌而不是坐骨神经（为什么要这样设计？），腓肠肌疲劳后（收缩幅度逐渐下降），再把腓肠肌分别放回正常任氏液、含葡萄糖的任氏液、含 ATP 的任氏液中浸泡一段时间，然后再给予同样参数的刺激，看腓肠肌收缩的强度如何？

实验 2　葡萄糖溶液对蛙坐骨神经干动作电位的影响

问题的提出：糖尿病神经病变是糖尿病的最常见并发症之一，主要是周围神经系统病变。临床上表现为下肢远端感觉障碍，腱反射及浅感觉减弱或消失。那么不同浓度的葡萄糖溶液对神经传导速度是否有影响还不清楚，为了探讨渗透压对糖尿病神经病变的影响机制，我们可设计并进行这个实验。观察不同浓度的高渗任氏液对蛙坐骨神经干动作电位的影响。

提示：神经动作电位的传导速度测定方法参见综合性实验 2 "神经兴奋传导速度的测定"。

实验 3　探讨不同类型、不同浓度、不同剂型的糖皮质激素的抗炎作用

问题的提出：炎症的主要临床表现为患病部位呈现红、肿、热、痛四大症状。糖皮质激素属于类固醇类激素，能增加血管的紧张性，减轻充血，降低毛细血管的通透性，减轻渗出、水肿，具有较强的抗炎作用。糖皮质激素可分为短效、中效和长效三类。不同类型、不同浓度、不同剂型的糖皮质激素对炎症的作用效果如何，是一研究热题。可设计一实验，观察不同类型、不同浓度、不同剂型糖皮质激素对二甲苯所致的大鼠足或耳郭肿胀的作用

比较。

　　提示：二甲苯致大鼠足或耳郭肿胀的试验方法，需要同学查阅参考文献。

实验 4　溶血反应观察

　　问题的提出：溶血反应是临床上输血时应尽量避免出现的严重的不良反应，一旦出现，常引起休克和急性肾衰竭。因此，通过溶血复制溶血反应模型，观察最早出现的症状与体征，探索病因机制，为临床提供科学的实验依据，以利选择最佳的抢救方案。

　　提示：溶血反应常引起休克和急性肾衰竭，可通过生物信号系统监测血压和尿量的变化。

实验 5　食物对胆汁分泌的影响

　　问题的提出：肝细胞是不断分泌胆汁的，但在非消化期间，肝胆汁都流入胆囊内贮存。胆囊可以吸收胆汁中的水分无机盐，使肝胆汁浓缩 4~10 倍，从而增加了贮存的效能。在消化期，胆汁可直接由肝以及由胆囊中大量排出至十二指肠。因此，在消化道内食物是引起胆汁分泌和排出的自然刺激物。

　　提示：观察高蛋白（蛋黄、肉、肝）、高脂肪、混合食物以及糖类食物引起胆汁分泌量的多少。实验方法可参见综合性实验 16 "胰液和胆汁分泌的调节"。

实验 6　基于心血管活动的神经、体液调节探讨某药物对动脉血压的影响

　　问题的提出：心脏和血管的活动受神经、体液调节的影响。此外，很多药物也对心血管活动产生作用，表现为动物的心率和血压的变化。动脉血压主要取决于心输出量和外周阻力的变化，因此，只要能影响心输出量和外周阻力的所有因素均能影响动脉血压。为了探讨某些药物对动脉血压的影响，可设计这一实验。观察不同浓度的某种药物（如 1%甲磺酸酚妥拉明溶液或 0.01%盐酸普萘洛尔溶液等）对家兔动脉血压的影响，并探讨其机制。

　　提示：心血管活动的神经、体液调节的试验方法，参见综合性实验 9 "家兔动脉血压的神经体液调节"。

实验 7　长期注射地塞米松骤然停药后小白鼠应激能力的改变

　　问题的提出：机体在受到各种有害刺激时，体内出现一系列神经内分泌反应，引起应激激素（如促肾上腺皮质激素 ACTH、糖皮质激素）分泌增加，应激能力增强。长期大剂量注射地塞米松通过负反馈造成 "下丘脑-腺垂体-肾上腺皮质" 功能下降，引起肾上腺皮质萎缩，糖皮质激素分泌减少。再用应激源刺激机体，观察机体的耐受能力，了解肾上腺皮质在机体应激方面的作用。

　　提示：待用药一段时间，肾上腺皮质萎缩后，可用应激源（如寒冷等）刺激机体，观察动物对寒冷环境的耐受能力。

实验 8 应激性胃溃疡的形成

问题的提出：消化性溃疡是一种常见病，估计发病率为 10%~20%（我国部分地区为 11.43%）。应激又分急性和慢性。急性是指严重创伤，大手术后和肺、肝、肾功能不全，烧伤等，急性应激发病均超过 50%。而慢性则指精神和心理方面的因素。本实验加深理解应激与疾病的关系。

提示：长期处于应激状态下，如情绪不稳定、焦虑、紧张、易怒、忧郁，又如大损伤（粉碎性骨折、大手术等），都可能引起应激性胃溃疡。药物中应用糖皮质激素也可引起应激性胃溃疡。

实验 9 丙酸睾酮对红细胞数量的影响

问题的提出：成年男性的红细胞数量以及血红蛋白含量高于成年女性的红细胞数量以及血红蛋白含量，这一现象是否与体内的激素水平不同有关？本实验旨在观察注射雄性激素丙酸睾酮对动物血细胞数的影响，加深对促红细胞生成素的了解。

提示：可采用同一部位的末梢血或血管内血，进行血细胞计数。

实验 10 吸入蚊香烟雾对大鼠学习记忆的影响

问题的提出：蚊香是家庭中常用的驱蚊方式，据报道，蚊香的有效成分菊酯类物质对机体具有一定的毒性，如胃肠中毒、肺组织的炎症反应、脑脊髓组织中的兴奋性氨基酸增加等。但它对学习记忆有何影响还少有报道，故本实验通过给予大鼠吸入蚊香烟雾，观察大鼠记忆能力的改变，研究蚊香的毒副作用。

提示：学习记忆能力的测试方法有长时程增强、跳台实验和水迷宫测试等。

实验 11 探讨磺胺类药物在肾衰竭家兔体内半衰期的变化

问题的提出：磺胺类药物是 20 世纪 30 年代发现的用于治疗全身细菌感染性疾病的人工合成抗菌药。磺胺类药物进入体内后，分布广泛，主要在肝内经乙酰化后失活，药物原形及乙酰化物经肾小球滤过排出。但磺胺类药在尿液中溶解度却比较低，特别是在酸性环境中易结晶析出，损害肾小管，出现结晶尿、蛋白尿、血尿甚至尿闭等症状。肾衰竭的患者其尿液往往呈现酸性化，因此，可设计一实验来探讨磺胺类药物在肾衰竭家兔体内半衰期的变化。

提示：肾衰竭家兔模型的复制、磺胺类药物半衰期的测定方法，需要同学查阅参考文献。

实验 12 低血容量性休克的发生和观察

问题的提出：休克是机体受到各种有害刺激的强烈侵袭引起组织器官的灌注不足，代谢障碍和末梢衰竭的病理综合征。休克是临床上一种常见的病症，包括心源性休克、低血容量休克和内毒素休克，其中以低血容量休克最为常见。休克若不能得到及时救治将转为不可逆的阶段，导致生命器官的功能和结构发生严重损伤而造成死亡。本实验旨在探讨休克的发生原因，掌握维持正常血容量的重要性，以及加强我们对临床的一些疾病的警惕性。

提示：家兔的血容量一般为其体重的 7% 左右，可通过股动脉放掉机体血液的 1/4 ~ 1/3，并维持一定的时间，造成休克状态，同时监测血压和尿量。

实验 13　　上呼吸道黏膜水肿对呼吸的影响

问题的提出：上呼吸道（鼻、咽、喉）是呼吸系统最易受环境污染物和毒物损害的部位。其中，上呼吸道感染是人类常见的疾病。可通过建立上呼吸道黏膜水肿的模型，观察上呼吸道黏膜水肿与呼吸间的内在联系。

提示：上呼吸道黏膜水肿模型可采用多种方式制备，如吸入组胺等。呼吸运动的观察参见综合性实验 14"油酸型呼吸窘迫综合征的发生与治疗"。

实验 14　　心房利尿钠肽降压和利尿作用观察

问题的提出：心房利尿钠肽是由心房分泌的肽类激素，它具有强烈的利尿排钠的作用，并使血管平滑肌舒张，外周阻力降低，使心率减慢，每搏输出量减少，心输出量减少，血压降低。因此，它是临床上降压和利尿常用的药物，故通过本实验静脉给予心房利尿钠肽，验证它的降压和利尿作用。

提示：实验方法参照综合性实验 9、18"的实验方法进行设计实验方案并完成实验。

实验 15　　不同浓度的强心苷类药物对离体心脏功能的影响

问题的提出：强心苷类药物是一类选择性作用于心脏，具有正性肌力作用的苷类化合物。这类药物通过与心肌细胞膜上的强心苷受体，即 Na^+-K^+-ATP 酶结合，并抑制其活性，使细胞内 Na^+ 增加，K^+ 减少，还可通过影响细胞的 Na^+-Ca^{2+} 双向交换过程，使心肌细胞内 Ca^{2+} 浓度增高，从而心肌收缩力增强。但强心苷类药物最严重的不良反应却是心脏毒性反应。强心苷的剂量与其毒性反应密切相关。因此，为了探讨不同浓度的强心苷类药物对离体心脏功能的影响而设计实验。

提示：离体蛙心标本的制备方法，参见综合性实验 5"离子及药物对离体蛙心活动的影响"。

实验 16　　交感缩血管神经对动脉血管的收缩作用观察

问题的提出：交感缩血管神经兴奋，其末梢能释放去甲肾上腺素，作用于平滑肌细胞膜上的 α 受体，使平滑肌收缩。大部分血管平滑肌上含有丰富的 α 受体，与去甲肾上腺素结合，引发血管收缩，外周阻力增大，血压升高。

提示：参照综合性实验 15"消化道平滑肌的生理特性"的实验方法，但需将实验对象改为动脉血管。通过对大鼠进行手术摘除胸主动脉血管，并给予交感缩血管神经递质去甲肾上腺素来验证动脉血管的收缩性变化。

实验 17　通过甲亢动物模型观察甲状腺激素对机体的作用

问题的提出：甲状腺激素对机体的作用包括可以增加机体物质代谢和能量代谢，提高神经系统的兴奋性，增加心输出量等。通过建立家兔的甲亢模型，观察甲状腺激素增多产生的病理生理现象来验证甲状腺激素对机体的作用。

提示：对家兔皮下注射甲状腺激素一定时间可以产生甲亢，然后观察动物的体重变化，神经系统兴奋性改变以及心脏的形态和重量的改变。

实验 18　未知药物的鉴定

下列未知药物的鉴定不用化学方法，只要求用动物实验的方法进行。在进行实验设计时，可选用合理的工具药。

1. 在分装盐酸肾上腺素和重酒石酸去甲肾上腺素时，由于粗心大意，忘记了贴标签，1 周后需用药品实验，才发现这一失误，为此，请你设计动物实验进行鉴定，确定哪瓶装的是肾上腺素，哪瓶是去甲肾上腺素。

2. 有一种交感神经系统的药物，可能是异丙肾上腺素、多巴胺、普萘洛尔或酚妥拉明。请设计一种最简单的实验程序鉴定出它是哪一种药物？

3. 一种未知药物粉剂，可能是硫酸阿托品，也可能是盐酸肾上腺素。现在只有 1 只兔可供你做一天实验，但不准开刀或杀死动物，请设计实验，鉴定该粉剂是什么药物？

4. 两瓶外观相同的澄明溶液，其中一瓶是氯化钡溶液，另一瓶是氯乙酰胆碱溶液。请设计实验进行鉴定。

实验 19　设计并完成下列列出题目的实验

1. 试证明神经干动作电位的产生与 Na^+ 的关系。
2. 观察兔减压反射调节动脉血压的范围。
3. 试证明温度对肌肉收缩的影响。
4. 试证明某一未知药物对动脉血压的影响。
5. 观察箭毒对神经-肌肉接点的阻滞作用。
6. 观察某一因素对小肠平滑肌的收缩特性有何影响？
7. 观察某一因素对蟾蜍肠系膜微循环的影响。
8. 观察某一因素对心率、心室肌收缩力有何影响？
9. 观察某一因素对胃运动、胃酸分泌有何影响，并分析其作用机制。
10. 证明神经末梢是通过释放神经递质对效应器的作用。

实验 20　自选题目并自行设计、完成实验

附录 1　常用实验动物的生殖和生理常数

指　标		小白鼠	大白鼠	豚　鼠	家　兔	猫	犬
适用体重（kg）		0.018~	0.12~0.20	0.2~0.5	1.5~2.5	2~3	5~10
寿命（y）		0.025		6~8	4~9	6~10	10~15
性成熟年龄（m）		1.5~2.0	2.0~3.5	4~6	5~6	6~8	8~10
性周期（d）		1.2~1.7	2~8	15~18	刺激排卵	春、秋各1次	1~2月和6~8月
妊娠期（d）		4~5	4~5	62~68（66）	28~33（30）	52~60（56）	58~65
产仔数（只）		18~21（19）	22~24（23）	1~6（4）	4~10（7）	3~6	4~10
哺乳期（w）		4~15（10）	8~15（10）	3	4~6	4~6	4~6
平均体温（℃）		3	3	38.2~38.9	38.5~40	38~39.5	37~39
呼吸（次/分）		36.5~38	37.5~39	100~150	50~90	30~50	20~30
心率（次/分）		136~216 400~600	100~150 250~400	100~250	150~220	120~180	100~200
血压 kPa [mmHg]		12.7~16.7 [95~125]	13.3~16.0 [100~120]	10.0~12.0 [75~90]	10.0~14.0 [75~105]	10.0~17.3 [75~130]	9.3~16.7 [25~70]
血量（ml/100g 体重)		7.8	6.0	5.8	7.2	7.2	7.8
红细胞/L		$(7.7\sim12.5)\times10^{12}$	$(7.2\sim9.6)\times10^{12}$	$(4.5\sim7.0)\times10^{12}$	$(4.5\sim7.0)\times10^{12}$	$(6.5\sim9.5)\times10^{12}$	$(4.5\sim7.0)\times10^{12}$
血红蛋白 g/L [g%]		100~190 [10.0~19.0]	120~175 [12.0~17.5]	110~165 [11.0~16.5]	80~150 [8.0~15.0]	70~155 [7.0~15.5]	110~180 [11.0~18.0]
血小板/L		$(60\sim110)\times10^{9}$	$(50\sim100)\times10^{9}$	$(68\sim87)\times10^{9}$	$(38\sim52)\times10^{9}$	$(10\sim50)\times10^{9}$	$(10\sim60)\times10^{9}$
白细胞总数/L		$(6.0\sim10.0)\times10^{9}$	$(6.0\sim15.0)\times10^{9}$	$(8.0\sim12.0)\times10^{9}$	$(7.0\sim11.3)\times10^{9}$	$(14.0\sim18.0)\times10^{9}$	$(9.0\sim13.0)\times10^{9}$
白细胞分类 [%]	中性	0.12~0.44 [12~44]	0.09~0.34 [9~34]	0.22~0.50 [22~50]	0.26~0.52 [26~52]	0.44~0.82 [44~82]	0.62~0.80 [62~80]
	嗜酸	0~0.05 [0~5]	0.01~0.06 [1~6]	0.05~0.12 [5~12]	0.01~0.04 [1~4]	0.02~0.11 [2~11]	0.02~0.24 [2~24]
	嗜碱	0~0.01 [0~1]	0~0.015 [0~1.5]	0~0.02 [0~2]	0.01~0.03 [1~3]	0~0.005 [0~0.5]	0~0.02 [0~2]
	淋巴	0.54~0.85 [54~85]	0.65~0.84 [65~84]	0.36~0.64 [36~64]	0.30~0.82 [30~82]	0.15~0.44 [15~44]	0.10~0.28 [10~28]
	大单核	0~0.15 [0~15]	0~0.05 [0~5]	0.03~0.13 [3~13]	0.01~0.04 [1~4]	0.005~0.007 [0.5~0.7]	0.03~0.09 [3~9]

注：血压、血红蛋白、白细胞分类，它们的中括号外数字为法定单位，中括号内数字为旧制单位。

附录2 常用实验动物的生化指标血清值

生化指标	小白鼠	大白鼠	豚 鼠	家 兔	猫	犬	猴
胆红素（mg/dl）	0.10~0.90	0.00~0.55	0.00~0.90	0.00~0.74	0.10~1.89	0.00~0.50	0.05~1.32
胆固醇（mg/dl）	26.0~82.4	10.0~54.0	16.0~43.0	10.0~80.0	83.0~135	137~275	100~220
肌酐（mg/dl）	0.30~1.00	0.20~0.80	0.62~2.18	0.50~2.65	0.40~2.60	0.82~2.05	0.05~1.32
葡萄糖（mg/dl）	62.8~170	50.0~135	82.0~107	78.0~155	60.0~145	80.0~165	43.0~148
尿素氮（mg/dl）	13.9~28.3	5.0~29.0	9.00~31.5	13.1~29.5	14.0~32.5	5.00~23.9	7.00~23.0
尿酸（mg/dl）	1.20~5.00	1.20~7.50	1.30~5.6	1.00~4.30	0.00~1.85	0.20~0.90	1.10~1.50
钠（mmol/L）	128~145	143~156	120~146	138~155	147~156	139~153	143~164
钾（mmol/L）	4.85~5.85	5.40~7.00	3.80~7.95	3.70~6.80	4.00~6.00	3.60~5.20	3.79~6.67
氯（mmol/L）	105~110	100~110	90.0~115	92.0~112	110~123	103~121	103~118
重碳酸盐（mmol/L）	20.0~31.5	12.6~32.0	12.8~30.0	16.2~31.8	14.5~27.4	14.6~29.4	21.5~38.6
无机磷（mmol/L）	0.74~2.97	1.00~3.55	0.97~2.46	0.74~2.23	1.45~2.62	0.87~1.84	0.90~2.16
钙（mmol/L）	0.80~2.13	1.80~3.48	2.08~3.00	1.40~3.03	2.03~3.33	2.33~2.93	2.35~3.00
镁（mmol/L）	0.33~1.60	0.66~1.81	0.74~1.23	0.82~2.22	0.82~1.23	0.62~1.16	0.41~1.11
酸碱度（pH）	7.31~7.43	7.30~7.44	7.35~7.45	7.31~7.42	7.24~7.40	7.31~7.42	7.27~7.33
淀粉酶（somogyi IU/L）	950~2 040	1 280~3 130	2 370~3 570	900~1 700	680~2 220	1 400~1 800	1 100~2 500
碱性磷酸酶（IU/L）	10.5~27.6	56.8~128	54.8~108	4.10~16.2	3.40~21.3	7.90~26.3	3.00~29.0
酸性磷酸酶（IU/L）	4.5~21.7	28.9~47.6	22.3~38.6	0.30~2.70	0.10~5.20	0.80~6.00	24.5~41.0
谷丙转氨酶（IU/L）	2.10~23.8	17.5~30.2	24.8~58.6	48.5~78.9	8.50~29.6	24.5~60.0	3.50~45.0
谷草转氨酶（IU/L）	23.2~48.4	45.7~80.8	26.5~37.5	42.5~98.0	7.00~29.0	36.0~77.5	12.5~44.2
肌酸磷酸激酶（IU/L）	0.50~6.80	0.80~11.6	0.50~16.0	0.20~2.54	0.05~4.50	0.20~2.03	3.30~15.0
乳酸脱氢酶（IU/L）	75.0~185	61.0~121	24.9~74.5	33.5~129	34.5~110	30.0~112	30.0~320
总蛋白（g/L）	40.0~86.2	47.0~81.5	50.0~68.0	60.0~83.0	43.0~75.0	49.0~96.0	59.0~87.0
清蛋白（g/L）	25.2~48.4	27.0~51.0	21.0~39.0	24.2~40.5	22.0~32.0	21.2~40.0	18.0~46.0
球蛋白（%）	35.0~62.7	33.3~63.8	27.8~61.5	35.5~63.5	44.0~56.0	43.5~57.8	47.5~62.5

续　表

生化指标	小白鼠	大白鼠	豚 鼠	家 兔	猫	犬	猴
α_1-球蛋白（g/L）	2.2~7.8	3.9~16.0	0.5~2.0	1.0~9.0	4.0~10.0	1.6~3.5	2.0~5.5
（%）	4.30~11.8	4.30~21.1	1.20~3.00	2.10~12.5	7.80~16.5	2.72~7.68	2.90~7.50
α_2-球蛋白（g/L）	6.5~13.0	2.0~21.0	1.6~4.0	1.5~7.5	3.0~13.0	4.5~8.5	4.0~8.0
（%）	8.20~23.0	3.20~14.7	2.00~8.70	1.50~11.8	6.30~18.0	4.64~15.6	5.70~11.5
β-球蛋白（g/L）	4.0~15.8	3.5~20.0	4.0~15.4	5.0~21.0	4.3~18.0	12.5~23.0	8.0~20.0
（%）	6.50~26.6	5.70~26.8	8.90~28.6	12.0~27.4	8.40~28.5	14.1~36.2	12.0~25.0
γ-球蛋白（g/L）	3.8~9.0	6.2~16.0	6.7~21.0	10.0~20.5	4.6~10.0	3.5~9.5	10.0~18.0
（%）	5.80~15.5	10.0~19.8	1.21~35.0	14.4~32.7	7.50~15.1	3.75~12.9	13.8~24.2
清蛋白/球蛋白	0.56~1.30	0.72~1.21	0.72~1.34	0.68~1.15	0.60~1.20	0.5~1.60	0.16~1.55

旧制单位与法定单位换算系数：胆红素：1mg/dl = 17.1μmol /L　胆固醇：1mg/dl = 0.026mmol/L　肌酐：1mg/dl = 88.4μmol /L　葡萄糖：1mg/dl = 0.056mmol/L　尿素氮：1mg/dl = 0.357mmol/L　尿酸：1mg/dl = 59.48μmol /L　碱性磷酸酶、酸性磷酸酶、谷丙转氨酶、谷草转氨酶、肌酸磷酸激酶、乳酸脱氢酶：1IU = 0.0167μmol · s^{-1}/L = 16.67nmol · s^{-1}/L